건축을 사유하다

B-u-i-l-d-i-n-g Ideas

건축을 사유하다

조나단 헤일
김현섭 옮김

건축이론 입문

KU PRESS
고려대학교
출판문화원

Building Ideas: An Introduction to Architectural Theory
by Jonathan A. Hale

감사의 글

내가 1996년 여름 필라델피아의 드렉슬대학교(Drexel University)에서 학생들을 가르친 것은 큰 행운이었다. 그때의 세미나 과정에서 이 책이 나왔기 때문이다. 우선 나는 이와 관련된 자료를 시험해볼 기회를 준 폴 허션(Paul Hirshorn)에게 감사하며, 그 코스에 흥미를 가지고 적극 참여했던 학생들에게도 고마움을 전한다. 이 책을 위한 연구는 펜실베이니아대학교에서 조셉 리쿼트(Joseph Rykwert), 마르코 프라스카리(Marco Frascari), 데이비드 레더버러(David Leatherbarrow)의 만만치 않은 지도하에 시작되었다. 그들의 지도 덕에 현대건축의 다양한 논쟁 이면에 있는 풍부한 역사적 배경이 내게 좀 더 명확해졌다. 이때의 대학원 공부는 소론 가족(The Thouron family)의 관대한 재정적 후원에도 빚진 바 크다.

나는 학부시절의 선생님들로부터 받은 자극과 격려에도 감사드리고 싶다. 특히 패트릭 호킨슨(Patrick Hodgkinson), 마이클 브론(Michael Brawne), 피터 스미슨(Peter Smithson)이 없었다면 나는 건축에 대해 생각하는 것조차 힘들었을 것이다. 그리고 테드 컬리넌(Ted Cullinan)은 건물이 지어지는 과정을 내가 즐거이 경험할 수 있게 해주었다. 게다가 흥미롭고 긍정적인 환경 속에서 건축실무와 교육을 결합할 기회 또한 제공했다.

지난 수년간 여러 방식으로 나의 생각에 영향을 준 모든 이들과 이 책이 나오기까지 특별한 도움을 준 이들에게도 나는 감사를 전한다. 팀 앤스티(Tim Anstey), 스테파니 베이커(Stephanie Baker), 마크 비들(Mark Beedle), 톰 코워드(Tom Coward), 데이비드 더니(David Dernie), 매리 앤 더피(Mary Ann Duffy), 테렌스 갈빈(Terrance Galvin), 빌 허트슨(Bill Hutson), 닐 리치(Neil Leach), 크리스틴 메이시(Christine Macy), 도널드 윌슨(Donald Wilson)이 그들이며, 노팅엄대학교의 동료들도 빼놓을 수 없다.

나는 매기 토이(Maggie Toy)와 이 책의 아이디어에 신뢰를 보여준 와일리(Wiley)의 모든 분들께 빚졌다. 마지막으로 나는 늘 나와 함께해준 부모님과 아내 조슬린 도드(Jocelyn Dodd)에게 감사를 표하고자 한다.

추천 문헌에 대하여

이 책은 건축이론 과목의 교과서로 적합하다. 나는 그러한 목적에 맞게 각 장의 끝에 각 주제에 부합하는 추천 문헌 목록을 제시했다. 각 목록의 첫 두 섹션을 "배경(background)"과 "전경(foreground)"으로 명명하자. 여기에서 "배경"은 철학과 관련된 문헌을, "전경"은 건축과 관련된 문헌을 담는다고 보면 된다. 각 문헌은 모두 우리가 쉽게 구할 수 있는데, 참고문헌으로든 특정 관심 주제에 대한 더 읽을거리로든 여길 만하다. 세 번째 섹션 "읽기(Readings)"는 세미나에서 실제로 읽고 다루어야 할 도서목록이다. 각 문헌은 해당 주제를 둘러싼 논쟁의 핵심적인 이슈를 부각시킬 것이다. 이 역시 건축이론 선집이나 흔히 접하게 되는 저널과 같이 우리가 쉽게 구할 수 있는 자료에서 선택했다.

차례

서론–이론적 실무
Introduction: Theoretical Practices

건축이론가 마르코 프라스카리는 《건축의 괴물들(Monsters of Architecture)》이라는 책의 〈논증(Demonstrations)〉 장에서 드로잉과 건물의 관계를 다음과 같이 묘사한 바 있다.

> 이 관계를 전통적으로 해석할 때 건축 드로잉은 현존하는, 혹은 미래의 건물에 대한 도식적 재현이 된다. 현재의 근대적이고 탈근대적인 이해의 조건에서 … 이러한 관계를 해석한다면, 건물은 그것에 선행하는 드로잉의 재현이다.[1]

최근 건축역사의 주요한 사건들을 보면 건축 관련 아이디어가 보급될 때 "건물 아닌 다른 것들(things-other-than-buildings)"이 얼마나 중요한지 확인할 수 있다. 예를 들면 빅토리아 시대에 그리스의 다채색 장식을 재발견한 일은 "백색" 건축을 가정함으로써 이룩한 여러 세기의 지식을 뒤집었다. 이것은 건물 자체보다 문서에 역사적 중요성을 부여한 사건이다. 훨씬 최근에는 이런 현상에도 몇 차례의 놀라운 전환점이 있었다. 특히 사진의 재현(representation) 기술이 여기에 영향력을 증대시켜왔다. 20세기 건축의 가장 대표적 아이콘으로 루드비히 미스 반 데어 로에(Ludwig Mies van der Rohe, 1886-1969)가 디

1_Marco Frascari, *Monsters of Architecture: Anthropomorphism in Architectural Theory*, Savage, MD: Rowman and Littlefield, 1991, p. 93.

자인한 바르셀로나 파빌리온을 들 수 있다. 이 파빌리온은 1929년 국제박람회를 위해 지어졌지만 이듬해 다른 임시 구조물들과 함께 철거되었다. 그러나 이 건물은 그것의 흑백 사진이 연달아 근대건축(modern architecture) 관련 문헌에 실려 출판됨으로써 세상에 알려지게 된다. 그런데 그 사진 중 일부는 시각적 효과를 위해 가필된 것이다. 이 모더니티(modernity)의 "시금석"에 대해 이런저런 평가가 뒤따랐으나 대부분은 실제 건물은 전혀 보지 않고 재생산된 사진만을 본 사람들에 의한 평가였다.

이와 비슷한 양상을 미국에서도 발견할 수 있는데, 그 상황은 해외로부터 큰 영향을 받게 되면서 뚜렷해진다. 프랭크 로이드 라이트(Frank Lloyd Wright, 1867-1959)가 1893년 시카고 세계박람회에서 봉황전(鳳凰殿, Ho-O-Den)을 본 이후 일본 건축에서 영감을 얻은 일은 잘 알려져 있다. 뉴욕 현대미술관(MOMA, Museum of Modern Art)의 1932년 "국제주의 양식(The International Style)" 전시회로부터 1988년 "해체주의 건축(Deconstructivist Architecture)" 전시회에 이르기까지(둘 다 북아메리카의 건축 생산에 지대한 영향을 미쳤는데), 건축 아이디어의 전파에 끼친 다른 매체의 영향은 대개 건물 자체의 경험이 주는 영향보다 훨씬 중요했다. 책에서든 영화에서든 전시회에서든, 혹은 보통의 문화적 논의로서든, 건축의 개념은 특정 건물로 실현된 것과는 아주 다른 수준으로 존재한다. 이는 두 영역이 서로 분리된다는 것을 말하려는 것이 아니다. 요지는 "지어진 오브제"가 훨씬 더 큰 "건축 현상"의 네트워크 안에서 단지 하나의 구성요소일 뿐이라는 것이다.

베를린 유대박물관(Jewish Museum in Berlin)을 위한 다니엘 리베스킨트(Daniel Libeskind, 1946-)의 디자인은 건물이라는 것이 지어지기 여러 해 전에도 유명해질 수 있음을 보여준 좋은 예이다. 건물 공사 중에도 아주 많은 출판물이 이 프로젝트를 여러 단계에 걸쳐 소개했기 때문이다. 즉, 이 또한 바르셀로나 파빌리온처럼 드로잉과 사진을 통해서 자체적 생명력을 가지게 되었다고 할 수 있다. 이러한 상황은 장 보드리야르(Jean Baudrillard, 1929-2007)가 《걸프전은 일어나지 않았다(La Guerre du Golfe n'a pas eu lieu)》라는 책에서 암시했듯 우리 "미디어 사회"의 명백한 일시성에 환멸을 느끼게 하기도 한다. 그는 여기에서 "뉴스 이벤트"가 현실보다 더 중요하게 되었음을 제기했었다. 아이디어가 통용되는 이 같은 새로운 방법을 긍정적으로 이해한다면 우리는 미디어 이벤트 역시 현실의 유효한 구성요소임을 받아들일 수 있다. 이런 생각은 건축에서도 마찬가지로 중요한 인자인데, 우리의 이해는 언제나 상상과 경험 사이의 "충돌"의 결과이다.

근래에는 논란의 대상이 되는 프로젝트의 출판이 더 급속히 증가했다. 학교에서 발행하는 정기간행물과 《아키텍처럴 디자인(Architectural Design)》과 같은 저널이 중요한 통로였다. 피터 아이젠만(Peter Eisenman, 1932-)과 자크 데리다(Jacques Derrida, 1930-2004)가 공동으로 작업한 《코라 엘 워크스(Chora L Works)》나 리베스킨트가 진행한 빅토리아 앨버트 박물관(Victoria and Albert Museum) 프로젝트의 작업서류 복사본도 그런 예이다. 이러한 출판물은 작품이 일찌감치 "유통(currency)"되는 데에 얼마나 도움이 되는지 보여준다. 여기에서 새로운 아이디어는 "선언문(manifestoes)"이나 이론적 성명서 형태로 유포된다. 최근 이론적 글들을 재출간한 선집(選集, anthologies)이 잇따라 등장하는 것 역시 이론적 출판물이 건축에 미치는 폭넓은 영향력을 인식하게 한다. 더구나 문화를 연구하는 다른 여러 분야에서 서로의 논의를 주고받는 상황은 건축적 사유를 "문화이론(cultural theory)"의 영역으로 전환시켜왔다. 건축적인 이슈는 인류학, 심리지리학, 영화, 그리고 미디어학과 같은 이론적 논쟁의 전 분야에 끊임없이 등장한다. 이러한 사실은 건축적 아이디어들이 철학 자체의 구조 내에서 발생해왔다는 데에까지 관심을 유도했다.

이러한 건축과 철학의 관계에 대해서는 건축이론가인 마크 위글리(Mark Wigley, 1956-)가 상술한 바 있다. 그는 철학의 역사가 의존하기도 하고, 동시에 거부하기도 했던 건축적 메타포의 역할을 조명했다. 거대한 개념의 "건축물(edifice)"을 진리와 확실성의 "기초(foundations)" 위에 세우는 것은 많은 철학적 시스템을 "구축(construction)"함에 있어서의 공통된 특성이었다. 마찬가지로, 건축은 현재 학제 간 연구의 분위기 가운데 철학적 사유에 상당히 몰두해 있다. 이와 같이 건축이론의 폭넓은 상황에 대해 새로운 관심을 갖게 된 결과, "사유(thinking)"와 "행위(doing)" 사이의 경계는 더욱 희미해졌다. 여기에서 "이론적 실무(theoretical practice)"라는 개념이 발생했는데, 이는 현실에 대해 비판적이면서도 건설적인 입장을 취한다. [역주: 여기에서 'theoretical practice'를 '이론적 실천' 또는 '이론의 실천'이라 번역할 수도 있을 것이다. 오래된 대립항으로서의 '이론(theory)'과 '실천(practice)' 개념을 생각해도 그렇고, 저자가 두 단어를 빈번히 사용하며 둘의 융합을 강조한 것을 생각하면(5장 마지막 부분을 보라) 더욱 그렇다. 그럼에도 불구하고 역자가 이를 '이론적 실무'로 번역하는 까닭은 이것이 둘 사이의 융합을 보다 더 실질적인 수준에서 도모케 하기 때문이다. 게다가 실제의 건축현장에서 통용되는 말이 '실무'

임은 주지의 사실이다. 하지만 이 어구(語句) 이외에는 'practice'를 대개 '실천'으로 번역한다.] 이 모든 실천의 다양한 전략에 있어서 공통적 특징이라면 건축을 문화적 담론의 방식이라 믿는 것이다. 현재의 분위기에서 이론의 역할은 방법론과는 거리가 멀다. 왜냐하면 그 핵심이 단지 어떻게 하면 "더 좋은" 건물을 만들 수 있느냐에 관한 것이 아니기 때문이다. "사회는 오직 그에 합당한 건축만을 갖는다(Society only gets the architecture it deserves)"라는 명제의 관점에서 보면, 건축이론의 영향은 오히려 사회에 대한 것일 터이고, 그로써 더욱 비판적인 건축이 번성할 수 있는 여건을 창조하게끔 한다. 이 모든 추론의 배후에 있는 일반적 전제는, 이 책을 쓰는 동인이기도 한데, 의사소통 수단으로서 건축이 갖는 중요성에 대한 믿음이다. 이것은 건축이 유용한 공간의 제공자라는 표면상의 기능을 뛰어넘는다. 이러한 차이는 건축의 "해석학(hermeneutics)"에 대한 필요를 제기하는데, 해석학은 해석에 사용되는 다양한 전략들의 윤곽을 잡아줄 것이다. 이 책의 1부에 설정된 대립쌍으로부터 명백해지듯이, 이런 생각조차도 최근 많은 논쟁의 주제였다.

이 책의 전체적인 구성은 복수적 "세계관들"이 단일한 관점을 대체해온 우리 시대의 특성을 반영한다. (아마도 결코 실존하지 않았을) 어떤 시대에선가는 비판적 전략들이 가장 유력한 "거대서사(master narrative)"에 따라 정렬되었을지도 모른다. 이론적이든, 철학적이든, 혹은 계몽주의 이래 과학적이었든지간에, 하나의 지배원리가 존재한다는 그러한 아이디어는 근래에 힘을 잃게 되었다. 과학철학자들이 진리에 대한 과학의 포괄적 소유권에 의문을 제기하기 시작함에 따라 세계를 서술하는 대안적 방법들이 다시 유효해졌다. 프랑스 철학자 장 프랑수아 리오타르(Jean-François Lyotard, 1924-98)는 그의 책 《포스트모던의 조건(La condition postmoderne)》에서 포스트모더니즘의 결정적 특성을 전통적이었던 거대서사의 붕괴라고 주장했다. 종교적 합의의 상실과 과학지식의 완결성에 대한 회의로 인해 사회에서의 의사소통이 "언어게임(language-games)"으로 파편화되었다는 것이다. 그러나 여기에서 "게임"이라는 개념에 경박함이 내포된 것은 아니다. 왜냐하면 이 개념은 단지 특정한 연구의 상황에 맞게 해석할 수 있는 규칙과 관습의 시스템을 제안하려 도입되었기 때문이다.

제1부는 건축 해석의 문제에 내재하는 일반적인 딜레마를 다루며, "의미(meaning)"에 대한 두 가지 다른 입장을 대비시킬 것이다. 1장은 건축이 의사소통의 허세와는 무관하

게, 그저 유용한 공간을 건설하려는 공학(engineering)이라고 여긴다. 이러한 접근이 극단적일 때 건축가는 단순히 "형태는 기능을 따른다(form follows function)"는 공식에 종속될 뿐이고, 따라서 의미에 관한 질문도 회피된다. 이것이 종종 "기계미학(machine-aesthetic)"이라는 표현과 같은 더 심도 있는 의제를 은폐할 수 있다는 사실은 겉보기에 중립적인 디자인 과정이 여전히 얼마나 문화적인 힘에 종속되어 있는지를 보여준다. 20세기의 건축생산을 위한 주요 모델이었던 과학적 합리성은 역사철학의 진보 신화에 근거한 특정 이데올로기에서 비롯된 것이다. 2장은 건축을 순수 예술(fine art)로 여기며 상반된 견해를 설정하는데, 이제 기능적 고려가 아닌 자체의 표현이 강조된다. 이런 입장은 가장 순수할 경우 "자율적(autonomous)" 실천을 지향하며, 디자이너는 사회 조건과의 비판적 대화에서 주도자 역할을 한다. 엔터테이너로서의, 비평가로서의, 혹은 사회적 양심으로서의 예술가는 모두 건축적 아이디어를 표현수단으로 삼는 이론가와 디자이너를 위한 잠재적 모델이다. 건축에 대해 이같이 "비판적(critical)"이고 표현적인 입장이 갖는 철학적 배경은 미학적 경험의 중요성과 관련하여 더 큰 범주 속에서 논의될 수 있다. 이 주제는 철학사에 걸쳐 계속해서 나타났으며, 최근에는 위대한 "두 문화(two cultures)" 논쟁, 즉 창조적 예술가의 자유의지에 대항하는 과학의 결정론적 법칙에 대한 논쟁의 바탕이 되었다.

의사소통을 위한 비판적 도구이자 새로운 공간 경험을 제시하는 수단으로서 건축이 갖는 잠재성은 건물이 어떻게 인지되고 해석되는지에 관한 함수로 보인다. 이것이 본서 제2부의 주제이다. 이 섹션에서는 세 가지의 다른 해석 전략이 20세기 철학의 세 가지 주요한 흐름을 근거로 하여 펼쳐진다. 각각은 우리가 건축을 생각하는 방식에 영향을 주도록 서술될 것이며, 각각의 건축적 실천을 보이기 위해 다양한 건물의 도판도 포함될 것이다. 그 주제들은, 디자인 의도였든 그저 가능한 해석의 전략이든, 종종 동일한 건물 내에서 설명되기 때문에 겹치기도 한다. 이와 같이 비평(criticism)의 과정을 통해 "창작(creation)"을 모호하게 만드는 것이 이 책의 관심인데, 디자이너와 해석자 모두가 건물을 바라보는 다양한 방법을 고려하도록 하기 위함이다.

3~5장은 "주관적인(subjective)" 철학적 입장으로부터 "객관적인(objective)" 입장으로 전이하는 여러 해석 모델들을 고찰할 것이다. 현상학(phenomenology)에 관한 3장은 개별 사람이나 주체의 지각적 경험에 초점을 맞춤으로써 주관적 성격을 강조한다. 그러나 경

험이라는 것이 본래 주관적이어서 일반화되기 어렵기 때문에, 함께 이해하고 소통할 수 있는 수준에 이르기 위한 다른 방법이 4, 5장에서 검토된다. 여기에서 우리는 우리의 경험을 구조화하는 좀 더 객관적인 요인을 보게 될 것이다. 그것은 개인의 통제를 벗어난 범위의 힘(forces)으로서 두 장 모두가 주목하는 바인데, 우리가 사물을 어떻게 인지하는지, 그리고 궁극적으로 어떻게 의사소통하는지에 영향을 미친다. 4장에서는 구조주의(structuralism)를 통해 언어의 깊은 구조를 고찰할 것이며, 5장은 이데올로기의 "보이지 않는" 영향력인 마르크스주의(Marxism)를 다룰 것이다. 세 가지 주제는 모두 건축을 이해하기 위한 개념적 틀로서의 가능성을 제공한다. 그리고 결론에서는 더 포괄적인 해석학의 과제로서 이 셋의 통합이 시도될 것이다.

나는 이 책이 이론적 쟁점의 탐구를 위한 입문서로 사용되도록 개별 주제의 확장에 유익한 추천문헌 목록을 장별로 추가했다. 그리고 이들을 가급적 최근에 출판된 이론 텍스트 선집들에서 발췌했다. 그 까닭은 이 책이 지속적 학습을 위한 "로드맵"으로도 활용되기를 바라기 때문이다.

더 읽어야 할 문헌(Suggestions For Further Reading)

배경(Background)

Terry Eagleton, *Literary Theory: An Introduction,* Minneapolis: University of Minnesota Press, 1983.

Richard Kearney, *Modern Movements in European Philosophy*, Manchester: Manchester University Press, 1986.

John Lechte, *Fifty Key Contemporary Thinkers: From Structuralism to Postmodernity*, London: Routledge, 1994.

전경(Foreground)

Ulrich Conrads (ed.), *Programmes and Manifestoes on 20th Century Architecture*, London: Lund Humphries, 1970.

Mark Gelernter, *Sources of Architectural Form: A Critical History of Western Design Theory*, Manchester: Manchester University Press, 1995.

K. Michael Hays (ed.), *Architecture Theory Since 1968*, Cambridge, MA: MIT Press, 1998.

Charles Jencks and Karl Kropf (ed.), *Theories and Manifestoes of Contemporary Architecture*, London: Academy Editions, 1997.

Neil Leach (ed.), *Rethinking Architecture: A Reader in Cultural Theory*, London: Routledge, 1997.

Kate Nesbitt (ed.), *Theorising a New Agenda for Architecture: An Anthology of Architectural Theory 1965-1995*, New York: Princeton Architectural Press, 1996.

Joan Ockman (ed.), *Architecture Culture 1943-1968: A Documentary Anthology*, New York: Rizzoli, 1993.

읽기(Readings)

K. Michael Hays, "Introduction", in *Architecture Theory Since 1968*, Cambridge, MA: MIT Press, 1998, pp. x-xv.

Alberto Perez-Gomez, "Introduction to Architecture and the Crisis of Modern Science", in K. Michael Hays (ed.), *Architecture Theory Since 1968*, Cambridge, MA: MIT Press, 1998, pp. 466-75.

1부

건축의 의미에 관한 질문

The Question of Meaning in Architecture

1. 공학으로서의 건축—테크놀로지의 혁명

Architecture as Engineering: The Technological Revolution

1986년에 런던의 로이드(Lloyds) 본사 건물이 완성되었을 때 대중의 반응은 당연히 혼란스러웠다. 불필요한 위험을 감수하지 않는 보험회사임에도 불구하고 로이드 사는, 전통적으로 도시 시설이 갖고 있던 이미지를 (즉, 영속성과 굳건함을 상징하는 고전적 신전으로서의 이미지를) 택하는 대신 하나의 거대한 고동치는 기계를 세우기로 결정했기 때문이다. 누가 보더라도 연상되는 것은 분명했다. 노출된 구조는 원통형 부재 및 플랫폼을 덧댄 석유 굴착장치와 같고, 번득이는 철제 계단과 화장실 공간은 모두 화물 컨테이너처럼 쌓여 바깥쪽에 고정되었으며, 그 전체는 일군의 옥상 크레인으로 마무리되었다. 옥상 크레인이 설치된 것은 이 건물의 건축(build)을 위해서였을 뿐만 아니라, 부품이 닳아 새것으로 교체될 때의 **재건축**(*rebuild*)을 돕기 위해서이기도 했다. 건물의 외관이 무척 독특하긴 하지만, 이를 설계한 건축가 리처드 로저스(Richard Rogers, 1933-)는 《건축—현대적 조망(Architecture: A Modern View)》이라는 책에서 이러한 자기 아이디어야말로 융통성의 요구에 대한 가장 논리적인 응답이라고 서술했다.

> 만약 우리가 건물의 단수명 부재(short-life parts)에 쉽게 접근하여 이를 교체할 수 있다면 건물의 전체 수명은 연장될 수 있다. 로이드 건물은 사람들을 수용하는 장수명(long-life)의 중앙 영역과 테크놀로지를 담는 단수명의 외부 영역으로 분명하게 나눌 수 있다.[1]

1_Richard Rogers, *Architecture: A Modern View*, London: Thames and Hudson, 1990. p. 53.

1. 리처드 로저스 파트너십 — 로이드 빌딩, 런던, 1978-86. (Alistair Gardner)

로이드 빌딩 이래 로저스는, 삐쭉삐쭉한 철과 유리의 런던 채널4 본사(1994)로부터 스트라스부르 유럽인권법원(1995)이나 보르도법원(1995 & 1998)의 더 곡선적인 형태에 이르기까지, 다수의 중요한 프로젝트를 비슷한 표현법을 사용하여 완성해왔다. 그는 현재 독일 자동차의 거부 다임러-벤츠(Daimler-Benz)가 베를린 중심에 진행 중인[역주: 1999년 완공됨] 신사옥 건설에 관여하고 있다. 로저스의 이전 파트너(이자 영국건축에 공헌한 점으로 인해 함께 작위를 수여받은 동료인) 노먼 포스터(Norman Foster, 1935-) 역시 중요한 국제 프로젝트들로 인상적인 포트폴리오를 만들어가고 있다. 그 가운데 빼놓을 수 없는 것이 홍콩의 HSBC 본사로, 로이드 사와 같은 해에 완공되어 비슷한 건축적 생각을 구현했다. 그 이후 포스터는 프랑크푸르트의 코메르츠방크(Commerzbank, 1997)와 홍콩 국제공항(1998)을 완성했고, 최근에는 통일된 독일 정부의 본거지가 된 베를린 국회의사당(Reichstag) 개조공사(1999)를 마무리했다. 문화시설의 측면에서도 역시 포스터는 매우 성공적이었다. 런던 왕립아카데미(Royal Academy) 건물들의 증축(1991), 프랑스 님(Nimes)의 카레 미술센터(Carré d'Art, 1993), 네브라스카 오마하의 조슬린 미술박물관(Joslyn Art Museum, 1994)이 그 예이고, 현재 런던 브리티시 박물관의 열람실 중정을 개조하고 있다[역주: 2000년 완공됨].

어떤 기준으로 보든 영국의 "하이테크(high-tech)" 전통으로 알려진 것은 (물론 프랑스의 장 누벨(Jean Nouvel, 1945-)이나 미국의 라파엘 비뇰리(Rafael Viñoly, 1944-)와 같은 다른 추종자들도 어느 정도 비슷한 성공을 거두었지만) 현대건축에서 강력한 힘이며, 신중하고도 비판적인 분석을 요한다. 왜냐하면 하이테크의 이론적 기반이 오늘날의 건물 생산에 아주 폭넓은 영향력을 행사하고 있기 때문이다. 그러한 영향력은 전술한 사례들이 그 기원을 명시했던 것 이상으로 중요하다. 하이테크 건축의 개념적 "바탕(ground)"을 발견하기 위해서는 최근의 건축 작업에 적층되어 있는 켜를 벗겨내야 하므로, 이 분석을 시작하면서 고고학적 "발굴(excavation)"과도 같은 작업을 수행하는 것이 필요하겠다.

2. 포스터 & 파트너스 — 르노센터, 스윈던, 1980-82. (Alistair Gardner)

20세기 건축 - 기계의 지배
Twentieth Century Architecture—The Dominance of the Machine

우리가 발굴할 첫 번째 켜는 세계의 상업적 혹은 공공적 기관과 기계로서의 건축이라는 개념 사이의 밀애(密愛, love affair)를 보여주는 건물로 구성된다. 1977년에 완공된 파리의 퐁피두센터(Pompidou Centre)를 보자. 리처드 로저스와 렌초 피아노(Renzo Piano, 1937-)가 엔지니어인 테드 하폴드(Ted Happold, 1930-96)와 함께 설계한 이 건물은 미술관, 특별전시실, 도서관, 카페, 음악 및 음향을 위한 연구센터를 융합한, 우리가 현재 "미디어테크(mediatheque)"라 부르는 것을 위한 공모전 요강을 잘 따랐다. 공모전 도면은 건물을 보여준다기보다 광장을 향한 대형 영화스크린과 에스컬레이터를 매단 거대한 철제 격자 구조물을 보여준다고 하는 편이 낫다. 여기에서는 기능도 건물의 뼈대 및 내장과 더불어 외부 공간으로 옮겨진 것처럼 보인다. 공모전 보고서에서 건축가들은 이 구조를, 대학들이나 시청사들과 같은 나라 전역의 각종 기관들의 네트워크와 연결되는, "살아있는 정보센터"로 기술했다. 이 건물은 모임 장소로서의 광장 및 전시 벽면으로서의 파사드를 갖춤으로써, 스스로 감상 대상이 되기보다 정보 공유의 수단으로 역할하도록 구상되었다. 전체 설정은 가변형 바닥과 기둥 사이의 거대한 빈 공간을 통해 효율적으로 문화 교류를 하는 기계장치와도 같다.

프랑스의 수도를 찾는 방문객들 사이에서 퐁피두센터는 곧 유명세를 얻게 되었다. 그 유명세는 도시 전체를 조망하는 전망대로서의 용도와 무관치 않지만, 여러 문화 활동을 위한 "중성적" 공간을 제공하려는 설계자의 의도보다는 건축의 참신함이 주는 충격의 가치와 상당히 관계가 깊다. 대중들은 이 건물이 다소 조용했던 파리 거리에 굉장한 볼거리를 더했다고 인식한다. 그에 반해 건축 및 문화비평 분야에서는 이 건물을, 이후의 논의에서 더 명백해지겠지만, 그다지 친절하게 받아주지 않았다. 그러한 미온적 대접의 이유는 그 배후에 있는 개념의 역사에 일부 기인한다. 또한 영국 아키그램(Archigram) 그룹의 작품이 여러 해 전부터 이미 그 같은 건축을 개념적으로 예견해왔기 때문이기도 하다. 아키그램의 프로젝트들은 실현되지 못했지만 널리 출판됐었다. 로저스가 수 로저스(Sue Rogers), 노먼 및 웬디 포스터(Wendy Foster)와 함께 팀4(Team 4)를 결성했던 1960년대 후

3. 피아노 & 로저스 — 퐁피두센터, 파리, 1971-77. (Alistair Gardner)

4. 피아노 & 로저스 — 퐁피두센터, 파리, 1971-77. (Jonathan Hale)

반 무렵까지, 아키그램 그룹은 섬뜩할 정도로 앞을 내다 본 하이테크놀로지 모델을 벌써 여럿 선보인 바 있다. 이후 다양한 건축가들이 이러한 유동적 인프라 건축을 모방했으며 부분적으로 실현하기도 했다. 이런 부류의 디자인 가운데 두드러진 사례에는 동선체계와 서비스 타워들이 인상적으로 군집한 마이클 웹(Michael Webb, 1937-)의 가구제조사 연합회 본부(Furniture Manufactures Association Headquarters, 1958), 막 지붕 아래로 불룩한 공간과 에스컬레이터가 아무렇게나 모인 세드릭 프라이스(Cedric Price, 1934-2003)의 펀 팰리스(Fun Palace, 1961-64), 중앙 기둥 꼭대기에 크레인이 있고 주변으로 익명의 거주 "용기(containers)"가 다수 부착된 워런 초크(Warren Chalk, 1927-88)의 캡슐 타워(Capsule Tower, 1964) 등이 있다.

비록 이러한 아이디어가 같은 시기에 비슷한 가능성을 두고 작업했던 일본 메타볼리스트(Metabolist) 그룹의 생각과 닮았지만, 그 바탕의 이데올로기적 관점은 사실 상당히 다르다. 전후(戰後)의 일본은 도시과밀의 첨예한 문제에, 그리고 나라 전체적으로 대지 사용의 만성적 압력에 시달렸다. 따라서 일본 건축가들은 타워 블록에 적층된 최소 주거 단위의 가능성 이면에서 필연적 논리를 발견하게 된다. 한편, 영국인들의 작업은 훨씬 더 유희적인 느낌을 머금었다. 이러한 분위기에는 당시 그들의 관심사, 즉 감각의 자극에 대한 욕망과 1960년대의 쾌락의 추구 및 자유주의적인 생활방식이 전제한다. 이들의 관심사를 명쾌하게 요약한 프로젝트는 역시 마이클 웹이 설계한 "쿠쉬클(Cushicle)" 혹은 "수털룬(Suitaloon)"이라는 고안물이다. 이것은 휴대용 배낭 안에 한 사람의 완전한 자족적 환경을 위한 기술 장치들을 담고 있다. 새로운 우주시대의 공학적 이미지에 그들이 이처럼 깊이 탐닉한 바는 건축이 공공 영역의 삶을 위해 필요하다는 사실이 간과되었음을 보여준다. 물론 그들의 수사학은 전통적 일상의 문제도 거의 다루지 않았다. 기계미학의 위대한 대변자인 비평가 레이너 배넘(Reyner Banham, 1922-88)이 1972년의 저서에서 이들에 대해 언급했듯이, 아키그램은 "이론에는 약하고 작도(作圖)에는 강했다."[2]

즉, 배넘은 새로운 테크놀로지가 합리적으로 적용된 듯 보이는 결과물에 내재한, 테크놀로지의 비합리적 사용이라는 패러독스를 제기한 셈이다. 이 같은 패러독스의 제기는 당시의 이론적 풍토 속에 작용했던 모순적 힘들을 보여준다. 그는 하이테크보다 선행했던 다른 부류, 즉 뉴브루털리즘이라 알려진 1950년대 이래 영국에서의 흐름에 대해서도 비슷한 염려를 드러냈다. 《뉴브루털리즘–윤리인가, 미학인가?(The New Brutalism: Ethic or Aesthetic?)》는 배넘이 1966년 출판한 저서이다. 그는 이 책의 부제목을 통해 거친 콘크리트, 수도 파이프, 전기 배관의 노출 이면에 있는 진정한 동기가 무엇인지에 대해 사라지지 않는 의구심을 보여줬다. 그런데 그 같은 노출은 곧 새로운 양식의 트레이드마크가 되었다. 여기에서 언급한 "양식(style)"이라는 말은 "합리적인(rational)" 모더니즘의 건축 비평계에 경종을 울린다. 가장 큰 이유는 뉴브루털리즘의 거침없는 옹호자였던 앨리슨과 피터 스미슨(Alison & Peter Smithson, 1928-93 & 1923-2003)이 공표했던 의도가 다름 아닌 현실에 대한 "객관성"이었기 때문이다.

2_Reyner Banham, quoted in Peter Cook (ed.) *Archigram*, London: Studio Vista, 1972. p. 5.

5. 스털링 & 고완 — 레스터대학교 공학관, 레스터, 1959-63. (Neil Jackson)

스미슨 부부는 1950년대 런던의 AA스쿨과 현대미술협회(Institute of Contemporary Arts)를 중심으로 가깝게 활동했던 건축가와 예술가 그룹의 일원이었다. 실현되었든 그렇지 못했든, 그들의 여러 프로젝트는 아키그램 그룹의 작품에 중대한 영향을 줬다. 노포크 헌스탄턴(Hunstanton in Norfolk)의 벽돌, 철, 유리로 지어진 학교(1949-54), 1953년도 셰필드대학교(Sheffield University) 현상설계의 거대 구조물, 1956년도 "미래주택(House of the Future)"의 곡선미 넘치는 유리섬유 형태 등은 모두 영향력 있는 아이디어들을 두루 담고 있다. 테크놀로지와 "재료의 진실성"에 대한 "야수적(brutal)" 표현, 그리고 대도시 규모의 기반시설과 교통시스템은 스미슨 부부가 주도하게 될 팀10(Team X) 그룹의 작품과 장차 뒤따를 다수의 건축물에 근본 원리로 자리 잡게 된다. 예컨대, 1960년 전후로 팀10 컨퍼런스에 초청된 바 있는 영국 건축가 제임스 스털링(James Stirling, 1926-92)과 미국의 루이스 칸(Louis Kahn, 1901-74)도 장차 테크놀로지가 주도한 건축에 큰 영향을 주게 될 중요한 건물을 각각 설계했다. 스털링과 고완(James Gowan, 1923-2015)의 레스터대학교 공학관(Leicester University Engineering Building, 1959)과 루이스 칸의 펜실베이니아대학교 리처드 의학연구소(Richards Medical Research Laboratories, 1957-64)가 바로 그것이다. 이들은 모두 기능과 구조가 놀랍게 분절된 형태를 선보였는데, 이러한 성격은 이후 아키그램의 작품에 특징적으로 나타난다. 칸의 경우를 보면 그의 프로젝트는 심지어 훗날 하이테크의 핵심적 원리가 되는 "봉사받는(served)" 공간과 "봉사하는(servant)" 공간의 분리를 구현했고, 이것은 로이드 건물이 단수명과 장수명 요소를 구분했던 점을 연상시킨다.

스미슨 부부의 나중의 글을 보건대, 그들은 기술자임과 동시에 예술가인 건축가의 역할에 잠재한 패러독스를 받아들였던 것 같다. 테크놀로지가 제공하는 "도구"를 시각적이고 공간적인 언어로 번역하는 것이 중요함을 거부할 수 없었기 때문이었다. 그들은 1973년 출판한 《수사 없이–건축의 미학(Without Rhetoric: An Architectural Aesthetic)》에서 건축가가 공간 구성의 직접적인 문제를 위해 기술적 해법을 제공하는 것 못지않게, 설계 과정에서 창의성 역시 제공할 필요가 있음을 인정했다.

테크놀로지의 대변자 - 벅민스터 풀러
Champion of Technology—Buckminster Fuller

한편, 1950년대는 다가올 테크놀로지의 유토피아에 대한 희망으로 가득 차 있었다. 비록 전쟁으로 단절된 바 있으나 전전(戰前) 모더니스트들의 꿈이 급속한 재건을 통해 소생했기 때문이다. 건축이론 분야의 관점에서 볼 때, 전쟁 직후의 낙천주의적 풍조는 아마도 리처드 벅민스터 풀러(Richard Buckminster Fuller, 1895-1983)의 작업에 대한 반응에서 가장 잘 나타났던 것 같다. 그는 미국의 건축가이자 기술자요, 발명가였으며, 분자명에 이름이 채택된 유일한 건축가이기도 했다. "벅민스터풀러렌(Buckminsterfullerene)"은 그의 "지오데식 돔(geodesic dome)"과 유사한 구조를 갖는 탄소분자 이름이다. 풀러는 1967년 캐나다 몬트리올 엑스포를 위해 건축한 돔으로 잘 알려져 있는데, 그 돔은 지오데식 원리에 기초하고 있으며, 비록 원래의 플렉시글라스(Plexiglass) 커버가 제거되었지만 오늘날도 여전히 건재하다. 그는 신재료와 테크놀로지의 부단한 혁신가였으며, 무엇보다

6. 스털링 & 고완 — 레스터대학교 공학관, 레스터, 1959-63. (Neil Jackson)

7. 루이스 칸 — 리처드 의학연구소, 펜실베이니아대학교, 1957-64. (Alistair Gardner)

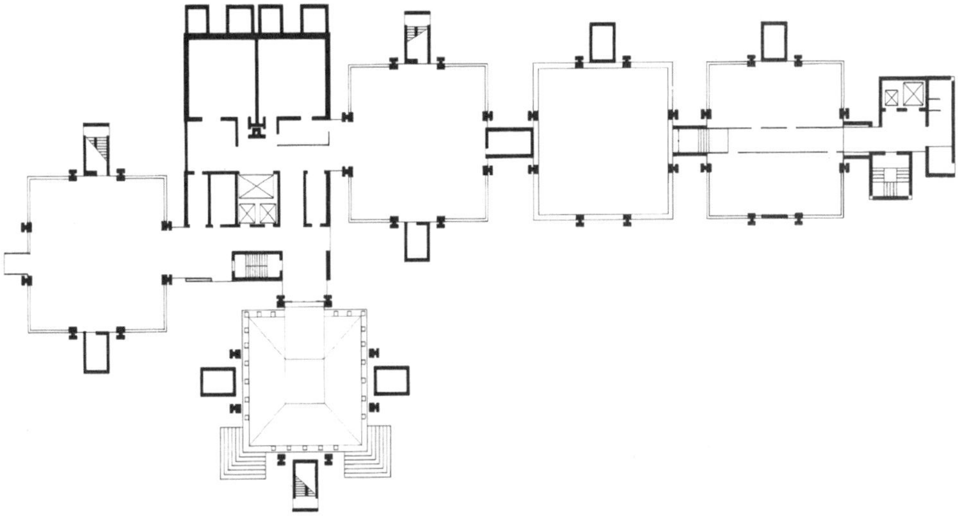

8. 루이스 칸 — 리처드 의학연구소, 펜실베이니아대학교, 1957-64: 출입구층 평면도. (Jonathan Hale 재작도)

도 일련의 대량생산 프로토타입으로 유명해졌다. 그 예가 1920년대에서 1940년대 사이에 제안된 "다이맥시언(Dymaxion)" 시리즈의 욕실, 자동차, 그리고 주택이었다. 비록 이 디자인은 실제적 적용에 한계가 있었으나 이론적 관심을 크게 불러일으켰다. 1950년대의 어수선한 시기에 풀러를 변호한 대표적 인물이 바로 영국의 비평가 레이너 배넘으로, 그는 풀러의 과학기술적 논점을 거들며 여기에 "학술적" 권위를 부여했다. 테크놀로지가 주도하는 근대건축이라는 풀러의 아이디어가 아키그램 그룹의 작품에 흘러 들어간 것은 주로 배넘의 열정적 활동 덕분이었다. 다만 배넘은 새로운 과학기술의 혁신과 세계대전 이전 건축의 정신 사이에 역사적 연속성을 확립하는 데에도 관심을 기울이고 있었다. 이에 대해서도 현재적 재조명이 필요하다.

배넘의 관점에서, 1920년대와 30년대의 "백색 건축(white architecture)"은 르코르뷔지에(Le Corbusier, 1887-1965)의 잘 알려진 주장, 즉 1923년 이래 주택을 "살기 위한 기계(machine for living in)"라고 주장한 것과 같은[3] 초기 모더니즘의 강령을 제대로 지키지 못

3_Le Corbusier, *Towards a New Architecture*, translated by Frederick Etchells, London: Architectural Press, 1964. pp. 12-13.

9. 머피 & 맥키(Murphy and Mackey) — 지오데식 돔, 세인트루이스 "클라이매트론(Climatron)", 1960. (Neil Jackson)

했다. 그러나 결국 그는 풀러에게서 진정한 기계시대 건축의 전조를 본 것이다. 그의 가장 잘 알려진 책인 《제1기계시대의 이론과 디자인(Theory and Design in the First Machine Age)》(1960)에서 배넘은, 풀러가 1920년대 후반 이래 다이맥시언 주택에서 보여준 혁신을 르코르뷔지에가 설계한 사부아 저택(Villa Savoye)의 이른바 "기술적으로 폐기된" 건축과 비교했다. 사부아 저택은 다이맥시언 주택과 비슷한 시기에 설계되고 지어졌으며, 대부분의 건축 비평가들이 모더니스트들이 이루고자 했던 새로운 건축의 전형적 예라고 인정한 건물이다. 그러나 배넘이 보기에, 중앙의 두랄루민(Duralumin) 기둥이 원형의 주거공간을 매달고 모든 기계 설비를 수용하는 다이맥시언이야말로 "대량생산 주택"이라는 르코르뷔지에의 개념을 진정으로 실현한 것이었다. 그에게 있어서 이것은 순수한 "테크놀로지의 전이(technology transfer)"를 보여준 선구적인 예이다. 또한, 발전하고 있던 하이테크 전통의 기본 원리가 될 "봉사받고 봉사하는 공간"의 배열 역시 보여주었다. 이후의 지오데식 돔 프로젝트는 다이맥시언 주택의 형태를 반복적 모듈의 뼈대 셸터

10. 브링크만 & 판 데어 플룩트(Brinkman and Van der Vlugt) — 판 넬레 공장(Van Nelle Factory), 로테르담, 1927-29. (Neil Jackson)

(shelter) 지붕구조로 단순화한 것이다. 이처럼 풀러의 아이디어는 최신 재료의 효율적 사용에 의한 필연적 결과로 제시되었다. 그는 르코르뷔지에를 비롯한 건축가들이 공공연히 합리적이고 기능적인 건축을 추구한다고 하면서도 사소해 보이는 문제에 집착하는 것을 비판했다. 풀러의 눈에 그들은 패션 산업의 변덕에나 어울릴 법한 부적절한 양식적 조작에 탐닉해 있었을 뿐이다. "우리는 건축 직종의 사람들이 '안에서 밖으로(inside out)'라는 원리로 디자인한다고 자주 듣는다. 그 직종은 때때로 유쾌하고, 때때로 신성해 보이기도 한다. 그러나 그것은 종종 겉만 번지르르할 뿐만 아니라, 대체로 주거를 만드는 재단사(shelter tailor)의 애처로운 조직이라 할 수 있다."[4]

4_R. Buckminster Fuller, *Nine Chains to the Moon*, Carbondale: Southern Illinois University Press, 1938 & 1963. p. 9.

11. 브링크만 & 판 데어 플룩트 — 판 넬레 공장, 로테르담, 1927-29. (Neil Jackson)

가볍고, 저렴하고, 운반가능하며, 뼈대와 표피로 구성되는 다이맥시언 주택의 개념은 르코르뷔지에의 급진적 생각에 영감을 주었던 요트, 배, 초기 비행기 등의 형태에 대한 동일한 집념으로부터 나왔다. 비록 이들이 서로 다른 결과를 낳긴 했지만 말이다. 그러나 풀러는 대량생산의 가능성보다 대량생산을 위한 프로토타입에 더 관심을 가졌다. 이 사실은 그가 전후 군수시장에서의 생산가동을 꺼렸던 점에서 드러난다. 당시는 다이맥시언에서 영감을 받은 "위치타(Wichita)" 주택의 주문 수량이, 공장에서 처음 제작하려던 6만 유닛을 넘기 시작하는 시점이었다. 풀러가 대량생산에 주저했던 까닭은 첫 번 다이맥시언 자동차를 출시했던 1933년의 시카고 국제 전시회장 입구에서 일어난 치명적 사고에 일부 기인한 듯하다. 그런데 이 자동차에 적용된 최신의 항공역학과 후륜조정 시스템은 (지면과의 마찰로 인한 손실 때문에 고속에서는 비효율적인데) 비행기 동체의 형태에서 직접적으로 영감을 받은 것으로, 풀러 자동차의 후기 프로토타입 사진에서도 확인된다. 거기에서 이 차는 마찬가지로 그가 디자인한 수륙양용 비행기 리퍼블릭 시비(Republic Seabee) 옆 활주로에 주차되어 있는데, 모양이 독특하기는 둘 다 매한가지이다.[5] 가장 발전된 테크놀로지의 가능성을 모두 활용하고자 했던 풀러의 낭만적 욕망은, 그것이 반드시 요구되거나 특별히 적합하지 않은 곳에서도 적용된 것이다. 이런 사실은 그가 세상을 떠나던 1983년에 작성한 다이맥시언 프로젝트의 목표 요약본에 분명히 나타나 있다.

> 길도 없고 비행기가 착륙할 공간도 없는 아름다운 외딴 시골 어느 곳에든 비행기로 배달할 수 있는 첨단 테크놀로지의 주거 기계를 개발하기로 마음먹은 이래, 나는 하늘에서든 땅에서 물 위에서든 만능으로 작동하는, 즉 독수리처럼 어디든 안전하게 착지할 수 있는 교통수단을 만들기로 작정했다.[6]

바로 이 지점이야말로 풀러가 이탈리아 미래주의자들에게 받은 영향을 명확히 드러내는 순간이다. 미래주의자들은 기계시대의 첫 번째 위대한 시인이자 낭만주의자였는데, 풀러는 그들이 새로운 테크놀로지의 가능성에 직면해 경험했던 열정을 여기에서 반영하고 있다. 미래주의자 그룹의 1914년 선언문은 이런 열정을 명백히 보여줄 뿐만 아니라, 최근의 하이테크에 대한 집착이 어떤 기원을 갖는지도 말해준다.

> 우리는 반드시 미래주의 도시를 발명하고 재건해야 한다. 그것은 거대하고, 시끄럽고, 활기 넘치면서도 고상한 작업장처럼 모든 부분이 역동적이어야 한다. 그리고 미래주의 주택은 거대한 기계 같아야 한다. 승강기는 외로운 벌레처럼 수직 공간 내에 숨어있어서는 안 된다. 계단은 무익하게 되었으니 사라져야 하며, 승강기가 철과 유리로 된 뱀처럼 집의 앞면을 오르내려야 한다.[7]

5_Reproduced in Martin Pawley, *Buckminster Fuller*, London: Trefoil Publications, 1990. p. 81.

6_R. Buckminster Fuller, quoted in Martin Pawley, *op. cit.*, p. 57.

7_Sant Elia and Marinetti, "Futurist Architecture", in Ulrich Conrads (ed.), *Programmes and Manifestoes on 20th Century Architecture*, London: Lund Humphries, 1970. p. 36.

12. 르코르뷔지에 — 사부아 저택, 푸아시, 파리, 1929-31. (Alistair Gardner)

풀러가 다소 맹목적이고 결정론적으로 건축에 새로운 테크놀로지를 적용했던 것에 반해, 르코르뷔지에는 두 가지 상반된 요구를 중재해야 할 필요성을 잘 인지하고 있었다. 하나는 셸터를 만드는 문제에 관한 "날것의(raw)" 공학이다. 그리고 또 다른 하나는 역사 변화의 불확정성 속에서 자신감을 되찾기 위해 필요한, 사회의 공유된 문화적 기대이다. 르코르뷔지에가 《새로운 건축을 향하여(Towards a New Architecture)》[역주: 근래에는 프랑스어 원서 제목 《Vers une architecture》에 충실하게 《건축을 향하여(Towards an Architecture)》로 번역되고 있음]의 첫 부분에서 거대한 배와 비행기와 자동차의 아름다움에 대해 온갖 수사적 기교를 사용하긴 했지만, 그와 대등한 정도로 상세하게 고대 그리스와 로마, 그리고 이탈리아 르네상스의 건축에 대해서도 논했다. 그는 "기술자의 미학(The Engineer's Aesthetic)"이라 명명된 장을, 기술자들이 "그들의 일에 역동적인 데다 유용하고, 침착할 뿐만 아니라 행복해하기"

때문에 곧 건설 과정을 독점하게 될 것이라 주장하며 시작했다. 또한 그는 다음과 같이 서술한다. "**우리는 더 이상** 역사적 유품들을 세울 만한 **돈이 없다**. 우리는 씻어버려야 한다! 우리 기술자들이 이에 대비할 것이며, 그들이 우리의 건설자가 될 것이다."[8]

하지만 이와 함께 르코르뷔지에는 디자인의 마무리 과정에 속한 건축가만의 독특한 공헌을 몹시도 강조하고 싶어 했다. 이를 위해 그는 "아카데미" 전통의 양식에 대한 집착 때문에 모호해졌던 추상적 형태원리를 회복시켰다. 레이너 배넘이 보기에 초기 모더니스트들이 진정한 기계시대의 건축에 대한 약속을 제대로 지키지 못했던 원인이 바로 이 아카데미의 전통에 있었는데, 그 전통은 에콜 데 보자르(Ecole des Beaux Arts)의 영향 하에 프랑스에서 제도화된 건축교육으로 소중히 간직되어 온 것이었다.

이 점은 앞에서 강조했던 배넘의 《제1기계시대의 이론과 디자인》의 중심 주제였으며, 사부아 저택에 대한 논의가 이를 매우 명백히 보여준다. 그에 따르면 르코르뷔지에는 건물을 단지 새로운 재료로 만들어진 것처럼 보이게만 설계했고, 현대 유람선과의 형태적 유사점만을 강조하느라 그것의 기능적 엄격함이나 기술적 섬세함은 결여했다. 따라서 배넘에게, 르코르뷔지에는 풀러와 같은 기술자 겸 디자이너가 폐기한 전통적인 은유와 연상의 상징 언어로 뒷걸음질친 것이다. 그러나 배넘이 전쟁 전 건축가들의 업적을 평가함에 있어서 명확히 하지 못했던 점이 있다. 그것은 초기 모더니즘의 발전 가운데 나타난 두 가지 분명한 계보에 대한 구별이다. 이 두 계보는 상이한 근원을 갖고 있는데, 하나는 테크놀로지의 진보에서 시작되었고 다른 하나는 예술의 진보에서 시작되었다. 배넘은 후자를 전자에서 나온 분열로 인식하며, "기울어가는 20년대의 이론가들과 디자이너들은 스스로를 자신들의 역사적 기원으로부터뿐만 아니라 기술세계의 발판으로부터도 끊어 버렸다"고 주장했다.[9] 그러나 르코르뷔지에가 제시한 다른 관점에 의하면 전자는 후자 없이는 무의미하며, 둘을 소통시키는 것이 건축의 커다란 책임 중 하나이다. "기술자의 미학" 장에서 그는 다음과 같이 적는다.

그 많은 곡물창고와 작업장과 기계와 마천루 이후, 마침내 건축에 대해 이야기하게 되어

8_Le Corbusier, *op. cit.*, pp. 18-19.

9_Reyner Banham, *Theory and Design in the First Machine Age*, London: Architectural Press, 1960. p. 327.

기쁘다. 건축은 예술에 관한 것이며, 감정의 현상이고, 건설의 문제들 밖에 놓인 그 이상의 것이다. 건설의 목적은 사물들을 결합시키는 것이지만, 건축의 목적은 우리를 감동시키는 것이다.[10][역주: 여기의 볼드체는 원서에서 대문자로 표기된 부분임]

모더니즘의 기원에 있어서 예술과 테크놀로지
Art and Technology in the Origins of Modernism

배넘은 모더니즘 내부에, 새로운 "황금시대"를 고대하며 테크놀로지에 고무되었던 미래주의(technology-inspired futurism)와 과거의 황금시대를 바라보며 역시에 고무되었던 아카데미시즘(historically-inspired academicism) 사이의 논쟁이 있었다고 본다. 그리고 이를 양극화시켰다. 그러나 르코르뷔지에는 이미 그 대안적 가능성을 표출했었다. 그의 입장은 결정론적인 "기계건축(machine-architecture)"과 적절히 상징적인 "기계**시대** 건축(machine-*age*-architecture)" 사이의 미묘한 구분에 바탕을 두고 있다. 전자는 새로운 테크놀로지를 효율적으로 사용하면 필연적으로 도출되는 것이라 할 수 있다. 그러나 후자는 시대의 갈망을 표현하기 위해 창조적 개인의 개입을 필요로 하며, 그 때문에 과학과 테크놀로지에 더해 인간 지식의 다른 진보도 고려한다. 여기에는 동시대적으로 진행되는 회화, 문학, 음악 등의 발전이 포함되는데, 이 모두는 20세기 초반의 세계를 심오하면서도 새롭게 보고 이해하는 데에 도움을 주었다. 이것은 그가 "기술자의 미학" 장의 각주에서 언급했듯, 건축이 마땅하게 참여해야 할 문화현상이었다. 그는 또한 자신이 회화에서 직접 행한 실험을 통해 이를 좀 더 명백히 보였다. 그 실험은 피카소나 브라크와 같은 입체파 화가들이 개발한 여러 테크닉을 활용해 공간에서 사물이 어떻게 인지되는지를 탐구한 것인데, 당시 알버트 아인슈타인(Albert Einstein, 1879-1955)의 상대성 이론에서도 부분적으로 영감을 받았다.

모더니즘 건축의 진정한 본성에 관한 비슷한 혼동은, 원래 유럽적이었던 건축 현상을 북아메리카의 현장에 소개한 전시회의 제목에서도 대두되었다. 헨리 러셀 히치콕(Henry

10_Le Corbusier, *op. cit.*, p. 23.

Russel Hitchcock, 1903-87)과 건축가 필립 존슨(Philip Johnson, 1906-2005)은 1932년 뉴욕의 현대미술관에서 "국제주의 양식 – 1922년 이래의 건축(The International Architecture: Architecture Since 1922)"이라는 전시회를 주관했었다. [역주: 이 전시회와 관련해서는 통상적인 오해가 있다. 전시회 제목은 "현대건축 국제전(Modern Architecture: International Exhibition)"이었고 동일한 제목의 카탈로그가 있었으며, 《국제주의양식 – 1922년 이래의 건축》은 전시회 전 별도로 출판된 책이다.] 그런데 이 전시회는 새로운 건축도 사실상, 설계요강에 따라 기능적이고 기술적 요건만을 충족시키는 "과학적 방법"과는 거리가 있음을 보여주었다. 오히려 건축이 언제나 그랬던 것처럼 "예술가" 개인의 창조성의 결과라는 사실을 드러낸 것이다. 근대주의 운동(The Modern Movement)의 이상에 대한 이러한 모순된 해석은 바우하우스(Bauhaus)의 교육 프로그램에도 이미 분명하게 존재했다. 이 학교는 파리 에콜 데 보자르의 고전적 가르침에 대항하기 위한 새로운 교육 모델로서 독일에 세워진 것이다. 따라서 전통적이고 역사적인 커리큘럼 대신 기술에 바탕을 둔 커리큘럼을 갖추었다. 1919년 창립 시부터 1928년까지 이 학교를 이끌었던 발터 그로피우스(Walter Gropius, 1883-1969)는, 수공예 생산기술을 바탕으로 건축가, 예술가, 조각가를 함께 가르침으로써 디자인 실무에서 공업적인 면과 창조적인 면을 통합하려 했다. 그러나 불행히도 커리큘럼의 "예술작업" 섹션과 반대되는 "공예작업" 섹션에서 도입한 과목들 사이에 내적 불일치가 있었다. 이것은 이 학교가 명시했던 "모든 일상에 사용되는 실제적 상품을 위한 표준 타입의 창조"라는[11] 목표에 제대로 이르지 못했음을 의미한다.

대량생산 시장을 위해 표준화를 강조하는 것은 먼저 창설되었던 또 다른 그룹인 독일공작연맹(Deutsche Werkbund)을 운영하는 데에도 균열을 야기한 바 있다. 발터 그로피우스는 제1차 세계대전 전에 여기에 가입했고, 1914년에는 전시관을 설계하기도 했다. 전시회 당시 쾰른에서 열린 컨퍼런스에서는 그 그룹의 지도적 존재였던 헤르만 무테지우스(Hermann Muthesius, 1861-1927)와 앙리 반 드 벨데(Henry van de Velde, 1863-1957) 사이에 논쟁이 있었다. 이 논쟁은 예술가의 자유의지와 공업생산의 결정주의 사이에 일어난 충돌을 분명히 보여준다. 독일 정부를 위해 영국에서 주택 건축을 연구했던 무테지우스는

11_Walter Gropius, "Principles of Bauhaus Production", in Ulrich Conrads (ed.), *op. cit.*, p. 96.

공작연맹의 목적에 관한 열 가지 논제를 설정했다. 이는 디자인에 있어서의 표준화의 필요성에 초점을 두고 있었다. 예를 들어보자.

> 1. 건축은, 그리고 이것과 함께하는 공작연맹 활동의 모든 분야는, 표준화를 향해 진력을 다하고 있으며, 오직 표준화를 통해서만이 건축은 조화로운 문화의 시기의 특징이었던 보편적 중요성을 회복할 수 있다.

두 번째 섹션에서 그는 표준화가 미학적 자각을 고양하는 열쇠임도 주장했다. 그의 주장에 따르면 "이것만이 보편적으로 유효하고 불변하는 선한 취향의 발전을 가능하게" 할 수 있기 때문이다.[12] 이러한 주장에 대하여, 나중에 바우하우스의 전신이 된 바이마르 응용미술학교(School of Applied Arts in Weimar) 교장이었던 반 드 벨데는 다른 관점을 제시했다. 비록 그 역시 당시 흐름 가운데의 누구 못지않게 열심히 "재료의 솔직성"과 건설에 있어서의 "정직함" 같은 모더니즘의 원칙을 장려하고 있었지만 말이다.

> 1. 공작연맹에 여전히 예술가가 존재하는 한, 그리고 그들이 앞날에 조금이라도 영향을 미치는 한, 그들은 어떤 규범의 확립이나 표준화를 위한 모든 제안에 저항할 것이다. 예술가는 가장 깊은 본질에 있어서 불타는 이상주의자이며, 자유롭고 자발적인 창조자이다. 자유의지로 인해 그는 자신에게 타입이나 규범을 부여하는 어떤 계율에도 결코 굴복하지 않을 것이다.[13]

최근의 건축에 나타난 기계-건축 비유(the building-as-machine analogy)에 관한 고고학적 발굴의 마지막 켜는 이와 같은 자유의지와 결정론 사이의 충돌을 탐구하며, 문화가 그것의 역사적 발전의 절정에 달했다는 개념에서 결정론의 근원을 밝힌다. 양식이 기능에 의해 폐기되었다는, 그리고 개인의 표현은 현대의 문화행위에서 더 이상 역할할 수 없다는 아이디어는 아마도 아돌프 로스(Adolf Loos, 1870-1933)가 1908년에 쓴 에세이 〈장식과

12_Muthesius and Van de Velde, "Werkbund These and Antitheses" in Ulrich Conrads (ed.), *op. cit.*, p. 28.
13_*Ibid.*, p. 29.

범죄(Ornament and Crime)〉에 가장 강력하게 표현된 것 같다. 이 에세이에서 아돌프 로스는 문신과 낙서를 모두 범죄의 징후라 주장하며 장식과 타락의 관계를 논한다. 그리고는 어째서 문화의 발전과 교양의 진정한 표시가 단순하고 장식 없는 표면을 향유하는 것인지 제시해 보였다. 그의 주장에 따르면 사물은 역사적 양식의 굴레와 부적절한 장식의 방해물로부터 자유로워야 한다. 그는 다음을 간략한 문화사의 결론으로 제시했다.

> 한 나라의 문화는 화장실의 벽이 더러워진 정도로 평가할 수 있다. 아이들에게 이것은 자연스러운 현상이다. 아이들의 첫 번째 예술 표현은 벽에 성적 상징을 끄적이는 것이기 때문이다. 그러나 파푸아 사람들과 아이들에게 자연스러운 것이 현대의 어른들에게는 타락의 징후이다. 나는 다음을 발견했고 세상에 전한다: 문화진보는 실용적 물건에서 장식을 제거한다는 것과 같은 말이다.[14]

그런데 실상 로스는 건축에서 대리석과 돌의 전통적 특질에 탐닉해 있던 반면, 기능적이고 실용적인 형태의 진정한 보편 언어를 창조하고자 본격적으로 시도한 이들은 콘크리트와 유리와 철로 작업한 다음 세대의 건축가들이었다.

이후 시기의 건축적 상황에서 이러한 흐름이 굳건히 뿌리내렸던 이유는 공업기술의 등장 이전부터 진행되었던 철학적 혁명과 관계가 깊다. 16-17세기 유럽의 철학 분야에서는 이미 우주가 기계장치처럼 작동한다는 아이디어가 인정을 받기 시작했다. 그리고 이것은 실험과학의 실천에 큰 흥미를 불러일으켰다. 이 같은 "과학적" 철학과 추론의 풍요로운 유산이야말로, 역사가 기계적 발전의 과정으로서 스스로 작동하고 있을지도 모른다는 아이디어와 더불어, 건축에 기계시대가 등장하는 바탕이 되었다. 이러한 아이디어들은 19세기의 혁신들로 인한 여러 "혼란"을 해소했으며, 결국은 새로운 테크놀로지가 건축으로 흡수될 수 있도록 준비해 주었다. 따라서 최근의 건축 발전의 배경을 이해하기 위해서는 이제, 그 아이디어들을 고찰해야만 한다.

14_Adolf Loos, "Ornament and Crime", in Ulrich Conrads (ed.), *op. cit.*, pp. 19-20.

기계적 우주 - 베살리우스, 코페르니쿠스, 베이컨
The Mechanical Universe—Vesalius, Copernicus, Bacon

20세기의 건축에 기계론적 모델을 우세하게 했던 두 가지 철학적 원천은, 전근대 세계에서 미스터리로 여긴, 공간과 시간에 관한 것이다. 인간 의식의 여명기 이래 물리적 우주의 공간적 구조 및 그 안에서 발견되는 사물에 대한 의문은 상당한 호기심과 추론의 원천이 되었던 것 같다. 세계의 신화와 종교 사상의 많은 부분은 사물이 왜 그것의 방식으로 존재하는지, 사물이 왜 그것의 방식으로 작용하는지에 대한 계속되는 미스터리에 답하려는 것이었다. 마찬가지로, 왜 어떤 것들은 시간에 따라 변하는 것처럼 보이는 반면 다른 것들은 영구히 동일한 것으로 보이는지 답하기 위해 비슷한 양의 창조적 에너지를 소비해야 했다. 그러나 좀 더 최근에는 과학과 철학이 서로 비슷한 기계적 시스템의 모형을 적용함으로써 이러한 흥미롭고도 근원적인 두 가지 질문에 답하려 하고 있다. 과학에서는 우주와 사물을 기계로 생각함으로써, 철학에서는 역사 자체가 목표를 향해 기계적으로 정해진 경로를 따르고 있다고 제시함으로써 그렇다.

이런 근대적 관점의 발전에 있어서 첫 번째로 주목할 만한 두 가지 사건은, 서로 완전히 무관했던 두 사람이 서로 상당히 대칭적 혁신을 각각 선보였던 1543년에 발생했다. 첫째는 이탈리아 천문학자 코페르니쿠스(Nicolaus Copernicus, 1473-1543)의 책《천구의 회전에 관하여(De revolutionibus orbium coelestium)》가 출판된 일이다. 이것은 지구 대신 태양을 우주의 중심에 배치함으로써 우리의 천문학적 이해에 혁명을 가져왔다. 둘째는 하늘 바깥쪽을 보는 대신 우리 몸의 안쪽을 본 연구결과로서, 인간 해부학의 물리적 구조와 시스템에 관계한다. 플랑드르의 물리학자이자 해부학자였던 안드레아스 베살리우스(Andreas Vesalius, 1514-64)가 출판한《인체의 구조(De humani corporis fabrica)》가 그것이다. 그는 동물 해부에서 파생한 이론을 바탕으로 인체의 작용을 이해하는 전통을 불신했다. 그에게 이것은 물리적 사실의 견고한 기초를 무시한 것이었다. 이에 대응해 베살리우스는, 코페르니쿠스가 해왔듯, 스스로의 실험 증거를 계속해서 모았고, 미신과 추론에서 나온 이전의 모든 개념을 거부했다.

베살리우스의 연구방법에서 가장 두드러진 측면은 실험을 위해 인체의 구성요소들을 분해한 기계적이고 체계적인 방법이었다. 피부와 근육이 가차 없이 벗겨졌고, 이 과정에서 드러난 내장과 뼈도 별도의 도판에서 독립적으로 검토되었다. 그는 해부용 시신을 구하는 데에 어려움을 겪었지만 이 같은 혁신적 방법으로 중대한 발견을 이끌어낸 수 있었다. 그리고 한편으로는 교회의 반대를 야기하기도 했다. 이 반대는 갈릴레오가 조만간 맞닥뜨리게 될 것과 똑같은, 새로운 "이단적" 행위에 대한 것이었다. 갈릴레오는 자기가 개량한 망원경을 이용해 코페르니쿠스의 새로운 우주 원리를 검토하고 확증했다가 어려움에 빠진 바 있다.

몸이 구성요소들로 분해될 수 있는 시스템이라는 아이디어로 인해, 거꾸로 그 "조합"을 활성화시키는 힘들에 대한 비슷한 종류의 기계적 분석도 곧 착수된다. 윌리엄 하비(William Harvey, 1578-1657)가 심장의 펌프작용으로 혈액순환이 일어난다는 결론을 출판했던 1628년, 몸을 기계장치로 보는 개념이 철학에도 뿌리내리기 시작했다. 영국의 철학자이자 대법관이었던 프랜시스 베이컨(Francis Bacon, 1561-1626)은 엄밀하고 체계적인 실험과학의 기초를 더 형식적인 용어로 설명했다. 그는《노붐 오르가눔(Novum Organum)》("신 도구; 혹은, 자연의 해석에 관한 진정한 방향들", 1620)에서 근대 과학기술 진보의 밑거름이 된 과학적 탐구방법을 확립했던 것이다. 베이컨은 과거의 지혜에 대한 존중 때문에 인류 발전이 억압되어 더뎌지고 있다고 생각하며 이에 실망했다. 그는 관찰에 기반해, 단순한 원칙으로부터 더 추상적인 원리를 세우는 새로운 출발을 제안했다. 특수한 것에서 일반적인 것으로 진행하는 이러한 방법은, 손으로 다루는 연장과 똑같은, 마음의 "도구(instrument)"로 묘사되었다. 그는 지식과 힘의 관계를 아주 뚜렷이 이해하고 있었으며 자연의 불가사의가 자기의 방법 앞에 굴복할 거라 여겼다. 위 책의 서론에서 적었듯, 그가 원했던 바는 "논쟁에서의 적수가 아닌 작동하고 있는 자연 그 자체를 정복하는 것"이었다. 그는 "요컨대 우아하고 개연성 있는 짐작이 아닌, 확실하고 설명 가능한 지식을 추구하기를" 원했던 것이다.[15]

베이컨의 아이디어로 과학계 전반은 곧 다양한 연구에 크게 몰두하게 된다. 그리고 1660년 왕립협회(Royal Society)라 불리는 그룹이 런던에 설립되는 결과를 낳았다. 이 기

15_Francis Bacon, *Novum Organum*, Chicago: Open Court, 1994. p. 40.

관은 실험과정을 통해 새로운 지식을 찾고자 하는 개인들을 후원하기 위해 설립되었는데, 로버트 후크(Robert Hooke, 1835-1703)와 아이작 뉴턴(Isaac Newton, 1643-1727)을 포함한 많은 유명 인사들이 이 협회에서 선구적으로 활동했다. 크리스토퍼 렌(Christopher Wren, 1632-1723)이 창립 멤버이자 회장을 지냈고, 후크도 몇몇 건물을 설계했다는 사실은 건축가라는 "직업(profession)"이 성장 초기에 과학의 시작과 밀접하게 관련되어 있었다는 것을 확인해준다. 특히 프랜시스 베이컨의 작업이 이러한 아이디어들의 교차(crossover)를 보여주는데, 〈건물에 관하여(Of Building)〉라는 에세이가 좋은 예이다. 단순히 발견 자체에만 기뻐하는 것이 아니라 이를 유용한 목적에 적용하는 것이 새로운 지식에 대한 그의 목표였다. 그는 이 원리를 건축에 대한 생각으로 확장하여 현재로서는 익숙한 다음과 같은 결론을 도출했다. "집은 살기 위해 짓는 것이지, 바라보기 위해 짓는 것이 아니다. 고로, 두 가지 모두를 갖추지 못한다면 균일성(uniformity)보다 쓰임새(use)를 선호해야 한다."[16]

기계적 마음 - 르네 데카르트
The Mechanical Mind—René Descartes

베이컨이 과학의 발전을 위해 영국에서 이룩했던 것을 프랑스에서는 르네 데카르트(René Descartes, 1596-1650)가 이루어냈다. 그의 《방법서설(Discours de la méthode)》과 《성찰(Meditationes)》은 베이컨이 했던 것과 비슷한 개혁적 목적으로 1637년과 1641년 출판되었다. 비록 그가 베이컨과는 달리 보다 더 "실질적(hands-on)" 연구자로서 광학, 기하학, 기상학 등에 관한 논문을 모아 출판했지만, 그를 널리 알리고 사상사 가운데 자리매김토록 한 것은 철학적 원리에 관한 글이었다. 그의 방법론을 짧고 명쾌하게 요약하고 있는 이 글의 전체 제목은 《이성을 올바르게 이끌어 학문에서 진리를 탐구하는 방법에 관한 서설(Discours de la méthode: Pour bien conduire sa raison, et chercher la vérité dans les sciences)》로, 데카르트는 자신의 메시지를 대중화하기 위해 라틴어가 아닌 프랑스어로 집필했다. 베이컨처럼 그는 정신에 "도구들"을 제공함으로써, 전통과 관습에 얽매이지 않고 세계를 명확

16_Francis Bacon, *Essays*, London: J. M. Dent & Sons, 1994. p. 114.

히 이해하려는 데에 도움을 주고자 했다. 이 과정은 몸을 초월하고 지각적 경험의 불결한 "혼란"을 초월하는 것과 관련하는데, 감각 영역의 "환영(illusion)"을 피하고 단순한 외관 이면의 현실을 이해하기 위함이다. 그의 방법론은 스스로 세운 가정을 의심하는 것, 그리고 확실성에 근거해 모든 지식을 재구성하는 것에서 시작한다.

> 따라서 우리의 감각이 우리를 때때로 속이기 때문에, 나는 어떤 것도 우리의 감각이 주장하려는 방법일 수 없음을 가정하고자 했다. … 그러나 이런 식으로 내가 모든 것을 허구라고 생각하기를 원하는 동안, 그렇게 생각하는 나는 실제로 존재하는 무엇이라는 것이 필연적인 사실임을 곧 알게 되었다. 나는 생각한다 고로 나는 존재한다(*Cogito ergo sum*)는 진리가 너무도 확고하고 틀림없어서 회의주의의 모든 요란한 가정들도 이를 흔들지 못했기 때문에, 나는 이것을 내가 추구하는 철학의 첫 번째 원리로 안심하고 받아들일 수 있다고 판단했다.[17]

데카르트에게 완전히 새로운 지식체계의 출발점을 제공한 것은 이성적 정신을 미숙한 "감각적" 몸으로부터 분명히 분리한 바로 이 점이다. 그러나 인간은 조타수에 의해 조종되는 배처럼 이 체계 안에서 나누어지는데, 여기에서 결국 로봇의 수준으로 격하된 몸이라는 기계적 관념이 발생한다. 비록 데카르트가 어떠한 의식이나 의지의 자유를 결여한 동물만이 진정한 기계라고 주장하긴 했지만, 인간의 몸도 순전히 본능에 의해서만 행동할 때는 이런 기계적 방식으로 볼 수 있을 것이다.

> 사람이 쓰러질 때 손을 불쑥 뻗는 것은 … 그렇게 행하라는 이성의 권고 없이 그러는 것인데, 이것은 단지 임박한 쓰러짐에 대한 상(像)이 뇌에 전달되어 동물정기(animal spirit)를 그 동작에 필요한 방식으로 신경에 퍼뜨렸기 때문이다. … 그리고 이것은 마치 기계의 작동과 흡사하다.[18]

17_René Descartes, *Discourse on Method*, New York: Bobbs-Merrill, 1956. pp. 20-21.

18_René Descartes, *The Philosophical Works of Descartes*, translated by Elizabeth S. Haldane and G. R. T. Ross, Cambridge: Cambridge University Press, 1967. v2, p. 104.

몸의 "기계" 모델은 우주로까지 확장되었고, 데카르트는 이것이 훨씬 더 일반화될 수 있다고 결론 내렸다. 그의 메커니즘 원리는 모든 현상을 "기하학적 질료(geometrical matter)"의 동작으로 설명할 수 있음을 제안하는데, 여기에서 질료는 그의 정의를 따르면 "모든 종류의 분파, 형상, 동작이 될 여지가 있는 것"이다.[19] 갈릴레오에 대한 교회의 종교재판으로 데카르트가 천문학에 관한 자신의 연구를 출판하는 것을 보류함에 따라, 몸에 대한 "데카르트적 이원성(Cartesian duality)"의 의미가 명확해지기까지는 이후 백여 년 이상을 기다려야 했다. 1745년과 1748년, 이 특정한 이슈를 다룬 두 권의 책이 프랑스에서 출간된다. 첫째가 《인간기계(L'Homme machine)》이고 둘째가 《인간식물(L'Homme plante)》로, 쥘리앵 오프루아 드 라 메트리(Julien Offray de La Mettrie, 1709-51)의 저작이다. 그런데 초기 판본들은 적대적 반응에 대한 두려움으로 인해 익명으로 출판되었다.

영국에서는 과학에 대한 새로운 열정과 건축적 전문성의 성장으로 인해 그 사이의 아이디어 교차가 발생했었다. 이와 마찬가지 상황이 프랑스에서도 나타나는데, 거기에서는 데카르트의 철학으로부터 시작되어 영국왕립협회와 비슷한 기관인 프랑스학술원(Académie française)을 통해 확산되었다. 그 기관은 1635년 설립되었고, 1666년에는 과학아카데미(Académie des sciences)를 낳았다. 후자의 창립회원인 클로드 페로(Claude Perrault, 1613-88)는 내과의사이자 비교해부학자로 교육받았지만, 로버트 후크처럼 건축실무도 했고 1680년 완성된 파리 루브르 궁전의 동쪽 파사드를 설계했다. 그의 가장 기억할 만한 작업은 건축이론에 있는데, 그는 비트루비우스(Marcus Vitruvius Pollio, BC 1세기) 이래 신에게 부여받아 신성한 권위가 있는 것으로 다뤄졌던 숫자의 전통적 이해에 의문을 품었다. 당시 몸의 치수는 신성한 비례관계 체계의 기초로 여겨졌으며, 음악에서처럼 조화를 보증하고 건물로 하여금 우주와 "공명"하도록 하는 것이었다. 조화를 위한 비밀 열쇠라는 이러한 숫자 관념은 르네상스 시대에 부활했지만 하나로 성문화되지는 못했었다. 그런 가운데 숫자 관념의 경쟁적 체계들 사이에서 충돌이 일어났고, 페로가 그러한 혼란을 해소하고자 시도했다. 1683년 출판한 《다섯 종류 원기둥의 규칙(Ordonnance des cinq espèces de colonnes)》에서 여러 체계들의 평균적 치수를 바탕으로 최후의 숫자 체계를 만

19_René Descartes, quoted in Anthony Kenny, *Descartes: A Study of his Philosophy*, Bristol: Thoemmes Press, 1997. p. 203.

들려 했던 것이다. 그는 절대적인 비례가 존재하고 정신 고유의 능력이 그것을 식별한다는 가정을 거부했다. 그에게 모든 문제는 신이 부여한 표준에 근거하기보다는, 학습에 따른 임의적 관습의 결과였다. 이로써 신성에서 "편의성(the convenient)"으로의 전환이 가능했고, 데카르트가 시작한 혁명도 지속될 수 있었다. 신학에서 공학으로 환원된 수학은, 정신을 위해 또 다른 이해의 "도구"를 창안했다고 하겠다.

그런데 이 도구는 공간을 묘사하는 테크닉 및 자연현상에 대한 기계론적 설명과 밀접한 관련이 있다. 그리고 그것을 근간으로 다음 백 년 동안, 새로운 "학문들(sciences)"의 모든 격류가 분출되었다. 미셸 푸코(Michel Foucault, 1926-84)가 《말과 사물(Les mots et les choses)》에서 서술했듯 18세기에는 각종 연구와 분류법이 크게 확장되었는데, 이는 프랜시스 베이컨의 위대한 비전이 성취되어가는 여정이었다. 이 시기에 식물학, 지질학, 고생물학이 발생한 것은 모두, 기록하고 분류하려는 당대의 욕구 때문이었다. 심지어 18세기 말엽에는 언어와 역사도 그 같은 욕구를 위한 괜찮은 사냥감으로 인식되기 시작했다. 그렇게 시작한 역사학이야말로 건축에서 기계미학이 진보하는 데에 결정적인 역할을 하게 된다.

역사의 기계 - 비코에서 헤겔과 비올레 르 뒥까지
The Machine of History—From Vico to Hegel and Viollet-le-Duc

"과학적" 학문으로 역사가 성장하는 과정에서 첫 번째 이정표가 된 것은, 역설적이게도, 데카르트적 이성의 전통과 반대되는 사상가인 나폴리 철학자 잠바티스타 비코(Giambattista Vico, 1668-1744)의 연구이다. 그는 1725년에서 1730년 사이 《신과학(Principi di scienza nuova)》을 출판한다. 여기에는, 우리가 2장에서 고찰하게 될 "시적 지혜"의 가치를 확립하는 것과 동시에, 사회 발전의 패턴을 확정하려는 목적이 있었다. 그는 탄생에서 쇠락, 그리고 궁극적으로 재생에 이르는 역사변천의 순환체계를 제시해 세계의 위대한 문명에 내재한 단절을 설명코자 했다. 그리고 그 바탕에는 자연이 아닌 인간이 문화적 제도를 만들었고 따라서 인간이 그것을 이해하기 위한 이상적 위치를 점해야 한다는 전제가 있었다. 이러한 개념의 구조가 포괄적 시스템으로 체계화되기까지는 거의 한 세기가 걸렸는데, 이 시스템은 자의식적 사유의 정신(the self-conscious thinking mind)이라는 데카르트의 첫 번째 원리에 따라 역사의 필연적 결과를 확립한 것이기도 했다. G. W. F. 헤겔(G. W. F. Hegel, 1770-1831)은 《정신현상학(Phänomenologie des Geistes)》에서 데카르트의 확실성에 대한 추구를 역사의 목적으로 제시하며, 이성적 정신(the reasoning mind)을 역사의 절정에 위치시켰다. 왜냐하면 이성적 정신이 철학이라는 매개를 통해 자기 이해의 단계에 이르기 때문이다. "정신(Spirit 혹은 Mind)"[역주: 독어로 *Geist*]이라는 개념은 세계를 궁극의 철학적 목적을 실현하기 위한 수단으로 사용하는, "창조자(creator)"와 같은 힘이다. 헤겔에 따르면 정신의 목적은 "자기를 정신으로 아는 것(to know itself as Spirit)", 즉 스스로의 능력을 이해할 수 있는 자유롭고 이성적인 존재로 아는 것이다. 이러한 인식은 역사의 발전과정을 통해 성취되었다. 철학적 통찰력은 처음에는 혼란스러웠으나 이 과정 가운데 점차 성장하여 헤겔의 사상체계에서 절정을 이룬다. 그가 설정한 역사의 단계들 속에서 정신은 스스로를 표출하려 분투하고, 이로써 "자기를 앎"에 다다르는 것이다. 헤겔은 비코와 마찬가지로 순환적 패턴으로 문명의 진보를 설명했다. 그러나 그의 생각은 좀 더 추상적인, 그리고 지금은 유명해진, 정반합의 변증법적 모델에 기초한다. 이로써 정신이 자기 이해를 발전시키며 거치게 되는 여러 단계들이, 사회 변화의 사이클에 어떻게 반영되는지 설명했던 것이다. 이 같은 헤겔 철학의 역사적 방법은 역사에 대한 철학적 개념을 암시한다고 볼 수 있다. 역사적 이슈를 특별히 다룬 후기 글에서 그는 이 주제에 관해 몇 가지 중요한 새로운 개념들을 제시하기도 했다.

헤겔의 초기 철학의 결과인 《정신현상학》은 "시대정신(spirit of the age 혹은 *Zeitgeist*)"이라는 영향력 있는 개념을 다루었다. 또한 그밖에도 종교에 대해, 그리고 건축과 예술의 발전에 있어서 종교의 중요한 역할에 대해 서술하기도 했다. 정신이 자기의식을 향해 점진적으로 나아가는 과정에서 종교는, 육체적 생존을 위한 원시적이고 맹목적인 투쟁은 넘어섰으나 철학과 과학의 "절대지(the absolute knowledge)"에는 아직 이르지 않은, 중간적 단계로 여겨진다. 그는 이 단계 자체를 세 가지 국면으로 다시 구분하는데, 산, 나무, 샘과 같은 자연의 특징을 예배하는 "자연종교"가 그 첫째이다. 두 번째는 더 발전된 국면에 속하는 "예술종교"이다. 이는 고대 그리스와 같은 사회가 건축과 의식을 통해 그들의 신학을 표현할 뿐만 아니라 자신들이 믿는 신의 이미지를 만든 것에서 볼 수 있다. 종교의 세 번째 국면은 물리적 세계를 초월하며, 믿음의 표현이 예술작품에 나타나는 것에서 멀어진다. 정신이 자기를 훨씬 추상적 방식으로 이해하기 때문에, 종교를 신의 계시나 "말씀(Word)"에 포함된 것으로 믿게 되는 것이다. 이 국면 이후에는 보다 진전된 역사의 단계인 과학과 철학이 뒤따르며, 헤겔의 체계에서 정신은 이제 자기에게 "투명하게" 된다. 정신은 더 이상 자기를 표현하기 위해 이미지의 도움을 필요로 하지 않는데, 추상적 사유가 그 역할을 떠맡았기 때문이다. 분명 이 시스템에서는 예술의 중요성이 감소한다. 헤겔이 주장하듯, 이제 예술은 인간 진보의 여정에서 적합하지 않은 까닭이다. 그는 예술작품의 형태와 내용, 혹은 아이디어를 구분함으로써, 그리고 이로 인해 표현의 매체와 그것이 상징하는 바를 분리함으로써, "이상주의적(idealist)" 즉 "관념론적" 관점을 취할 수 있었다. 이것은 미학에서 계속 제기되는 주제로서 2장에서 다시 다루겠지만 여기에서도 역시 중요하다. 이러한 구분을 통해 헤겔은 예술의 카테고리 내에서, 각각의 다양한 형태에 근거하여, 또 다른 역사를 구성한다. 그는 1820년대 베를린에서 있었던 미학 강좌에서 위계적 순서에 따른 예술 발전의 해석을 선보였다. 이에 따르면, 가장 "물리적인" 매체를 가진 두 가지, 즉 건축과 조각으로부터, 회화, 음악, 시와 같이 점점 더 추상적인 예술 분과가 발전했다. 이 단계의 끝에 속하는 시는 감각적 자극에 최소한으로 의존하고 가장 복잡한 아이디어를 표현할 수 있는 반면, 첫 번째 분과인 건축은 다소 기초적이고 서투르며, 더 원시적인 문화의 개념에 적합하다.

그러나 헤겔의 이성은 가차 없이 진보하여 세계를 설명하는 데에까지 이른다. 따라서 이제는 시가 과학에 자리를 내어줄 차례이다. 엄정한 사실이 은유와 연상을 대체하기 때문에, 역사의 발전은 완성된 것으로 선포된다. 한편, 이 체계가 건축을 먼 과거의 영역으로 돌리는 까닭에, 이후의 예술사가들은 이 골치 아픈 사실에 대응해야만 했다. 특히 건축에서는 그 반응이 상이한 두 가지 형태로 나타나, 공학으로서의 건축과 예술로서의 건축이 구분되었다. 기술자로서의 건축가가 대두됨에 있어서 핵심적 인물은 유진 엠마뉴엘 비올레 르 뒥(Eugene Emmanuel Viollet-le-Duc, 1814-79)이라 할 수 있다. 그는 1860년 즈음의 글에서 건축의 근간에 대한 헤겔의 도전에 대응했다. 당시의 절충주의 및 양식논쟁이 헤겔의 비관적 전망을 확증하려는 조짐을 보일 때, 건축이 표현적이기 보다 기술적인 작업으로서 여전히 중요하다고 비올레의 사례가 보여주었던 것이다. 19세기 역사주의 양식의 부흥이 역사에 대한 헤겔의 시기구분에 일부 빚진 점은 사실이다. 하지만 그에 따른 혼란은 비올레로 하여금, 상징과 의미의 혼란을 넘어서는, "영속적" 원리를 찾도록 촉구했다. 그는《건축사전(Dictionnaire raisonné de l'architecture)》에서 "건설"에 대해 (르코르뷔지에의 "기술자의 미학"을 예견하며) 다음과 같이 적고 있다.

> 최후의 로마네스크 건축자들, 즉 수많은 시도 이후 마침내 반원형 아치를 포기한 이들은 몽상가들이 아니었다. 그들은 곡선의 신비한 의미에 대해 사색하지 않는다. 그들은 첨두형 아치가 반원형 아치보다 더 종교적인지 알지 못한다. 그들은 짓는다. 이것은 한가한 몽상보다 훨씬 어려운 작업이다.[20]

그 시대의 다른 작가들처럼 비올레 역시 "원시 오두막(primitive hut)"을 통한 건축의 기원으로부터 "보편적 역사"를 제시했다. 그러나 헤겔이 건물이 **의미하는** 바에 관심을 가졌던 반면, 비올레는 단순히 건물이 어떻게 **지어지는가**에 집중했다. 그는 기능 및 방법의 경제성을 강조하면서 이전의 모든 건축이 어째서 합리적이었는지 소개했고, 심지어 그리스의 고전 "장식"도 건설에서 유래한 것임을 보였다. 그는《건축강의(Entretiens sur l'architecture)》에서 헤겔주의의 연대기를 따른 반면,《건축사전》에서는 좀 더 해부학적인 방법을 사용한다. 즉, 그의 주장에 따르면, 주제를 알파벳 섹션으로 나눔으로써 각 부분을 훨씬 쉽게 공부할 수 있도록 한 것이다.

> 왜냐하면 이 형식으로 인해 우리가 기능을 서술함에 있어서, 각 부분의 다양한 용법 및 그것이 변형된 용법을 따로따로 해부해야 하기 때문이다.[21]

건축의 역사 속에서 비올레는, 필요의 충족을 위한 이성의 적용이라는 근본 원리를 발견했다. 그리고 그 원리는 건축을 과학으로 본 그의 입장을 뒷받침했으며, 건축을 역사적

20_E. E. Viollet-le-Duc, *Rational Building*, translated by George Martin Huss, New York: Macmillan, 1895. p. 42.

21_E. E. Viollet-le-Duc, *The Foundations of Architecture*, translated by Barry Bergdoll and Kenneth D. Whitehead, New York: George Braziller, 1990. p. 18.

골동품이 될 운명에서 구해냈다. 그의 생각에 따르면 당시 적용되어야할 것은 새로운 재료와 테크놀로지의 진보를 활용한 바로 그 근본 원리였다. 그는 여전히 기술에 고취되어 《건축강의》에 이렇게 적는다.

> 기관차 엔진 제작자들은 역마차를 모방하는 것을 고려하지 않았다. 우리는 예술이 어떤 특정한 형태로 고정된 것이 아니라 인간의 생각과 같이 계속해서 새로운 옷을 입는다는 것을 고려해야만 한다. … 따라서 논리적으로 나아가도록 노력하자. 우리의 시대가 우리에게 부여한 기구들을 솔직하게 활용해서, 생명력을 잃은 전통이 개입할 수 없게 적용하도록 하자.[22]

이와 같이 건축을 이성적 원리에 근거해 "갱신"하려 한 것은 데카르트가 개시(開始)했던 확실성에 대한 추구와 동일선상의 것이었다. 그리고 예술가로서의 건축가가 죽었다는 헤겔의 진단에 응하여, 이제는 기술자들이 한발 나아가 건축 갱신의 역할을 떠맡게 된다. 그러나 이것은 헤겔의 도전에 대한 반동의 한 가지 측면일 뿐이다. 다음 장에서 우리는 다른 측면의 전통을 고찰할 것이다. 그 전통은 건축에 대한, 그리고 상징적 행위로서 건축의 지위에 대한 지금까지와는 다른 관점을 제시한다. 이 견해에서 건축은, 과학기술 혁명의 동력이 된 진보 이데올로기에 회의를 품은 매우 다른 역사철학 내에서, 의미 있는 위치를 점한다.

22_E. E. Viollet-le-Duc, *Lectures on Architecture*, translated by Benjamin Bucknall, New York: Dover, 1987. v2, p. 64-5.

더 읽어야 할 문헌

배경

George Basalla, *The Evolution of Technology*, Cambridge: Cambridge University Press, 1988.

René Descartes, *Discourse on Method and The Meditations*, translated by F. E. Sutcliffe, London: Penguin Books, 1968.

G. W. F. Hegel, *Introductory Lectures on Aesthetics*, translated by Bernard Bosanquet, London: Penguin Books, 1993.

G. W. F. Hegel, *Reason in History: A General Introduction to the Philosophy of History*, translated by R. S. Hartman, New York: Library of Liberal Arts, 1953.

Lewis Mumford, *Technics and Civilisation*, New York: Harcourt, Brace, Jovanovich, 1963.

Neil Postman, *Technopoly: The Surrender of Culture to Technology*, New York: Vintage Books, 1993.

Peter Singer, *Hegel*, Oxford: Oxford University Press, 1983.

전경

Reyner Banham, *Theory and Design in the First Machine Age*, London: Architectural Press, 1960.

Le Corbusier, *Towards a New Architecture*, translated by Frederick Etchells, London: Architectural Press, 1946.

Viollet-le-Duc, *Lectures on Architecture*, translated by Benjamin Bucknall, New York: Dover, 1987.

Sant'Elia and Marinetti, "Futurist Architecture", in Ulrich Conrads (ed.), *Programmes and Manifestoes on 20th Century Architecture*, London: Lund Humphries, 1970.

Muthesius and Van de Velde, "Werkbund These and Antitheses", in Ulrich Conrads (ed.), *Programmes and Manifestoes on 20th century Architecture*, London: Lund Humphries, 1970.

Richard Rogers, *Architecture: A Modern View*, London: Thames and Hudson, 1990.

읽기

Theodor Adorno, "Functionalism Today", in Neil Leach (ed.), *Rethinking Architecture*, London: Routledge, 1997. pp. 6-19.

Peter Buchanan, "Nostalgic Utopia", *Architects Journal*, 4 September/1985. pp. 60-9.

Adolf Loos, "Ornament and Crime", in Ulrich Conrads (ed.), *Programmes and Manifestoes on 20th Century Architecture*, London: Lund Humphries, 1970. pp. 19-24.

Martin Pawley, "Technology Transfer", *Architectural Review*, 9/1987. pp. 31-9.

2. 예술로서의 건축 – 철학에서의 미학

Architecture as Art: Aesthetics in Philosophy

1장에서 다룬 역사철학은 건축문화에 균열을 야기한 강력한 진보의 신화를 생산해냈다. 이 신화는 과학이 결국 모든 자연현상을 설명할 것이고 새로운 테크놀로지가 우리의 모든 필요를 충족하도록 진화할 것이라는 관점을 제시하며, 건물의 설계를 공학의 하위 분과로 축소시킨다. 여기에서 건축설계는 개인에 의해서가 아니라 경제적이고 물리적인 힘에 의해 제어되는 것이다. 이와 같이 디자인을 과학적 방법론에 굴복시키는 것은 건축에 대한 결정론적 관점이다. 이러한 관점은 확실성과 품위를 추구하는 이성의 시대의 일반적인 현상이다. 필요의 충족을 위해 이성을 적용한다는 비올레 르 뒥의 위대한 원리로부터, 요구조건이 정확하게 분석되고 적절한 테크놀로지와 재료가 선택되기만 하면 좋은 건물이 "자동적으로" 생성된다는 신념이 자라났다.

이와 같은 계몽주의 이성의 "거대서사"에 대한 비판은 포스트모던 철학의 주요한 특성이 되었다. 하지만 역사 속에서도 그러한 이성에 대한 대안적 입장을 확인할 수 있다. 여기에서 건축의 지위는 단지 기술적인 것만이 아닌 문화적 행위로서 옹호된다. 이러한 인식은 과학적 이성에 의해 지배되는 듯 보이는 사회에서 예술 자체의 지위를 재평가하며, 과학만이 현실에 대한 "참된" 묘사를 가능케 한다는 견해에 회의를 품는다. 예술이 헤겔의 사상체계에서 잉여로 여겨진 까닭은 그것이 인간 지식의 진보에 더 이상 기여할 수 없는 것처럼 보였기 때문이다. 마찬가지로 이후 프랑스 철학자 오귀스트 콩트(Auguste

Comte, 1798-1857)로부터 근거한 물리 및 사회과학에서의 "실증주의(positivism)"는, 진보를 꾸준하고 선형적인 발전이라 주장한 바 있다. 이 발전은 실험 데이터의 점진적 축적으로 가능한데, 이로써 결국 모든 현상을 단일한 통합체계 내에서 설명할 수 있다는 것이다. 근래에 이런 과학개념을 공격하고 예술을 대안적 "언어(language)"로, 즉 세계를 기술하는 대안적 방법으로 복원시킨 책이 나왔다. 메사추세츠 공과대학(MIT)의 철학교수인 토마스 쿤(Thomas Kuhn, 1922-96)이 1962년 처음 출판한 《과학혁명의 구조(The Structure of Scientific Revolutions)》가 바로 그것이다. 이 저서는 새로운 혁신이 일어날 때 주기적 격변에 의해 중단되는 과학지식의 성장에 대해 명확히 서술한다. 여기에서 쿤은 과학사에 계속 되풀이된다고 볼 수 있는 흥미로운 패턴을 하나 제시하는데, 그런 패턴은 이미 확립된 체제에 맞지 않는 실험 데이터의 출현 때문에 생기는 것이다. 이러한 해석의 틀, 즉 쿤이 선호하는 용어로 "패러다임(paradigm)"은 특정 시기에 실행되는 연구의 범위를 통제하고 적절한 실험의 개연적 결과를 예측한다. 이 과정은 쿤이 **정상과학**(*normal science*)의 과정이라 지칭한 것으로서, 특정 패러다임에 부합하는 실험 데이터의 수집을 수반하게 된다. 이로써 그 틀은 점점 세부 데이터의 축적으로 "메워지고", 해당 패러다임이 개략적으로 묘사했던 그림을 확인하고 완성해 준다. 이 과정에서 그 범위의 바깥에 놓이는 데이터는 부정확한 것으로 무시되거나 부적절한 것으로 버려지지만, 그것이 충분히 지속적으로 이전 패러다임에 문젯거리가 되면 과학계에 불안을 초래하고 점차 "위기"를 가져온다. 바로 이러한 상황이 그 이례적인 데이터를 설명하기 위한 대안적 패러다임을 필요로 한다고 하겠다. 그리고 그 때문에 새로운 연구 영역이 제안되는 것이다. 그러한 주요 "패러다임의 전환(paradigm shifts)", 혹은 책 제목에 서술된 **혁명**은 코페르니쿠스적 우주의 재구조화나 더 최근의 아인슈타인의 상대성이론(Einsteinian relativity)에서 보듯이 비교적 드물게 발생한다.

즉, 공동체에 공유된 "언어"는 정기적으로 극적인 변화를 거친다고 할 수 있다. 패러다임의 전환이라는 이러한 아이디어는 그동안 지속되어온 실증주의의 지배적 관념을 뛰어넘는, 실험과학의 실제적 진보를 이해하기 위한 또 다른 방법을 제공한다. 그것은 쿤의 서술이 분명히 강조한, 자신의 의지를 자유롭게 활용하여 지배적 패러다임 너머를 볼 수 있는 개인의 중요성에 근거하고 있다. 지금까지 과학지식을 확장시킨 중대한 돌파구는 정설이라 생각한 지식과 전통의 가설을 의심함으로써만이 마련되어왔다. 이 같은 방법론적 모델은 우리의 관점을 전환하기 위한 아이디어를 예술세계로부터 차용하며, 일반적으로 인정되는 규범에 도전하기 위해 예술가의 비판적 본능에 의존한다. 지배적 패러다임에 비켜서있는 비평가로서의 예술가라는 개념은, 1장에서도 제시되었듯, 건축에서도 역시 지속되어왔다. 이 개념은 건축가를 직관적 예술가로 간주하는데, 그러한 견해의 영향력을 이해하기 위해서는 헤겔 이전과 이후의 철학에서 예술의, 더 구체적으로는 미학(aesthetics)의 지위를 잠시 고찰할 필요가 있다.

미학의 기원 - 플라톤에서 신플라톤주의까지

The Origin of Aesthetics — From Plato to Neo-Platonism

플라톤(Plato, BC 5-4세기)은 기원전 388년경 저술한 유명한 문답집인 《국가(The Republic)》에서 예술의 사회적 지위에 대해 철학적으로 매섭게 심문했다. 플라톤에게 예술이 문제인 까닭은 그것이 재현에 의존하기 때문이다. 다시 말해 그에게 예술은 보편적이고 "이상적인(ideal)" 형상의 복제물인 자연 속의 대상을 또 다시 복제하는 것에 다름 아니다. 이상적 모델에 대한 개념은 플라톤의 전반적인 존재론(ontology), 즉 "존재의 철학(philosophy of being)"에서 대두되었는데, 이것은 세계를 두 개의 뚜렷한 범주인 "감각계(感覺界, the sensible)"와 "예지계(睿智界, the intelligible)"로 나눈다. 감각계는 우리가 경험하는 범주로서 물리적이고 변화하는 대상으로 구성된다. 여기에서 사물은 자연에서처럼 성장하든 퇴화하든 계속해서 "되어가는(becoming)" 상태이다. 한편, 예지계는 더 높은 범주로서 세계 속의 대상들에 관한 "이데아(ideas)"를 포함한다. 알파벳의 보편적 문자들이 다양한 방법으로 기입될 수 있듯, 이데아는 자연이 불완전하게 모사할 수밖에 없는 모델들의 영구한 축적이라 할 수 있다. 이러한 형상(forms)의 높은 범주는 자체로서 기하학적이고 숫자적인 관계들의 지배를 받는데, 이 개념은 플라톤이 그리스 수학자인 피타고라스로부터 이어받은 것이다. 사물에 수학적 혹은 음악적 조화가 내재한다는 보편적 원리는 오직 이성적 정신만이 궁극적으로 이해할 수 있다. 플라톤에 따르면 철학의 목표는 모든 세속적인 혼란 너머를 보고, 감각계를 뒤로 하며, 불변의 보편성을 사색하는 것이다. 그는《국가》제 7서의 동굴의 비유에서 철학자의 이러한 지적 여행을, 외양의 "그림자 세계(shadow world)"로부터 참 지식의 실재(reality)와 빛에 이르는 것으로 정교하게 묘사했다. 한참 뒤 헤겔의 이상주의 즉 관념론(idealism)도 유사한 철학적 가설 위에 서게 되는데, 플라톤 역시 헤겔과 마찬가지로 개별 예술가의 공헌에 대해 거의 관심을 두지 않았다.《국가》의 마지막 부분에 서술했듯, 그는 이상적이고 질서가 잘 잡힌 사회, 즉 교육받은 "철인군주들(philosopher-kings)"이 지배하는 계몽된 독재 사회에서 모든 시인들을 추방했던 것이다.

플라톤에게 질서와 수학적 조화의 내재적 원리는 미학의 요소이기도 했지만, 미학은 결국 그에게 도덕의 한 종류일 뿐이다. 그는 이것을 이상적 교육체계의 일부분으로 서술한다.

> 만약 젊은이들이 진정 자신의 일을 해야 한다면, 도처의 이러한 특성에 영향을 받아야 하지 않는가? 그런데 이러한 특성은 그림이나, 장식이나, 모든 것에서 볼 수 있다. 또한 의복이나, 건물이나, 그릇이나, 모든 것을 만드는 일에, … 그리고 살아있는 것의 형태에서도 볼 수 있다. 이 모든 것에는, 질서든 좋은 형태든, 혹은 그 반대라도 존재한다. 질서와 리듬과 조화가 없는 사물은 나쁜 말과 거북한 느낌을 동반하지만, 좋은 질서는 용기와 절제를 동반한다.[1]

플라톤은 마치 좋은 취향을 배양하는 것이 개인의 좋은 행동을 보장하기라도 하는 것처럼, 아름다움을 참다움, 선함과 같은 도덕적 개념에 기꺼이 연관시키고자 했다. 하지만 그런 연관성의 원천이자 "좋은 디자인"의 기준을 설정하는 것은 예술가의 작품이라기보다 자연에서 발견되는 아름다움이었다. 여기에서 "좋은 디자인"의 특성에 중요성을 부여하는 인자가 유용성이었는데, 이로써 기능주의 디자인 원리와 매우 흡사한 것이 배태되었다.

1_Plato, *The Republic*, translated by I. A. Richards, Cambridge: Cambridge University Press, 1966. Book III (401), p. 57.

> 모든 것에 대해, 즉 모든 종류의 도구, 생명체, 혹은 행위에 대해, "그것이 좋은가, 아름다운가, 혹은 바른가?"라고 묻는 것은 각각이 원래 의도한, 또는 자연스레 내포한 용도로 귀결되지 않는가?[2]

플라톤이 속했던 그리스 문화에서 유기적 형태에 대한 이러한 이해는 예술적 자연주의(artistic naturalism)도 불러일으켰다. 특히 회화와 조각이 인간의 모습을 묘사함에 있어서는 더욱 그러했다. "특정한(particular)" 것 이면에 내재한 "보편적인(universal)" 것의 완벽성을 표출하려던 시도는 자연이 생산한, 이상(the ideal) 즉 이데아의 "불완전한" 모습을 개선하려는 욕망으로 드러난다. 그리고 이 모든 것은 이상적 형상(the ideal forms)에 대한 지식으로 유도되는데, 그러한 형상은 감각세계의 표면 아래 감추어져 있기 때문에 결국에는 오직 지식인만이 감지할 수 있다. 따라서 플라톤의 체계에서 예술은 단지 지적 목적을 위한 수단에 불과하여, 철학자는 진리를 탐구하는 과정에서 예술을 배제해야만 했다.

자연이 불완전하다면 예술이 이를 개선할 수는 없는 것일까? 플라톤에게 모호했던 예술의 역할은 그의 제자이자 계승자인 아리스토텔레스(Aristotle, BC 384-322)에 의해 검토되었다. 플라톤의 체계에서 자연은 근원적 형상의 "이미지"를 제공한다. 그런데 예술이 또 그러한 자연의 이미지이기 때문에 진리로부터 훨씬 더 멀어지게 되는 것이다. 아리스토텔레스의 철학은 이러한 배치를 뒤집으며, 예술이 자연을 완성함으로써 우리를 진리로 더 가까이 인도한다고 주장한다. 아리스토텔레스에게 있어서 실재는 플라톤의 영구한 형상 영역에 있지 않고, 존재(being)의 영역, 즉 자라고 쇠퇴하는 감각 대상의 경험적 현실에 놓인다. 그는 감각 경험의 대상을 출발점으로 삼음으로써 "규범적 이상주의(normative idealism)"에 대한 대안적 개념을 발전시킨 것이다. "보편"에 대한 그의 정의는 "특수한 것들"의 평균에 근거했다. 즉, 수많은 개체들을 연구함으로써 "이상적인" 것의 성질을 규정할 수 있게 되었다. 아리스토텔레스의 특수한 것들에 대한 연구는 그의 예술철학에서도 중요하다. 비록 그가 저술한 것이 대체로 시나 극 등 문학에 국한되었지만, 플라톤이 전혀 하지 않았던 방식으로 예술을 실제적 지식의 원천으로 장려했다. 플라톤

2_*Ibid.*, p. 178.

이 선함과 참됨 같은 추상적 개념들에 대해 이야기했다면, 아리스토텔레스는 감정과 행위 등의 실제적 쟁점에 관심을 가졌다. 그는《시학(The Poetics)》에서 연극의 플롯과 배역의 구성을 다루는 등, 수많은 현실적 조언을 한다. 그가 여기에서 내내 고심한 바는, 도덕적 딜레마를 다루는 배우들의 연기를 통해 청중을 교육시킬 수 있는가에 관한 것이었다. 카타르시스, 즉 공유된 경험의 감정적 발산은 비극의 주된 효과로 서술된다. 음악적이든 시각적이든, 모든 예술을 위한 기준이 되는 것은 등장인물의 감정에 공감하는 청중의 능력이다. 이같이 예술이 우리의 경험을 풍요롭게 한다는 개념은 미학에 관한 이후의 생각 가운데 강력한 힘이 되었다. 그것은 아리스토텔레스가《시학》에서 적었듯, 우리가 "불완전한" 개인을 넘어 보편성으로 접근하게 한다.

> 비극이 일반인보다 더 나은 인물들을 모방하듯, 우리는 좋은 초상화가의 예를 따라야 한다. 그는 어떤 사람의 뚜렷한 특징을 복제할 때, 닮은 점을 잃지 않으면서도 실제보다 더 멋지게 그린다.[3]

한편, 아리스토텔레스가 아름다움에 관해 더 추상적인 관점에서 기술할 때는 그것의 근본적 구성요소로서 질서와 조화를 언급했다. 그는 플라톤처럼 이러한 특성을 위해 자연에 기대를 걸지만 형이상학적 모델보다는 물리적 근거에 집중한다. 그리고 살아있는 유기체의 기능을 설명하기 위한 내적 힘뿐만 아니라, 추후의 과학적 생각에 영향을 미치게 될 인과원리도 제안했다. 플라톤이 보편성으로부터 특수성이 도출되는 것을 보여주었다면, 아리스토텔레스는 자신의 규범적 이상에 의거해 그 흐름을 뒤집은 것이다. 플라톤에게 있어서 예술가는 보편성에 갇혀 자연의 형태를 모방하는 데에만 한정됐었다. 그러나 아리스토텔레스에게 개인은 과학자처럼 새로운 세계의 이상을 발견할 자유를 어느 정도 부여받는다. 여기에 설정된 예술가에 관한 두 가지 상반된 견해는 두 가지의 이분법적 사상체계와 관련한다. 하나는 플라톤의 이상주의 및 지적 능력에 대한 강조로부터 나온 데카르트와 헤겔 등의 합리주의 전통이고, 다른 하나는 아리스토텔레스의 감

3_Aristotle, *The Poetics*, translated by I. Bywater, Princeton: Princeton University Press, 1984. 1454b, p. 2327.

각에 대한 강조에서 발생한 로크(John Locke, 1632-1704), 버클리(George Berkeley, 1685-1753), 그리고 흄(David Hume, 1711-76)의 경험주의 철학이다. 이에 관한 논의를 미학과의 영향관계와 함께 살펴보도록 하자. 하지만 우선, 이 분야의 논의에 일찌감치 공헌했던 또 다른 인물을 먼저 고찰해야 마땅하다.

AD 3세기에 살았던 로마 철학자 플로티노스(Plotinus, 204-270)는 위에 서술한 두 가지 철학적 흐름 사이의 모순을 어느 정도 해소한 인물이다. 그는 플라톤의 파편적 대화들을 하나의 체계로 완성시킴으로써, 영향력 있는 신플라톤주의(Neo-Platonism) 미학이론을 산출했다. 플로티노스는 진리와 아름다움의 궁극적 근원인 플라톤의 신성한 창조자를 출발점으로 하여, 존재의 다른 단계들 사이에 위계적 체계를 설정했다. 이 단계들은 "일자(One)", 즉 세계 질서의 "절대적" 근원으로부터 나오는 유출(emanations)로 서술된다. 플로티노스가 누스(Nous)라고 부른 신성한 정신이 일자로부터 나오고, 여기에서 세계와 개인 모두의 영혼(Soul)이 나오는 것이다. 영혼은 플라톤에서처럼 육체를 제어하고 안내하는데, 육체는 사물들의 물리적 세계로 최종 유출된 것이다. 모든 단계들은 일자의 신성한 질서를 따른다. 영혼이 아름다움을 사색할 때 인식하게 되는 것이 바로 그 질서이다. 따라서 개별적 아름다움은 내재된 우주적 조화의 상징이고, 영혼은 그것을 일자와의 관계로 인해 지각할 수 있다. 이러한 높은 형태의 우주적 아름다움은 개별 영혼이 열망하는 것이며, 따라서 예술가는 마음에 그러한 아름다움을 목표로 갖는다. 이 아름다움은 자연에 불완전하게 재현될 뿐이지만 예술가는 그 안에서 더 직접적으로 그러한 아름다움을 발견할 수 있다. 플로티노스가 플라톤의 생각과 결별하는 곳이 바로 이 지점인데, 그의 체계에서 예술가는 특권적 역할을 부여받는다.

> 예술이 자연 대상을 모방함으로써 창조된다는 이유로 계속해서 경시되어서는 안 된다. 자연 대상은 우선은 자체로서 모방이지만, 우리는 그것이 보이는 사물을 그저 재생산하는 것이 아니라 자연을 도출시킨 이성원리[이데아]로 돌아간다는 것, 그리고 더구나 그 작품의 많은 부분이 그 자신만의 것임을 인식해야 한다. 그것은 아름다움의 보유자이며 자연이 결여한 것을 보완한다.[4]

예술가가 신성한 조화에 다다를 수 있다는 생각은 이후의 미학에서 강력한 개념이 되었다. 이 생각은 예술에 "독특한" 형태의 지식으로서의 지위가 있는지에 관한 의문, 바꿔 말해 철학이 미학적 경험을 대체할 수 있을까에 관한 의문을 야기했다. 또한 고전(the Classical)과 낭만(the Romantic) 사이에 촉발될 예술가의 역할에 관한 이후의 논쟁이 뿌리를 둔 것도 바로 여기이다. 고전적 전통에서 예술가는 영구한 이상적 형상의 보고인 역사적 선례에 속박된다. 한편, 낭만주의는 창조적 개인을 최고로 치며, 예술가를 내적 추동에 의해 자유롭게 창조하는 "천재"로 여긴다. 물론 두 가지 전통 모두 여전히 예술을 이성에 종속된 것으로 볼지도 모른다. 오늘날의 미학에서 진행 중인 논쟁의 배경이 되는 것도 바로 그 문제이다. 그러나 이 같은 현대적인 이슈 및 그것이 건축이론에 의미하는 바를 검토하기에 앞서, 역사 속에서 미학이 어떤 공헌을 했는지에 관해 짧게나마 고찰해야 할 두 가지 사안이 있다. 첫째는 르네상스 및 고전적 관념의 부흥에 관한 것이다. 그리고 둘째는 18세기 낭만주의가 대두된 배경에 관한 것이다.

르네상스는 이른바 고전적 관념의 재생에 기인했다. 르네상스의 영향력이 급속히 퍼진 배경에는 활자에 의한 새로운 인쇄술도 있었다.[5] 1456년 그 유명한 구텐베르크 성경이 등장한 후 다음 백년간, 새로운 인쇄술에 의한 책은 빠르게 확산된다. 비트루비우스가 기원전 1세기에 썼던[역주: 원저는 AD 1세기로 표기함] 《건축십서(De Architectura Libri Decem)》의 새로운 판이 나왔고[역주: *Ten Books on Architecture*라는 영역본으로 잘 알려진 이 책은 라틴어 서명의 관례적 표현인 책의 권수(Libri Decem)를 빼고 *De Architectura*(영어로 *On Architecture* , 우리말로는 《건축에 관하여》)로 쓰기도 한다], 고대 철학자들의 저작도 새롭게 해석되었다. 두 경우 모두 미학의 원리는 보편적 조화라는 개념이 핵심이었고, 아름다움의 정의는 물리적 성질보다 지적인 것에 바탕을 두었다. 이 점은 1475년 마르실리오 피치노(Marsilio Ficino, 1433-99)가 쓴 플라톤의 《심포지엄(Symposium)》에 대한 주석에 명백히 드러난다. 비록 피치노가 당대 플라톤적 관심사의 기본 원리들을 가장 잘 요약한 곳이 친구인 카발칸티에게 보낸 편지에서였지만 말이다.

4_Plotinus, *Enneads*, translated by Stephen MacKenna, London: Penguin Books, 1991. V, viii, 1, p. 411.

5_사실 활자인쇄술은 중국에서 11세기 이래 사용되어왔다. George Basalla, *The Evolution of Technology*, Cambridge: Cambridge University Press, 1988. pp. 169-95.

몸의 아름다움은 물성의 그림자가 아닌 형태의 명료함과 우아함으로, 감춰진 부피가 아닌 빛나는 조화로, 타성적이고 어리석은 무게가 아닌 꼭 맞는 숫자와 치수로 이루어진다. 빛, 우아함, 비례, 숫자 그리고 치수, 이런 것을 우리는 생각과 시각과 청각으로 감지한다.[6]

르네상스 건축가들은 그 유명한 "비트루비우스적(Vitruvian)" 인체를 다수 그림으로써 이러한 원리를 표출하고자 노력했다. "십자형" 자세로 팔을 벌린 몸은 보통 원이나 정사각형의 내부에 맞춰지곤 했다. 체사레 체사리아노(Cesare Cesariano, 1475-1519)와 프란체스코 디 조르지오(Francesco di Giorgio Martini, 1439-1501) 둘 다 그 같은 그림을 그렸지만, 아마도 레오나르도 다 빈치(Leonardo da Vinci, 1452-1519)가 가장 기억할 만한 판본을 제시했다고 하겠다. 몸과 기하학은 영구한 질서의 원리라는 개념으로 연계되며, 비트루비우스가 주장하듯 그러한 원리는 고대 건축에서 발견될 수 있었다. 그는 신전의 배치에 관한 장에서 다음과 같이 서술한다.

따라서 숫자가 몸의 분절에서 발견된다는 것에, 그리고 각 부분의 고정된 비례와 몸 전체의 형태가 일치한다는 것에 동의한다면, 우리는 그 저자들을 따르기만 하면 된다. 그들은 불멸의 신들을 위한 신전을 계획함에 있어서 그 건물의 부분을 규정하여, 비례와 대칭의 도움으로, 몇몇의 그리고 대개의 분배가 조화롭도록 만든다.[7]

르네상스 논저의 모델이 처음 영국에서 모방된 것은 헨리 워튼(Henry Wotton, 1568-1639)의 책 《건축의 요소(The Elements of Architecture)》(1624)를 통해서였다. 그러나 그 전에도 신체와 우주 사이의 조화로운 일치에 관한 이슈가 형이상학적 시인들의 글에서 나타나곤 했다. 특히 조지 허버트(George Herbert, 1593-1633)는 〈인간(Man)〉이라는 시에서

6_Marsilio Ficino, letters to Giovanni Cavalcanti, quoted in Albert Hofstadter and Richard Kuhns (eds), *Philosophies of Art and Beauty*, Chicago: University of Chicago Press, 1964. p. 204.

7_Vitruvius, *On Architecture*, translated by Frank Granger, Cambridge: Harvard University Press, 1983. Book III, Ch. I, pp. 165-7.

조화와 비례에 대한 매혹을 유사하게 서술했다.

> 인간은 모두 대칭이라
> 가득한 비례, 팔다리 하나하나
> 그리고 모든 세계와 세계 역시
> 형제여, 각 부분이 아득한 끝을 불러내리라
> 머리는 다리와 함께 내밀한 친교를 가지니
> 그리고 달과 조수(潮水) 모두와 함께[8]

허버트는 1633년 세상을 떠났다. 그 해에는 갈릴레오가 교회에 의해 이단 심판을 받았고, 데카르트가 《세계(Le Monde)》라는 제목의 야심찬 논문에 대한 계획을 포기하기도 했다. 그러나 세상은 1장에서 언급한 새로운 과학의 대두로 급속히 변하고 있었다. 플라톤 철학이 또 다시 평가된 것은 17세기 말의 그 같은 발전에 대한 대응이었다. 철학에서 새롭게 "체계(system)"를 구성하려던 경향이 그러했듯, 테크놀로지가 급격히 성장하려는 조짐도 영국에서 다양한 신플라톤주의 철학자들의 반대를 만났다. 가장 대표적인 인물이 섀프츠베리(Shaftesbury)의 3대 백작이었던 앤서니 애슐리 쿠퍼(Anthony Ashley Cooper, 1671-1713)였다. 섀프츠베리에게도 미학적 탐구의 초점은 자연의 아름다움으로 향했는데, 특히 플라톤의 철학이 설정한 참됨(the true), 아름다움(the beautiful), 선함(the good) 사이의 관계로 맞추어졌다. 1711년 처음 출판된 《특징(Characteristics)》의 1권에서 그는 다음과 같이 적는다.

> 모든 아름다움은 진리이다. 진정한 운율이 조화와 음악의 아름다움을 만들듯 진정한 용모는 얼굴의 아름다움을, 그리고 진정한 비례는 건축의 아름다움을 만든다. 모두가 허구인 시에서도 진리는 여전히 표본이다.[9]

8_George Herbert, "Man", quoted in Joseph Rykwert, *The Dancing Column: On Order in Architecture*, Cambridge, MA: MIT Press, 1996. p. v.

9_Shaftesbury, *Characteristics*, quoted in Albert Hofstadter and Richard Kuhns (eds), *op. cit.*, p. 241.

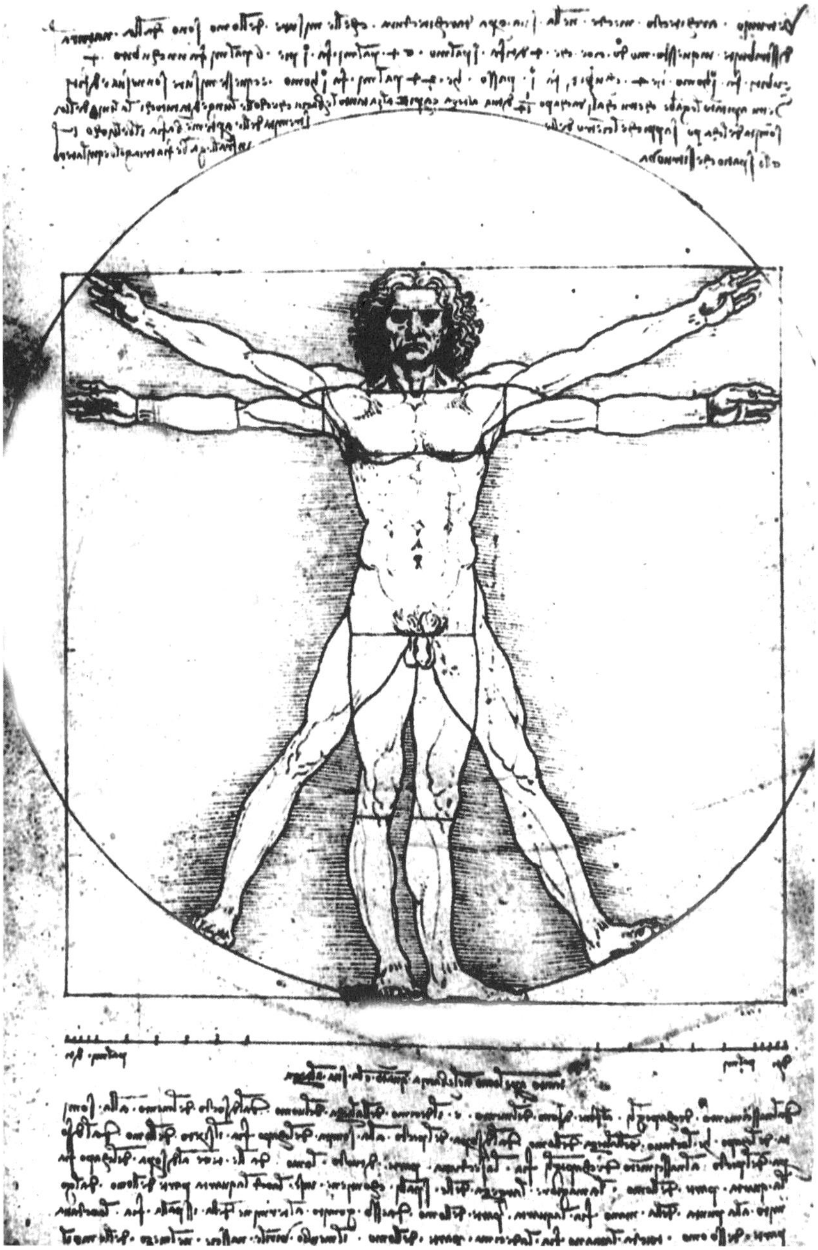

1. 레오나르도 다 빈치 — "비트루비우스적" 인체, 1500년경.

이 서술은 내재된 질서의 신성한 근원에 대한 르네상스의 관점을 반복한다. 그러나 사실 섀프츠베리는 관찰자의 마음에 주어지는 아름다움의 효과에 더 관심이 있었다. 아름다움의 성질에 대한 감성이 개인의 경험에 의해 "구성되는(constructed)" 것처럼, 그는 아름다운 대상에 대한 사색이 그 자체만으로도 창조적 행위라 생각했다. 영국의 경험주의적 전통 내에서 미학에 관한 연구의 패턴을 설정한 것이 바로 아름다움의 심리학에 대한, 그리고 미학적 경험의 과정에 대한 이러한 관심이었다.

경험주의자들은 지식이 감각으로부터 직접 파생되며 개념은 경험의 감각 데이터로부터 구축된다고 믿었다. 이것은 유럽 합리주의자들의 견해와 대조를 이루는데, 1장에서 서술한 데카르트는 감각 경험을 신뢰할 수 없는 것으로 여겨 육체에서 이탈한 지성의 고유한 능력으로부터 성찰을 시작했다. 이런 두 가지 입장을 융합함으로써 미학사에 중대한 진보를 이룬 것은 18세기 독일의 철학자 임마누엘 칸트(Immanuel Kant, 1724-1804)의 연구를 통해서였다. 그리고 그 사이 알렉산데르 바움가르텐(Alexander Baumgarten, 1714-62)이라는 또 다른 독일인이 "aesthetics"라는 용어를 만들기도 했다. 그는 이 단어를 감각적 인식을 뜻하는 그리스어 "aisthesis"에서 도출함으로써, 지식이 경험에 근거한다는 경험주의자들의 영향력을 엿보였다. 실제로 당시에는 섀프츠베리와 그의 후계자인 허치슨 및 버크의 영향으로 인해 영국과 독일 철학 사이에 왕래가 있었다. 한편, 에드먼드 버크(Edmund Burke, 1729-97)는 아름다움의 개념과 대비되는 숭고(the sublime)의 개념을 발전시킨 것으로 주목받을 만하다. 그는 미학적 경험 속에서 이 둘을 구분했고, 심리학적 관점에서 서술하기도 했다. 이러한 과정 가운데 강조점이 미학적 경험의 **객관성**에서 **주관성**으로 전환되었다. 이 같은 새로운 개념은 예술을 지적 목적을 위한 단순한 수단으로 보지 않는다. 예술을 수단으로 볼 때 아름다움은 질서와 완전성이라는 근본 원리의 이미지를 선사할 뿐이다. 대신 예술이 독특한 형태의 "지식"을, 즉 다른 어떤 수단으로도 얻을 수 없는 특정한 감각적 인지의 영역을 제공한다고 시사한다.

"천재"의 미학 - 칸트에서 니체까지
The Aesthetics of "Genius" — From Kant to Nietzsche

이 흥미로운 식견을 가장 훌륭하게 추구한 이가 바로 칸트이다. 그는 미학적 판단 개념을 자신의 전체 철학체계로 병합했다. 그는 자기가 "순수(pure)" 이성 및 "실천(practical)" 이성이라 부른 것을 비판하며, 각각 지식과 도덕의 문제를 다루었다. 한편, 미학적 기능은 "판단력(judgement)"이 갖는 일반적 재능으로서 그 둘 사이의 중재자이다. 칸트는 이에 대해 세 번째 비판에서 서술했다. 이 세 번째 저작은 자체적으로 두 부분으로 나뉘는데, 후반부는 목적에 근거한 판단, 즉 "목적론(teleology)"을 다룬다. 이와 대조적으로 전반부는 목적과는 무관한 미학적 판단의 반대적 상황을 해명한다. 목적으로부터의 독립은 **아름다움**의 정의에 대한 칸트의 주요 원리들 중 하나인데, 그는 아름다움이 "무목적의 목적(purposiveness without purpose)"에 기인한다고 주장했다.[10] 여기에서 자연은 다시 예술의 아름다움을 판단하기 위한 모델이 되며, 모든 대상은 그 자체로 내적 목적이 있다고 여겨진다. 이러한 아이디어는 어떤 대상이 목적을 위한 수단이 된다는 생각과 크게 다르며, 예술작품이 관찰자의 사용에서 독립됨을 의미한다. 그러나 이 점은 칸트가 자율적 영역으로 확립하고자 했던 미학의 본성에 관한 평가의 일부일 뿐이다. 그에게는 오랜 기간 영향력을 행사했던 또 다른 주장이 있었다. 그것은 아름다운 예술품이 영감을 받은 천재의 산물이라는 개념이다. 그는 예술이 본질적으로 원형의 모방이 아닌 창작에 관한 것이라고 서술함으로써, 앞서 이미 암시된 생각을 효과적으로 보여주었다. 전통적 고전주의 원리를 초월하는 이 같은 개념은 뒤따를 낭만주의 운동의 길을 예비한 셈이다.

> 따라서 우리는 천재성(genius)을, 어떠한 명확한 규칙도 없는 것을 생산하는 재능(*talent*)이라 여긴다. 그것은 규칙으로 배울 수 있는 단순한 소질이 아니다. 그러므로 그것의 첫 번째 속성은 반드시 독창성(*originality*)이어야 한다.[11]

10_Immanuel Kant, *Critique of Judgement*, translated by J. H. Bernard, New York: Hafner Press, 1951. §§17, p. 73.
11_*Ibid.*, p. 150.

아름다운 예술품이 창조적 예술가의 독창적 산물이라는 미학적 개념은, 예술이 일종의 독특한 지식을 제공한다는 주장을 이해하기 위한 열쇠이다. 기술적 수완은 전수될 수 있고 예술도 일상의 언어로 논의될 수 있지만, 예술의 아이디어는 본질적으로 다른 어떤 방식으로도 표출될 수 없다. 칸트와 헤겔의 사상이 가장 크게 구별되는 곳이 바로 이 특정한 지점이다. 헤겔이 십여 년 후 발전시킨 예술관은, 예술적 실천을 철학의 하위에 위치시킴으로써 예술품의 형태로부터 미학적 개념을 구분했다. 반면, 칸트와 그를 따르는 낭만주의자들은 둘 사이의 불가분한 일치를 주장했고, "미학적 지식(aesthetic knowledge)"의 지속적 타당성이라는 대안적 관점을 확립했다.

헤겔의 서술에 따르면 철학의 역사는 "절대지"에 이르는 연속적 진보의 과정이다. 그러나 여기에서 예술가는 잉여로 격하되어 조연배우로 역할할 뿐이다. 문화 발전의 원시적 단계에서 예술이 한때 유용한 기능을 수행했지만, 이후에는 월등히 정확한 철학적 생각에 밀려 구식이 되어버렸다. 지식의 성장에 관한 "과학적" 견해는 인생의 불가사의가 결국 모두 해결될 것이라 여김으로써, 또 다른 이해의 방식이자 비판적 논쟁을 위한 필수적 수단인 예술의 기능을 무시한다. 그러나 예술이 비평의 수단이라는 개념은 19세기 초 문학과 예술의 낭만주의 혁명이 남긴 핵심적 유산이다. 여기에서 비평은 지배적 "패러다임"으로부터 벗어나기 위한 방법을 뜻한다. 낭만주의자들은 권위의 개념과 더불어 우리가 사물의 참된 본성을 발견할 수 있다는 생각을 공격했다. 그들은 세계에 대한 객관적 지식의 가능성을 거부했고, 대신 개인적 표현을 장려했다. 그 배경에는 과학적 이성의 지배로 인한 그들의 좌절이 있었다. 즉 낭만주의자들은 경험의 풍부함을 과학공식의 메마른 서술로 축소하던 당대의 상황에 저항했던 것이다. 《라이프치히 가곡집(Das Leipziger Liederbuch)》에 기술된 잠자리의 아름다움에 관한 괴테(Johann Wolfgang von Goethe, 1749-1832)의 명상은 시인이 처한 곤경을 완벽하게 그린다.

> 그것은 휙 날고 선회하며, 멈추지 않아
> 쉿! 버드나무 가지에 내려앉았네
> 내가 손가락으로 그걸 붙잡지
> 그리고 이제 그것의 참된 색을 찾네

그리고 우울한 파랑을 발견하지

이게 그대의 운명이오, 기쁨의 해부자여![12]

괴테의 표적은 과학적 사실의 환원주의적 경향, 즉 예술작품이 선사할 수 있는 사물의 정성적 이해를 상실한 상황이다. 그러한 상황에서는 해부학적 절개 과정이 모든 형태의 지식을 위한 패러다임으로 작용한다(그림 2). 여기에서의 지배적 관점은, 윌리엄 워즈워스(William Wordsworth, 1770-1850)가 적듯, "해부하기 위해 살해한다"는 말로 요약된다. 그에 반해 19세기에는 이러한 입장에 대한 반작용으로, 여러 철학자들이 창조적 예술가들의 공헌을 지지했다. 예컨대 아르투어 쇼펜하우어(Arthur Schopenhauer, 1788-1860)는 헤겔에 대응하여 세계가 실로 활동적인 힘에 의해 추진된다고 주장했다. 그런데 그 힘이 헤겔의 "정신"과 다른 점은 그것이 최고조로 표현되는 방식에 있다. 쇼펜하우어에 따르면 그 방식은 철학도 과학도 아니었다. 그에게는 예술작품이야말로 인간 의식의 최고 표현이었다. 왜냐하면 예술작품은 이성적 개념의 파편적 "해부"보다 더 강력하며, 따라서 더 보편적이라 할 수 있기 때문이다. 한편, 같은 독일인이었던 프리드리히 니체(Friedrich Nietzsche, 1844-1900)도 19세기 후반의 저술활동을 통해 논리와 이성의 지배에 대해 강력하게 비판했다. 그는 후기 저작에서 "모든 가치의 재평가(revaluation of all values)"까지도 요구하게 되는데, 그 까닭은 모든 가치가 서양 지성의 규범 내에서 관례적으로 전승되어 왔기 때문이다. 이런 요구의 바탕에는 과학의 지배에 대한 그의 의혹이 있었다. 그는 철학이나 예술과 마찬가지로 과학을 환영의 한 형태로 간주했다.

《비극의 탄생(Die Geburt der Tragödie)》(1872)에서 니체는 그리스 극작품을 연구했고, 그 기원을 "음악의 정신(spirit of music)"에 두었다. 그는 철학이 체계화되기 이전의 시기 가운데(철학의 체계화는 플라톤 저작의 소크라테스 페이지에서 시작된다), 헤겔이 자신에 앞서 했던 방식으로, 문화적 표현의 한 고조점을 발견했다. 최고의 그리스 비극에서 아폴로와 디오니소스로 각각 상징화된 이성적이고 감정적인 경향의 대립적 힘들이 해소되었던 바를 감지한 것이다. 그런데 그러한 두 전통은 철학의 대두와 함께 결별하게 되었으며,

12_Johann Wolfgang von Goethe, from the *Leipzig Song Book*, quoted in Ernst Cassirer, *The Philosophy of the Enlightenment*, Princeton: Princeton University Press, 1951. pp. 344-5.

철학에서 지성(intelligibility)이 더 강조됨으로써 아폴로적 경향이 우세하게 된다.

> 소크라테스는 이론적 낙천주의자의 전형인데, 사물의 본성이 설명 가능하다고 믿음으로써 만병통치약의 힘을 지식과 과학에 부여했다. 그리고 실수를 악의 구현으로 본다.[13]

이 같은 합리화의 과정 가운데 **아름다움**은 **지성**의 관점에서 정의되었다. 그리고 연극은 비이성적이라고, 심지어는 "예민한 영혼들"에게 위험하기까지 하다고 거부되었다. 이러한 "전통적" 철학의 한계는 니체의 실제적이고 변하지 않는 관심사였다. 이로 인해 그는 최근의 많은 논의를 예견했을 뿐만 아니라 자기 이전의 낭만주의자들을 연상시켰다. 그는 과학이 "객관적" 세계에 관한 진리를 표출한다는 생각에 반대했고, 예술가가 여전히 중요하다고 주장했다. 그는 논리 자체의 한계를 문제시한다.

> 논리주의자가 배제되는 지혜의 영역이 어쩌면 존재하지 않을까? 심지어 예술은 어쩌면 과학에 대한 필수적 상관물이자 보충물이지 않을까?[14]

미학과 해체 – 하이데거에서 데리다까지
Aesthetics and Deconstruction — From Heidegger to Derrida

과학의 한계에 대한 개념은 20세기에 다시 대두되었다. 예술의 지위에 관한 논쟁으로부터였는데, 이는 오늘날의 철학에도 여전히 영향력 있는 이슈이다. 이 논쟁의 주요 인물은 두 명의 또 다른 독일 철학자인 마르틴 하이데거(Martin Heidegger, 1889-1976)와 에른스트 카시러(Ernst Cassirer, 1874-1945)로서, 각각은 두 가지의 차별된 전통을 대표한다. 두 철학자 모두 지식의 형태로서의 예술에 관해 저술했으나 예술과 철학의 관계에 대한 그들의 결론은 크게 달랐다. 하이데거의 연구는 그 범위가 넓었던 까닭에 더 영향력이 있는 것 같다. 그는 존재론, 즉 존재에 관한 철학의 새로운 근간을 발전시켰는데, 니체가 그랬

13_Friedrich Nietzsche, *The Birth of Tragedy*, translated by Shaun Whiteside, London: Penguin Books, 1993. p. 74.
14_*Ibid.*, p. 71.

듯 오랜 기간 견지되어온 전통을 해체하려했다. 그는 다른 형태의 표현을 검토함으로써 언어의 한계 너머를 보려 시도했다. 시, 테크놀로지, 그리고 예술에 관한 그의 저술은 각각이 모두 중대한 기능을 가지고 있음을 암시한다. 즉, 각각은 세계 속에 진리가 현존함을 보임으로써 "존재(Being)"의 신비에 대한 통찰력을 제공하게 된다. 존재는 하이데거의 연구 전반에 걸친 커다란 주제였고, 카시러와 달리 그가 헤겔의 철학에 집착을 보이는 것도 바로 그 까닭이다. 존재는 그것만으로는 실체(entity)가 아니며 헤겔의 정신과 같이 내재된 힘이다. 그리고 그것은 일상용품에서보다 훨씬 더 명확하게 예술작품에서 자신을 드러낸다. 예술이 현실을 "응축하여" 존재를 더 진실하게 재현 혹은 표상한다는 개념은[역주: 이 책에서 'representation'이라는 단어는 맥락에 따라 '재현' 또는 '표상'으로 옮기되 병기하기도 한다. 여기에서 두 말을 등가어로 보고 번역하지만 문맥에 따라 미묘한 의미의 차이가 있음도 기억하자], 예술가가 특수한 것에서 보편적인 것의 이미지를 산출하기 위해 개체를 이상화해야 한다는 아리스토텔레스의 견해를 반영하고 있다. 하이데거는 1930년대에 저술하고 1950년에 이르러서야 출판된 에세이 〈예술작품의 기원(Der Ursprung des Kunstwerkes)〉에서 이 개념을 논의한다. 여기에서 그는 그 같은 응축과 표상을, 작품 자체 내에 암시된 세계가 드러나는 과정으로 서술했다. 유명한 사례인 반 고흐의 농부 구두 그림은, 예술작품이 표현할 수 있다고 그가 생각했던 진리의 한 예를 보여준다. 우리가 구두의 묘사로부터 소작농의 삶을 추론할 수 있듯이, 예술작품은 특정한 대상과 관련된 더 큰 상황을 암시함으로써 즉각적이고 강력한 방식으로 세계를 드러낼 수 있는 것이다. 하이데거는 그리스 신전의 예를 비슷한 관점으로 서술하며, 시와 유사한 서정적 언어를 사용했다. 그에 따르면, 신전은 아무 것도 묘사하지 않고 단지 "바위가 갈라진 계곡" 거기에 서 있다. 그러나 그것은 동시에 의식행위(ritual activities)를 넌지시 비추어 삶의 방식을 상기시킨다.

사람이 만든 대상물이 이렇게 직접적인 방식으로 이야기를 전달하는 힘을 갖는다는 사실은 건물 설계자에게도 많은 교훈을 주는데, 이에 대해서는 다음 장에서 살펴볼 것이다. 그럼에도 불구하고 예술작품이 언어의 작업에 종속되기 때문에, 표현형식에 대한 하이데거의 모든 분석은 계속해서 언어 문제로 귀착했다. 바로 이 점이 철학에 우선권을 부여했던 헤겔을 연상시키는 바이다. 하이데거의 체계에서 언어는 사상의 진정한 매개자로서, "존재의 집(house of Being)"에 다름 아니다. 이처럼 언어가 존재의 역사의 보관소

2. 안드레아스 베살리우스 — 팔의 해부, 《인체의 구조(De Humani Corporis Fabrica)》(1953)의 목판화.

역할을 하기 때문에, 세계 속에 숨겨진 일차적 의미를 발견하기 위해 그는 빈번히 어원학(etymology)을 활용했다. 다른 측면에서 볼 때도, 언어는 개인이 그것을 사용하기 전부터 이미 하나의 시스템으로 존재한다고 할 수 있기에 하이데거의 우선순위 가운데 맨 앞에 놓였다고 하겠다. 사람이 언어를 말하는 것이 아니라 "언어가 사람을 말한다(language speaks man)"는 개념은 그의 사상의 결정론적 경향을 드러냈으며, 개인의 자유를 제한하는 것처럼 보인다. 일종의 "역사적 운명(historical destiny)"에 대한 이와 같은 묵인은, 하이데거가 1930년대 이래 독일 민족주의를 지지했던 바가 그랬듯, 이후의 비평가들에게 문젯거리로 남았다.

하이데거가 존재의 "진리"를 추구함으로써 시와 언어를 선호하게 된 것은 (절대지를 위해 철학을 최고로 친) 헤겔을 연상시킨다. 반면, 에른스트 카시러는 하이데거와 다른 종류의 가설에서 출발하여 대안적 결론에 도달했다. 그는 하이데거의 존재의 철학에 관한 형이상학적 탐구로부터 비켜서는 대신, 지식의 문제를 선택했다. 무엇보다도 바로 이 점이 서로 간의 의견 차이를 야기한 요인이었다. 그러한 의견 차이는 카시러의 작업에 대한 하이데거의 평에서도 표출된 바 있다. 카시러는 존재론과는 별개인 인식론(epistemology)을 다룸으로써 칸트의 발자취를 따랐다. 우리가 앞서 보았듯이, 칸트는 지식의 상이한 측면들을 다룬 세 가지 위대한 《비판》을 출판했었다. 우리가 세계에 관해 무언가를 알 수 있는 것은 "가능성의 조건들" 때문이라 하겠는데, 그러한 조건들에 대한 칸트의 비판과 탐구는 실재의 세계와 우리가 마음속에 알고 있는 세계 사이에 차이가 있음을 보여주었다. 그 차이는 우리가 세계에 대해 알고 있는 것이 우리 두뇌의 역량에 의해 제한된다는 사실을 환기시킨다. 그런데 우리 두뇌는, 우리의 지각을 미리 주어진 어떤 형식에 딱 맞도록 "틀 짓는(frame)" 방식으로 구성된다. 이러한 지각이 3차원의 공간이나 시간 등의 도식(schema)에 의존하기 때문에, 칸트는 우리 지식이 그 같은 생각의 범주나 형식에 의해 제한된다는 사실을 명확히 했다. 카시러가 지식에 대한 이론을 발전시키기 위해 선택한 것이 바로 이 원칙이며, 스스로 "상징형식(symbolic forms)"이라 부른 것들의 다양성이 그 원칙의 근거가 되었다. 이러한 과정에서 헤겔의 미학사에 설정된 연대기적 순서는 수정될 수밖에 없었다.

즉, 헤겔이 철학을 인간 지식의 가장 높은 성취로 제시하고 예술은 그 유용한 목적을 상실한 원시적 단계로 여긴 반면, 카시러는 모든 표현 수단이 독특한 역할을 담당하기 때문에 각각에 동등한 중요성을 부여했던 것이다. 그는 대상물에 상징을 할당했던 것을 언어의 기원으로 여기며 고찰했고, 그러한 연후에 모든 언어체계의 은유적 근간을 확장하여 예술의 상징주의에 대한 분석으로까지 나아갔다. 만약 예술이 언어 형식의 하나로서, 혹은 세계를 기술하는 또 다른 수단으로서 기능한다고 말할 수 있다면, 역사, 철학, 과학과 같은 모든 분과들 역시 자체로서 각각 언어라 할 수 있을 터이다. 그는 1920년대에 세 권으로 출판된《상징형식의 철학(Philosophie der symbolischen Formen)》에서 이러한 이론의 기본 원칙을 설정했다. 하지만 그것을 훨씬 넓은 영역에 적용한 것은 나중에 출판된《인간에 관한 에세이(Essay on Man)》에서였다. 언어에 관련한 이 같은 일반적 연구는 다른 문화의 영역들에서도 널리 진행된다. 이에 대해서는 다음 장들에서 언어의 모형과 함께 자세히 고찰할 것이다. 강한 지지를 얻었든 반대를 야기했든, 근래의 건축이론에서 언어학 개념이 폭넓은 영향력을 갖게 된 것은 분명한 사실이다.

언어들 사이의 상대주의가 우리의 현재 연구에 가져온 주요 효과는, 과학만이 현실을 참되게 서술할 수 있다는 지배적인 생각에 대한 도전이었다. 카시러는 과학의 객관성을, 그리고 그것이 진리의 원천이라는 주장을 의심함으로써 세계를 기술하는 다른 방법들의 중요성을 복귀시켰다. 비슷한 시기의 또 다른 철학자인 루드비히 비트겐슈타인(Ludwig Wittgenstein, 1889-1951)도 자기만의 연구를 통해 언어에 대한 유사한 생각을 얻었다. 그는 논리적이고 수학적인 원리에 기초해 순수 언어(pure language)를 찾고자 시도했지만, 결국 이를 포기하고 "언어게임"이라는 개념을 고안하게 된다. 그의 결론은 어떠한 단일 언어도, 그것이 아무리 정확하다 할지라도, 결코 세계를 완전하고 정확하게 기술할 수 없다는 것이었다. 각각의 표현방식은 고유의 사용 범위가 있기 때문에, 그러한 다양한 담론이 중첩됨으로써만 복합적 그림을 얻을 수 있다. 하나하나의 언어는 세계의 전체적 지식을 위해 각자의 기여를 하게 되는 것이다.

이번 장의 서두에서는 토마스 쿤이 과학에 대해 재평가한 바를 논의했었다. 그런데 그 같은 과학에 대한 재평가는 철학에 대한 재평가와 비교되어야 하고, 철학이 객관적이라는 주장과도 비교되어야 한다. 지난 수십 년 동안 철학에서는 이성의 지배적 모델이 갖는 한계를 극복하기 위해, 그간의 서양 철학에서 계승되어온 전통을 해체하는 기술이 인기를 얻게 되었다. 비록 그 과정이 과거에도 다른 방법으로 시도됐었지만 말이다. 우리가 앞서 낭만주의 전통에서 보았듯 지배적 "패러다임"에 대한 비판이 유사하게 있었고, 이로부터 얻은 자유는 인간 지식의 경계를 확장시켜 왔다. 마찬가지로 마르틴 하이데거도 철학의 가설들에 도전하여 그 전통의 "비판적 파괴(critical un-building)"(라고 스스로 부른 바)를 시도했었다. 바로 그 점을 프랑스 철학자 자크 데리다가 채택했는데, 그는 그 문제에 대한 자신의 입장을 서술하기 위해 "해체(deconstruction)"라는 용어를 만들었다.

데리다의 작업에서 우리는 철학이 (니체가 추천했듯) "해머를 가지고" 하지는 않더라도, 최소한 쇠지레를 가지고 열어젖히고 드러내볼 목적으로 행해지고 있다고 말할 수 있다. 그의 많은 글은 이전 철학자들의 작업을 특히 중요하게 다루어, 그들의 초기 가설을 노출시키고 결론을 의심하려 시도한다. 그는 종종 이것을 그들의 생각을 다시 규정하는 과정을 통해, 그리고 많은 철학의 원칙들이 공통적으로 갖는 허술한 논리를 발설함으로써 진행한다. 비록 그가 철학의 성취를 더럽히는 것처럼 보여 종종 호되게 비난받았지만, 그의 목표는 단지 공격하고 파괴하는 허무한 것이 아니었다. 그는 한 인터뷰에서 자기 사상의 일반적 이해에 대해 다음과 같이 말한 바 있다.

> 따라서 철학을 '해체하는' 것은 철학 개념들의 구조화된 계보에 대해 (가장 신실하고 내적인 방법으로) 생각하는 것이지만, 동시에 그 역사가 위장하거나 금지할 수 있었던 것을 (철학에 의해 자격이 부여될 수 없거나 이름을 댈 수 없는 어떤 외부로부터) 밝히는 것으로서, 그러한 어딘가 자극된 억압의 수단을 통해 철학 자체를 역사화한다.[15]

이 억압으로부터 탈출하기 위해 데리다는 종종 (위에서 언급한 "외부" 영역을 암시하는) 밀도 있고 시적인 언어를 사용하여 복잡한 방식으로 글을 쓰는데, 그가 시적 언어를 사용한 바 역시도 하이데거를 따르는 것이라 하겠다. 여기에서 그가 자기 영역의 관례 바깥에 설 수 있었던 것은 문학 장르 간의 교차에 기인했다. 그가 생각을 제시하는 이런 스타일이야말로, 실증주의 원리를 여전히 고수하던 "분석" 철학자들로 하여금 그를 비판하게

15_Jacque Derrida, *Positions*, translated by Alan Bass, Chicago: University of Chicago Press, 1981. p. 6.

3. 르코르뷔지에 — 롱샹 순례교회, 벨포트, 1950-55. (Alistair Gardner)

한 요인이었다. 실증주의적 입장은 비트겐슈타인의 초기 작업에 나타났으나 곧 폐기된 것이다.

데리다 역시 의미지시(signification)의 일반적 원리 및 작동방식과 함께, 언어의 한계에 관심을 가지고 있었다. 여기에서 그는 우리가 4장에서 살펴볼 구조주의적 생각으로부터 탈피한다. 그는 철학의 수단으로서의 언어에 천착함으로써 하이데거와 유사한 우선순위를 드러냈다. 그러나 철학에서 전통적으로 말하기(speech)를 더 강조했던 것과는 달리 쓰기(writing)의 독특성에 훨씬 더 큰 흥미를 느꼈다. 비록 둘 사이의 차이가 그의 많은 저작에 있어서 특별한 의미를 가지지만, 여기에서 중요한 것은 언어의 더 포괄적인 목적이다. 그는 철학의 수단인 언어에 대해 매우 열정적으로 탐구함으로써 자신이 설정한 패턴을 다른 이들도 따르도록 고무시켰다. 그의 생각은 건축에서, 특히 역사적 전통에 도전하고자 했던 많은 이들에게 열광적으로 환대받았다. 그가 건축적 원천으로부터 나온 은유를 빈번히 사용한 점은 훨씬 더 직접적인 자극의 원인이었다. 분석의 도구로 시작한 것을 디자인 과정에 적용한 데에 문제점이 있었지만, 데리다는 건축가 피터 아이젠만과 협업하여 일정 정도 성공을 거두기도 했다. 이 주제에 대해서는 이번 장의 마지막 부분에서 다룰 것이다.

건축과 교차한 새로운 아이디어의 또 다른 원천으로 질 들뢰즈(Gilles Deleuze, 1925-95)와 그의 동료 펠릭스 가타리(Felix Guattari, 1930-92)의 철학을 들 수 있다. 그들 역시 연구의 주요 주제로 언어에 집중했는데, 여기에는 세계를 인식하고 기술하는 방법으로서 가능한 "언어게임"이 다수 포함된다. 다양한 언어들의 "진리가치(truth-value)"와 대립되는 잠재적 유용성이라는 실용적 주제 또한, "도구상자(box of tools)"로서의 이론에 대한 들뢰즈의 일반적 견해를 형성한다. 초기의 저작에서 그는 과거의 개별 철학자들의 이론들을 역동적으로 재해석함으로써 자기 생각과의 혼성물을 산출했었다. 이런 관계의 결과적 소산은 그의 후기 이론의 모델이 되었는데, 거기에서 그는 서로 다른 목적을 위한 "목소리들"을 채택하는 일반적 전략을 전개시켰다. 이 모든 사항에는, 데리다의 경우에서처럼, 다른 학문 분과들을 향한 교훈이 있다. 그것은 과거와 맺는 창조적인 관계가 전통 문제를 다룰 수단을 제공한다는 사실이다. 그리고 그들의 연구가 건축이론을 위해서 더욱 중요한 까닭은, 이전까지 건축의 주변적 작업이었던 것들을 회복시키고 재평가하는 새로운 해석적 가능성을 보여준다는 데에 있다.

건축, 그리고 전통의 수용

Architecture and the Housing of Tradition

서로 다른 언어들의 진리가치에 대한 논쟁은 건축의 모더니즘이 발전하는 과정에도 역시 영향을 끼쳤다. 무테지우스와 반 드 벨데 사이의 논쟁이 명확히 보여주었듯, 건축에서 예술가의 역할은 종종 의심의 대상이었다. 모더니즘의 초기, 과학의 결정론적 방법과 예술가의 자유로운 창조 사이에 분열이 있었던 것이다. 에리히 멘델존(Erich Mendelsohn,

4. 에리히 멘델존 — 아인슈타인 타워, 포츠담, 1917-21. (김현섭)

5. 에로 사리넨 — TWA 터미널, 뉴욕 JFK 공항, 1956-62. (Alistair Gardner)

1887-1953)과 한스 샤로운(Hans Scharoun, 1893-1972) 같은 표현주의 계열의 모더니스트 건축가들은 일찍부터 화가들의 비전에 더 고무됐었다. 피카소와 브라크 등 입체파 예술가들의 다중 시점에 대한 실험은 샤로운과 르코르뷔지에 건물의 파편적 기하체계에 반영된 바이다. 또한 멘델존이 설계한 아인슈타인 타워의 조각적 형태는 흥미롭고도 역설적인 예인데, 새로운 테크놀로지를 맹목적으로 적용하지 않으면서도 과학이론의 영향을 보여주기 때문이다. 건물 타워는 철근콘크리트 프레임에 벽돌 및 스터코를 충전한, 전통적 구법(構法)과 근대적 구법의 혼성체이다. 이것은 마치 위에서 언급한 입체파의 그림이나 물리체의 원자 모델이 보여주었던 것과 같이, 운행 중인 우주에 대한 놀라운 시각적 이미지를 창출했다. 공간의 언어로 이야기를 만드는 건축의 능력에 대한 개념은 네덜란드의 데 스테일(De Stijl) 운동에뿐만 아니라 르코르뷔지에의 이후 작품들에도 다시 반

6. 에로 사리넨 — TWA 터미널, 뉴욕 JFK 공항, 1956-62. (Alistair Gardner)

7. 외른 웃존 — 시드니 오페라하우스, 호주, 1957-73. (Neil Jackson)

8. 한스 샤로운 — 필하모니 & 챔버 음악당, 베를린, 1956-87. (Neil Jackson)

영된다. 그리고 공간과 형태에 조각적 특성을 주기 위해 테크놀로지의 표현을 누그러트리려 했던 시도는 제2차 세계대전 이후에 진행된 몇몇 대규모 프로젝트의 주요한 특성이 되기도 했다. 에로 사리넨(Eero Saarinen, 1910-61)이 새를 닮은 형상으로 TWA 터미널을 설계한 것은 큰 이슈였다. 그러나 이런 프로젝트 가운데 가장 유명한 것은 아마도 덴마크 건축가 외른 웃존(Jørn Utzon, 1918-2008)이 설계한 시드니 오페라하우스(Sydney Opera House)일 것이다. 이 건물이 완성된 것은 1973년이다. 하지만 현상설계에 당선된 해는 샤로운이 베를린 필하모니(Berlin Philharmonie) 프로젝트를 착수했던 때와 동일한 1956년도였다. 두 건물은 모두 건설상에 기술적 문제가 있었고 내부에도 기능적 도전이 있었지만, 각각의 도시에서 아이콘이 되었다. 이런 현상을 보여준 근래의 사례로, 황량하게 방치되었던 스페인의 도시 빌바오에 완공된 프랭크 게리(Frank Gehry, 1929-)의 구겐하임 박물관(Guggenheim Museum)을 들 수 있다. 이 건물의 복합성은 정보기술의 발전을 놀랍게 보여준 예이기도 하다. 왜냐하면 건축가 사무실에서 수작업으로 만든 모델이 디지털 데이터로 전산화되고, 건설 과정으로 직접 전송되었기 때문이다. 도시 이미지를 새롭게 할 것으로 기대되는 여타 프로젝트 중에는 다니엘 리베스킨트가 제안한 런던 빅토리아 앨버트 박물관의 증축이 있다. [역주: "스파이럴(The Spiral)"이라 명명된 리베스킨트의 디자인은 1996년 현상설계에 당선되며 큰 기대를 모았지만, 제반 사정으로 결국 실현되지 못한다.] 이 "왜곡된 상자들"의 나선 형상은 보수적 콘텍스트에 대한 도전이라 하겠는데, 아마도 내부에 매혹적인 전시공간이 거의 우연히 형성될 것이다. 옛것과 새것의 대비를 통해 도시 콘텍스트의 인지도를 높이는 원리는 더 작은 규모에서도 아주 극적인 양상으로 나타난다. 비엔나 중심지의 건물 지붕 위에 콥 힘멜블라우(Coop Himmelblau)가 설계한 사무실과 회의 공간이 그렇다. 이 디자인은 구조적 논리나 도시경관의 관례적 원리를 완전히 무시했다. 여기에서 힘멜블라우가 보통의 상식적 해법을 거부하며 제시한 심원한 의제는 그 파편화된 기하학의 결과물에 드러나는, 도시의 전통적 단일성에 대한 의심이라 할 수 있다. 요컨대, 이 모든 프로젝트들이 보여주는 것은 조각적이고 공간적인 언어의 힘이며, 그 언어는 달리 설명되거나 이성적 방법으로 쉽게 정당화될 수 없는 것이다.

이런 경향의 훨씬 최근 작업 가운데에는 해체철학을 구체적으로 참조한 경우도 있다. 일반적으로 기대되는 전통에 도전할 영감을 얻기 위해서였다. 이와 관련해 데리다와 피

9. 렌초 피아노 — 과학기술 박물관("New Metropolis"), 암스테르담, 1992-97. (Jonathan Hale)

10. 프랭크 게리 — 구겐하임 박물관, 빌바오, 1991-97. (Neil Leach)

11. 프랭크 게리 — 구겐하임 박물관, 빌바오, 1991-97. (Neil Leach)

12. 프랭크 게리 — 로욜라 로스쿨, 로스앤젤리스, 캘리포니아, 1981-84. (Neil Jackson)

13. 다니엘 리베스킨트 — 빅토리아 앨버트 박물관 증축 프로젝트, 런던, 1998. (Andrew Putler)

터 아이젠만 사이의 협업이 특히 흥미롭다. 이것은 아이젠만이 파리 라빌레트 공원(Parc de la Villette)의 한 부분을 위해 데리다를 초청해 함께 설계했던 일이다. 그러나 현재의 우리 논의 속에서 이 프로젝트와 결부된 더 놀라운 측면은, 데리다가 공원 전체 계획안을 분석한 바에 있다. 그는 베르나르 추미(Bernard Tschumi, 1944-)가 마스터플랜에서 제시한 주제들을 택하여, 제안된 건축의 형태에 맞춰 자기 자신의 철학을 효과적으로 읽어냈다. 다시 말해, 그가 〈폴리의 점—건축의 지금(Point de Folie–maintenant de l'architecture)〉이라는 에세이를 통해 설정한 흥미로운 시나리오에서 추미의 일련의 "폴리들", 즉 공원의 파빌리온들은 데리다 자신이 실제로 추구하던 철학을 표상하게 되는 것이다. 그는 건축학의 관습적 규준에 도전하는 폴리들에 대해 다음과 같이 적는다.

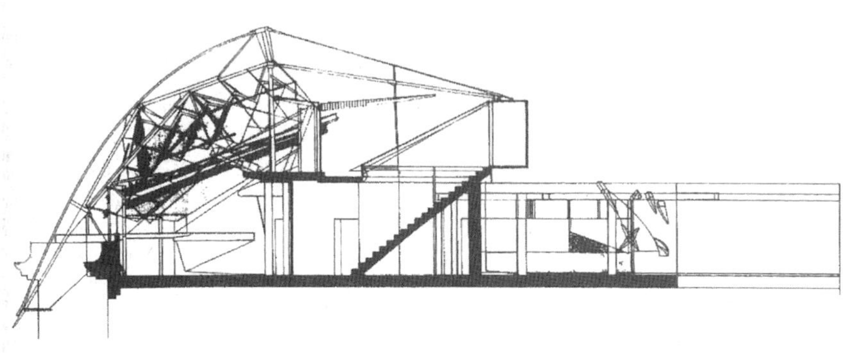

14. 콥 힘멜블라우 — 옥상 리모델링, 비엔나, 1983-88. (Jonathan Hale 재작도)

15. 베르나르 추미 — 라빌레트 공원, 파리, 1982-91. (Jonathan Hale)

16. 베르나르 추미 — 라빌레트 공원, 파리, 1982-91. (Jonathan Hale)

> 폴리들(*folies*)은 전면적인 탈위(脫位, dislocation)를 실행한다. 그것들은 지금(*maintenant*)까지 건축에 의미를 부여해왔던 모든 것을, 더 정확히 말해, 건축에 의미를 양도해왔던 모든 것을 뒤집는다. 그것들은 우선 건축의 의미론부터 해체한다.[16]

데리다가 일찌감치 언어의 문제에 몰두했듯이, 이 마스터플랜에는 깊이 뿌리박힌 관례에 문제를 제기하려는 시도가 있었다. 의미의 구조는 자연히 "주어진(given)" 것이 아니라 사실상 역사적으로 "구축된(constructed)" 것이라는 주장이 그 예이다. 구축과의 이러한 은유적 연계는 건축을 다시 한 번 중요한 주제로 만든다. 그 연계의 집요함과 편만

16_Jacques Derrida, "Point de Folie - maintenant l'architecture", translated by Kate Linker, in Neil Leach (ed.), *Rethinking Architecture*, London: Routledge, 1997. p. 326.

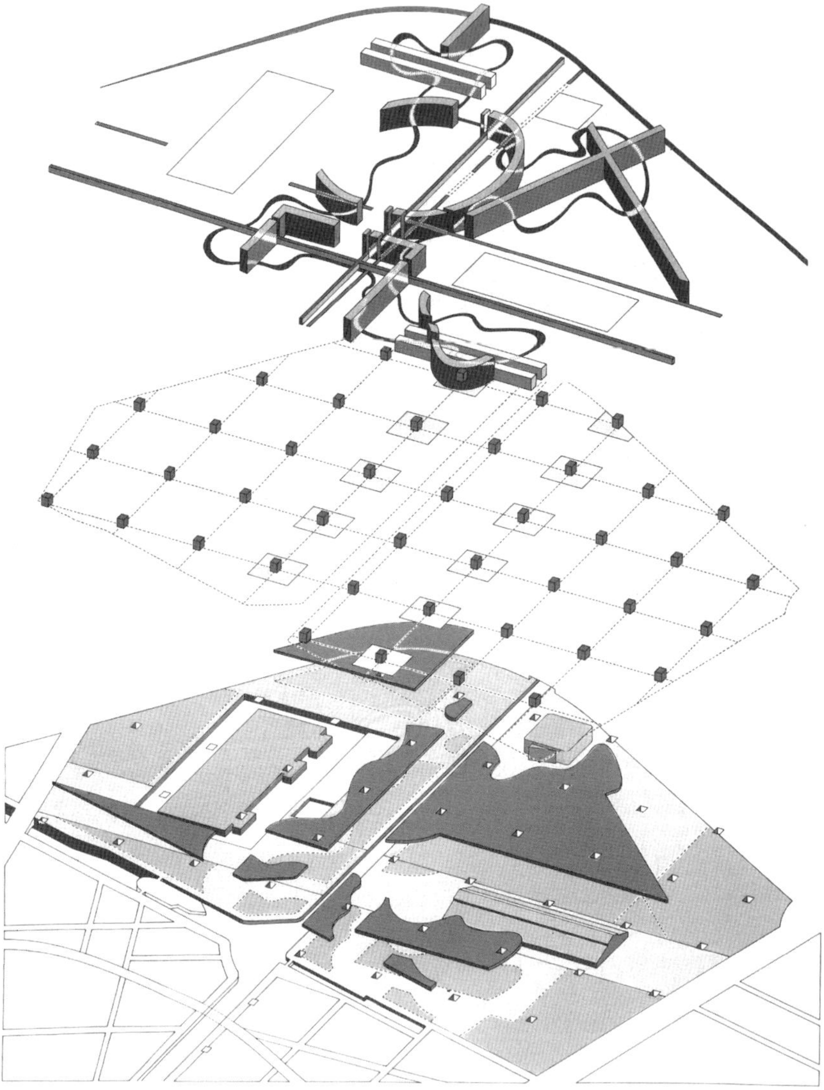

17. 베르나르 추미 — 라빌레트 공원, 파리, 1985: 점, 선, 면의 중첩. (Bernard Tschumi)

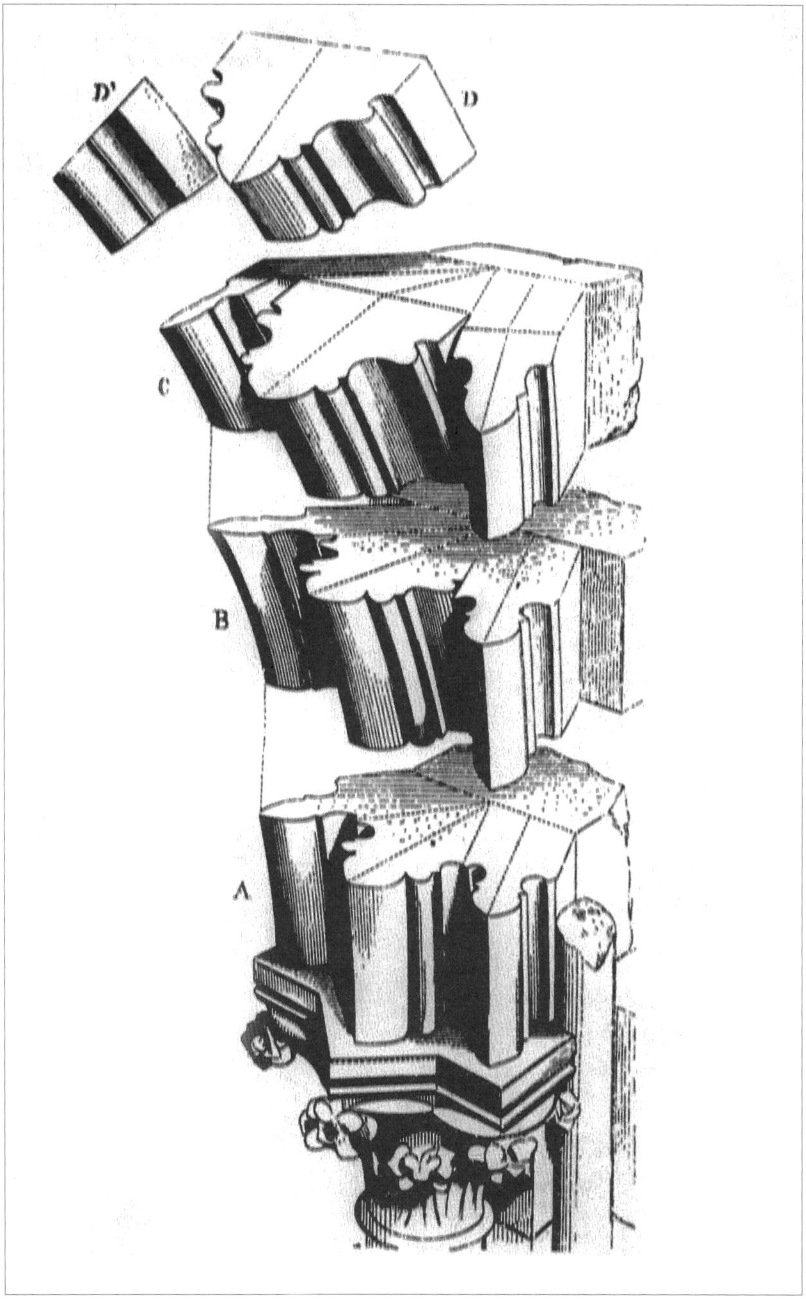

18. 비올레 르 뒥 — 《건축사전》(1854-68)의 고딕 볼트 상세도.

함이 건축을 중대한 재평가 대상으로 삼게 하는 것이다.

> 이와 같은 건축의 건축은 역사를 갖는다. 그것은 계속해서 역사적이다. 그 유산은 우리 경제의 친밀함과, 우리의 단란한 오이코스(*oikos*)의 법칙과, 우리의 가족적, 종교적 그리고 정치적 오이코노미(*oikonomy*)와, 탄생과 죽음의 모든 장소들, 신전, 학교, 스타디움, 아고라, 광장, 성소를 새로이 열어준다. 그것은 바로 우리를 통해, 우리가 그 역사성을 망각하는 지점에 이른다. 우리는 이를 당연하게 여긴다. 그것은 자체로서 상식이다.[17]

건축의 흔들림 없는 정통성에 대한 상식적 가정들을 흔든 것이 데리다가 추미의 폴리 디자인에서 가장 뚜렷하게 식별한 점이다. 그는 그것을 창조적 과정이자 건축에 또 다른 기회를 주는 (즉 전통의 무게에 대항하고 경제와 기능의 논리에 관한 모더니즘의 관례에 대항하는) 방법으로 보았다. 여기에서 그는 역사를 향한 더 긍정적인 입장을 개괄하는데, 그것은 아무 생각 없는 반복에 대한 대안이다.

> 폴리들(*folies*)은 단언한다. 폴리들의 단언은 형이상학적 건축의 반복을 넘어선다. 그 반복은 결국은 폐지될 것으로, 비밀스럽게 허무적이다. 그것들은 내가 이야기하는 지금(*maintenant*)을 시작한다. 그것들은 건축을 유지하고(maintain), 새롭게 하고, 다시 새긴다.[18]

건축이 재료성과 공간의 언어일 수 있음은 "형태는 기능을 따른다"와 같은 모더니즘의 원리들에 대해 문제를 제기하는 과정에서 재확인된다. 그러한 문제 제기는 기능 자체가 불명확한 곳에서, 예컨대 현재 시공 중인[역주: 2001년 완공됨] 베를린 유대박물관의 증축 프로젝트와 같은 곳에서 가능하다. 다니엘 리베스킨트는 여기에서 전통적 관점에서의 기능적 박물관이라기보다는 하나의 기념물을 설계했는데, 전시물의 설치가 그 효과를 더할지 혹은 손상시킬지도 불분명했다. 이 건물의 빈 공간들이 불러일으키는 상실과 탈거(脫去, displacement)의 강력한 감성은 건축의 독특성이 결코 필수 프로그램 내에서만

17_*Ibid.*

18_*Ibid.*, p. 328.

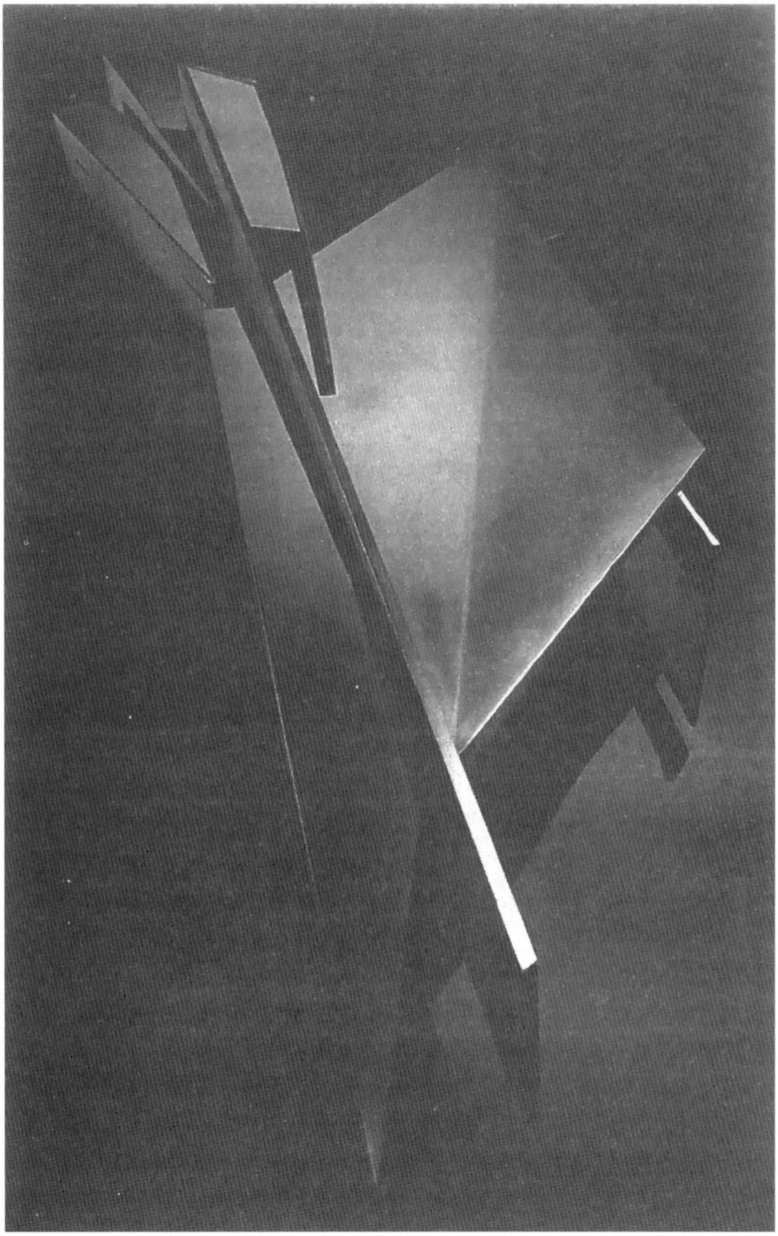

19. 자하 하디드 — 비트라 소방서 모형, 바일-암-라인(Weil-am-Rhein), 독일, 1988-94. (Zaha Hadid)

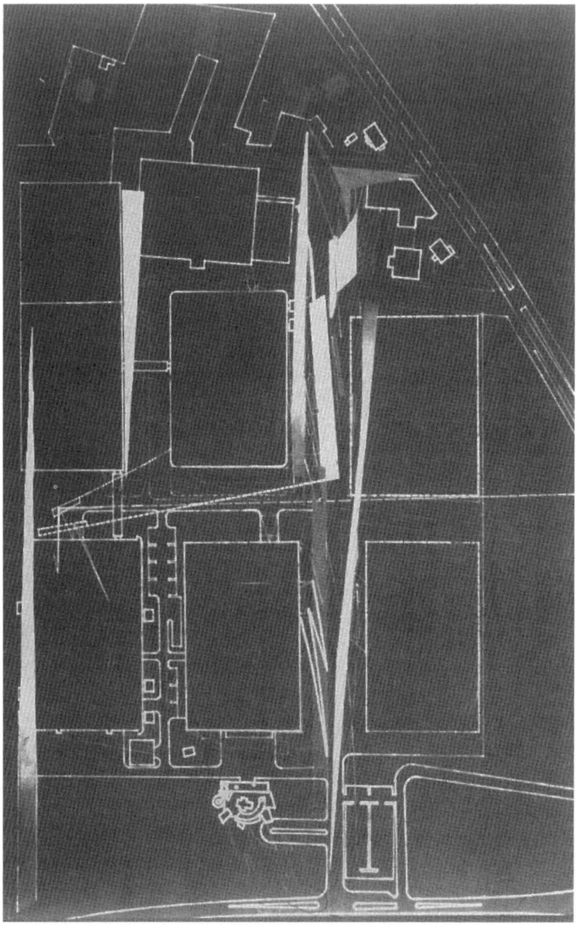

20. 자하 하디드 — 비트라 소방서 그림, 바일-암-라인, 독일, 1988-94. (Zaha Hadid)

이해될 수는 없음을 확인시켜준다.

조각 같은 표현을 통해 원래의 기능을 초월한 또 다른 사례를 보자. 그것은 비트라(Vitra)라는 가구회사를 위한 건물이다. 자하 하디드(Zaha Hadid, 1950-2016)가 디자인하여 1994년에 완공된 이 건물은 독일 소재의 대학 캠퍼스 같은 본부에 계획되었다. 원래는 그 회사의 사유 소방서로 건축되었으나 지금은 회사 박물관으로 쓰이고 있다. 당초 건축가는 건물 사용자들의 예상되는 움직임에서 휴식과 활동 사이의 긴장에 주목했다. 그

21. 자하 하디드 — 비트라 소방서. (Christian Richters)

리고 그 기능의 드라마를 표현하기 위해 겹쳐진 판들의 역동적인 구성을 창출했다. 이것이 원래 의도된 사용자들에게는 여러 불편을 야기했던 것 같지만, 건축의 사용(use)에 관한 전반적인 문제를 제기했다. 건축은 기능의 수단인가, 역사적 비평의 수단인가? 건축 원래의 사용 목적에 도전한 더 분명한 예는 1970년대 이래 피터 아이젠만이 디자인한 초기 주택 시리즈에서 발견된다. 그 중 제일 유명한 것은 아마도 1973년 코네티컷에 지어지고 이후에 많이 회자된 주택VI, 즉 프랭크 주택(Frank House)일 것이다. 이 주택은 자율적 언어로서의 건축을 보여주는 극단적인 예로서, 선, 면, 볼륨에 근거한 구성장치의 자체적 시스템을 갖추었다. 그 형태는 당시 아이젠만의 다른 디자인에서와 마찬가지로 변형 전략을 통해 발생했다. 그 전략은 초기에 단순했던 볼륨을 일련의 왜곡, 회전, 생략으로 변형시키는 것이다. 이 기하학적 규율의 가장 극적인 효과는 주 침실 가운데에 생긴

22. 자하 하디드 — 비트라 소방서. (Christian Richters)

기다란 틈인데, 이것은 그 개념의 형태적 완결성을 보존하기 위해 건축주 부부로 하여금 각각 별도의 침대에서 자도록 강요한다. 이것은 건축가가 지나치게 주관적으로 계획한 요소였기 때문에 소유자가 이후에 변경할 수밖에 없었다. 그러나 식당 공간 중앙의 기둥들은 여전히 새로운 거주의 패턴을 암시하고 있다. 아이젠만은《카드주택(Houses of Cards)》이라는 책에서 다음과 같이 적는다.

> 이 주택의 디자인 과정이 의도한 바는, 이 책의 모든 건축적 작업에서처럼, 건축의 행위를 그 행위가 건축의 형이상학과 맺는 자족적인 관계로부터 멀리하도록 하는 것이었다. 그 과정은 탈위시키는 능력을 재활성화함으로써, 따라서 그 때문에 점유할 수 있는 형

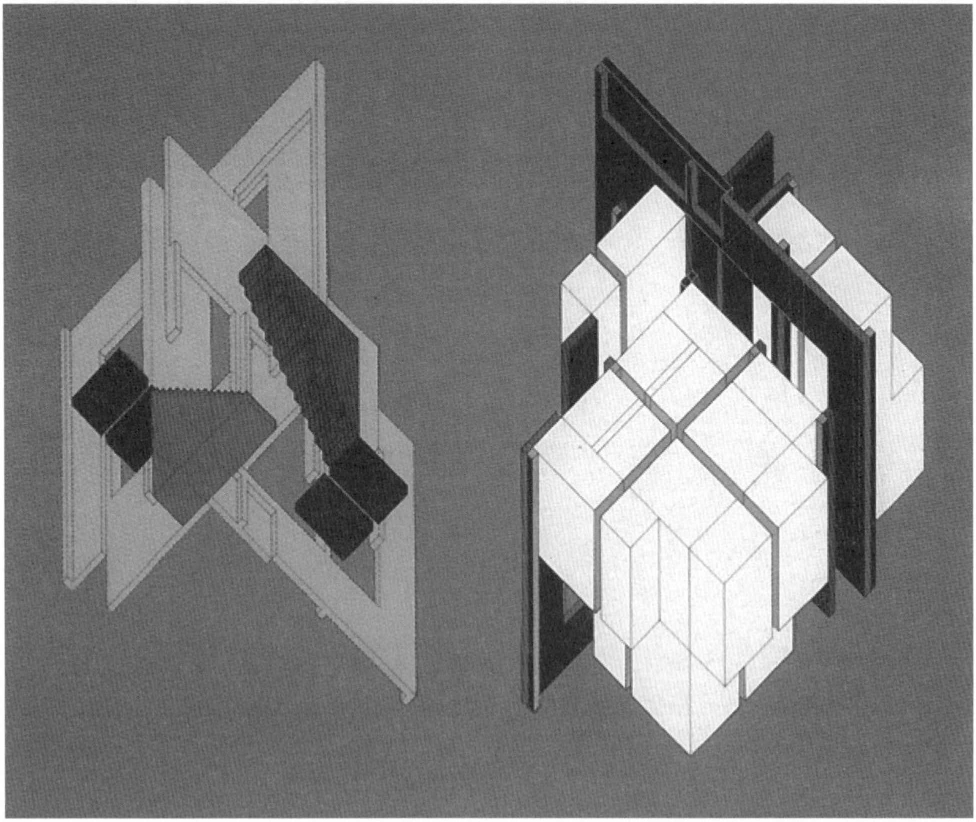

23. 피터 아이젠만 — 주택 VI, 액소노메트릭, 1976. (Peter Eisenman)

태의 가능성에 대한 탐구를 확장함으로써 진행되었다.[19]

이처럼 거주의 관습에 소중히 간직되어온 전통을 의심한 것은 철학자 앤드류 벤저민(Andrew Benjamin, 1952-)이 해체철학과 관련해 주목한 주제이다. 벤저민에 따르면 아이젠만의 건물은 이런 종류의 비평이 개념적 측면에서만 실행될 수 있다고 가정하지 않는다. 아이젠만의 건물은 오히려 그것이 비판하고자 하는 바로 그 수단을 통해 그 과정을 "집행한다(enacts)." "비판적" 건축의 이론과 실천 사이의 학제적 범주를 이처럼 고의적

19_Peter Eisenman, *Houses of Cards*, New York: Oxford University Press, 1987. p. 169.

24. 렘 콜하스(Office for Metropolitan Architecture) — 쿤스트할(Kunsthal), 로테르담, 1987-92. (Alistair Gardner)

25. 렘 콜하스 — 쿤스트할, 로테르담, 1987-92: 강의실 기둥을 보여주는 실내. (Alistair Gardner)

으로 흐리는 것은 데리다가 철학과 문학 언어 사이에서 보이고자 했던 것이다. 벤저민은 이런 종류의 건축이 이해되어야 하는 콘텍스트를 다음과 같이 적는다.

> 아이젠만의 작품, 그 작품의 경험, 그것이 요구하는 철학은, 다시 회복되어 허무적으로 펼쳐지는 전통을 넘어서서, 철학적으로 사유할 필요성을 제기한다. 전통은 수용된다. 왜냐하면 그 이상 순수한 것이 없기 때문이다. 그러나 전통의 수용은 더 이상 기능이나 목적론이나 형태의 미학에 의해 배제될 수 없는, 다수의 가능성 내에서 발생한다.[20]

20_Andrew Benjamin, "Eisenman and the Housing of Tradition", in Neil Leach (ed.), *op. cit.*, p. 300.

따라서 이 프로젝트는, 서두에서 언급했듯, 건축적 아이디어가 완성된 건물로서만이 아니라 도면, 글, 모델 등 다른 많은 층위로 존재한다는 개념을 보여주는 뚜렷한 예이다. 이런 아이디어의 일부는 건물이 존재하는 동안 그 건물의 변화로 인해 모호해져 간다. 그러나 이러한 사실이 건축의 "비판적" 능력을 보여주는 그 프로젝트의 가치를 경감시킬 수는 없다.

건축을 공학으로 단순화시키는 것으로부터 의미의 문제를 구해내는 일은 최소한 지난 수십 년 동안 건축이론이 몰두했던 바이다. 비록 이번 섹션에서는 간단히만 언급되었지만, 이 주제는 다음 장들에 남겨진 중심 과제이다. 그리고 건축의 의미와 해석에 관한 논의를 지금까지 양극단으로 설정해 보였다면, 다음 섹션은 그러한 두 입장 사이의 지형을 면밀히 살펴볼 것이다.

더 읽어야 할 문헌

배경

Monroe Beardsley, *Aesthetics: From Classical Greece to the Present, A short History*, New York: Macmillan, 1966.

John D. Caputo, *Deconstruction in a Nutshell: A Conversation with Jacques Derrida*, New York: Fordham University Press, 1997.

Jacques Derrida, "The End of the Book and the Beginning of Writing", in *Of Grammatology*, translated by Gayatri C. Spivak, Baltimore: Johns Hopkins University Press, 1976. pp. 6-26.

Hans-Georg Gadamer, "The Relevance of the Beautiful" in *The Relevance of the Beautiful and Other Essays*, Robert Bernasconi (ed.), Cambridge: Cambridge University Press, 1986. pp. 3-53.

Albert Hofstadter and Richard Kuhns, *Philosophies of Art and Beauty: Selected Readings in Aesthetics From Plato to Heidegger*, Chicago: University of Chicago Press, 1964.

Richard Kearney, "Jacques Derrida", in *Modern Movements in European Philosophy*, Manchester: Manchester University Press, 1986. pp. 113-33.

Christopher Norris, *Deconstruction: Theory and Practice*, London: Routledge, 1991.

전경

Jacques Derrida, "Point de Folie – maintenant de l'architecture", translated by Kate Linker, in *AA Files*, No. 12/Summer 1986. Reprinted in Neil Leach (ed.), *Rethinking Architecture*, London: Routledge, 1997. pp. 324-47.

Peter Eisenman, "Post-Functionalism", in Oppositions, 6/Fall 1976. Reprinted in K. Michael Hays (ed.), *Architecture Theory Since 1968*, MIT Press, Cambridge, MA, 1998, pp. 236-9.

John Rajchman, *Constructions*, MIT Press, Cambridge, MA, 1998.

Bernard Tschumi, "Abstract Mediation and Strategy", in *Architecture and Disjunction*, Cambridge, MA: MIT Press, 1994. pp. 190-206.

Mark Wigley, "The Translation of Architecture: The Production of Babel", in *Assemblage*, 8/1989. Reprinted in K. Michael Hays (ed.), *Architecture Theory Since 1968*, Cambridge, MA: MIT Press, 1998. pp. 660-75.

읽기

Andrew Benjamin, "Eisenman and the Housing of Tradition", in *Architectural Design*, 1-2/1989. Reprinted in Neil Leach (ed.), *Rethinking Architecture*, London: Routledge, 1997. pp. 286-301.

Robert Mugerauer, "Derrida and Beyond", in Kate Nesbitt (ed.), *Theorising a New Agenda for Architecture: An Anthology of Architectural Theory 1965-1995*, New York: Princeton Architectural Press, 1996.

2부

해석의 모델

Models of Interpretation

3. 몸의 귀환 – 건축에서의 현상학

The Return of the Body: Phenomenology in Architecture

1장과 2장에서는 건축이라는 분과의 모호한 위치를 C. P. 스노우(Charles Percy Snow, 1905-80)가 과학과 예술의 "두 문화"라 언급한 것들 사이의 논쟁으로 제시했다.[1] 스노우는 1959년의 리드 강연(Rede Lecture)에서 현대사회의 (과학이나 공학적 연구와 같은) 정량적인 일과 (문학, 음악, 미술과 같은) 정성적인 일 사이에 깊은 분열이 있음을 주장한 바 있다. 그가 인식한 문제는 서로의 목적을 의심스러워하는 두 그룹 간에 소통이 부재하다는 사실이었다. 건축에서는 이런 상황이 **의미**의 타당성에 관한 논쟁으로 발전해 왔다. 즉, 건축 내에서는 그러한 두 문화가, 디자인을 향한 정성적 접근 대 정량적 접근이라는 비슷한 불일치를 보인 것이다. 이 책의 첫 두 장에 선보인 역사적 자료는 이러한 두 가지 사유 방법에 대한 배경이라 할 수 있다.

물론 건축이라는 것은 실제로, 어쩔 수 없이, 자유로운 예술 표현의 "자율적" 영역과 응용공학의 "결정론적" 행위 사이의 한 지점에 놓인다. 독일 철학자인 테오도르 아도르노(Theodor Adorno, 1903-69)가 〈오늘날의 기능주의(Funktionalismus heute)〉라는 에세이에서 명확히 했듯이, 이러한 분리는 사실 목적이 **있는**(purpose*ful*) 사물과 목적이 **없는**(purpose-

1_C. P. Snow, *The Two Cultures and the Scientific Revolution*, Cambridge: Cambridge University Press, 1961.

free) 사물 간의 거짓 대립에 의해 야기된 것이다. 그는 건축이 "불필요한" 장식으로부터 자유로워야 한다는 아돌프 로스의 요청에 대응했는데, 무엇이 건축 디자인에 있어서 필수적인가에 대한 규정은 아도르노에게 근본적인 문젯거리였다. 그는 그 두 가지가 역사적으로 어떻게 연결되어 있는지에 대해 서술했다. 예컨대, 장식은 종종 구조재에서 유래된 반면, 겉보기에 "순전히" 기술과 관련된 사물도 사용자들에게 곧 상징적 중요성을 띤다는 것이다. 그 근거로서 큰 규모의 구조로는 에펠탑이나 브루클린브리지(Brooklyn Bridge)를, 작은 규모로는 사람들이 자기 자동차나 컴퓨터와 맺는 관계를 들 수 있다. 이 논의에서 아도르노의 에세이가 함축하는 바는, 건축적 표현의 개념은 설령 우리가 순전히 기능적인 건물을 설계하려 한다 할지라도 의미에 관한 질문을 회피할 수 없다는 사실이다. 우리가 무언가를 생산하는 순간, 그것에 대해 어떠한 설명이 제기되든지 간에, 우리는 피할 수 없이 표상의 영역으로 들어간다. 이 아이디어를 더 단순하게 표현하기 위해 언어학적으로 비유한다면, 우리는 말해지는 것(what is said)을 말하는 방법(the manner of the saying)과 구별할 수 없다. 건축이 이처럼 필연적으로 문화적 "언어들"의 복잡한 그물망에 얽히게 되는 것이라면, 해석에 대한 질문은 디자인의 온전한 잠재력을 이해하기 위해 훨씬 중요해진다.

건축이 유용한 공간을 제공하기 위한 수단일 뿐만 아니라 하나의 "언어"로 간주되어야 한다는 전제하에, 이 책의 다음 세 장은 앞서 언급한 두 문화 사이의 간극을 메우기 위한 방법으로서의 해석학적 전략들을 설정한다. 세 전략 모두는 과학의 "객관성" 대 예술의 "주관성"의 견지에서 이미 서술한 두 경향 간의 타협을 필요로 한다. 그런데 이번 장의 현상학에 관한 논의는 예술의 주관성 쪽에 더 기울어 있다.

현상학은 지식에 견고한 기초를 제공하는 것을 궁극적 목표로 하지만, 개인의 경험을 중시하는 철학이다. 이것은 지각과 인식에 대한 강조에 크게 힘입어 건축에 지대한 영향력을 행사해왔다. 그런데 철학자들이 그 용어를 제각각 다른 방식으로 사용해왔기 때문에 그 말부터가 상당히 불명확했다고 하겠다. 비록 사전적 정의가 뜻을 좀 더 명료하게 하긴 했지만 거기에는 여전히 논란의 여지가 있다. 그리스어 **파이노**(*phaino*)와 **로고스**(*logos*)에 근간한 현상학(phenomenology)이라는 단어는 현상이 의식에 나타나는 방법에 대한 학문을 뜻한다. **파이노**는 "보이기(to show)" 혹은 "나타나기(to come to appearance)"를 의미하며, 유령(phantom)이나 환상(fantasy)이라는 단어의 어근이기도 하다. 한편 **로고스**는 "이성(reason)", "단어(word)" 혹은 "말하기(speak)"를 뜻하며, 학술적으로는 "…에 대한 학문(the study of)"을 의미한다.

"존재"의 의미 – 후설에서 하이데거까지
The Meaning of "Being" — From Husserl to Heidegger

현상학이라는 용어의 현대적 의미는 독일 철학자 에드문트 후설(Edmund Husserl, 1859-1938)에게서 연유한 것이다. 20세기 초반 후설의 글들은 이 주제에 관한 후대의 연구에 큰 영향을 미쳤다.《정신현상학》에서 이미 언급했듯 헤겔 역시 자신의 철학에 이 용어를 사용한 바 있다. 모든 사물을 창조적 힘이나 정신의 발현으로 보았다는 측면에서, 이 경우의 현상학도 "나타나기"를 지칭했다고 하겠다. 후설도 헤겔처럼 세계에 대한 우리 지식의 확실성을 추구했고, 두 철학자 모두 칸트의 작업으로 거슬러 올라갔다. 칸트는 지식에 대한 "가능성의 조건들"을 탐구함에 있어서 정신과 세계의 관계를 해명하고자 했다. 그러나 그는 실재 "그 자체(in itself)"를 알 수 없는 것이라고, 즉 정신은 외부세계에 대한 온전한 접근을 용인받지 못했다고 결론내리게 된다. 칸트의 견해를 따르면, 정신은 인식능력에 의해 형성되는 자체만의 실재 유형(version)을 산출한다. 이 점은 필시 논란을 야기할 만한데, 왜냐하면 우리가 세계를 바라보는 것은 우리의 이해를 가로막는 베일, 다시 말해 왜곡의 거울을 통할 수밖에 없다는 결론을 암시하기 때문이다. 비록 후대 철학자들이 이를 훨씬 긍정적인 관점에서 해석하려 했으나, 후설의 시기에 이것은 결점으로 여겨졌다. 즉, 철학에 그 아이디어의 신빙성이 없으며, 근대 과학의 객관적 진리가 결여되어 있다고 스스로 인정한 셈이라 생각했던 것이다. 철학을 "엄밀학(rigorous science)"의 수준으로 격상시키려는 욕구는 새로운 방법론을 탐색하던 후설을 북돋웠다. 그는 사물이 정신에 나타나는 양상을 조사함으로써 사물 그 자체(things-in-themselves)의 영역을 향한 길을 찾는 데에 열중했다.

어찌 보면 과학적 철학이라는 이 개념은 지속적인 계몽의 "프로젝트"의 일부로 간주될 수 있을 것이다. 객관성의 범주에 부합해야 한다는 압력에 여전히 시달리는 새로운 사회과학 등의 많은 학문 분과와 함께 말이다. 후설이 현상에 대한 연구를 위해 채택한 방법과 현상이 정신에 자기를 드러내는 방식은, 데카르트가 참된 지식의 근간을 찾기 위해 초창기에 취했던 사유과정을 연상시킨다. 데카르트처럼 후설도 이전의 모든 경험을 버리는 것에서부터 출발했다. 그는 경험을 의심스럽거나 불확실하거나, 혹은 오해를 불러일으키는 것으로 여기면서 선입견을 보류했고, 특정한 대상을 "괄호로 묶어내어(bracket off)" 그것을 콘텍스트로부터 떼어두고 생각했다. 후설은 대상이 되는 사물에 대한 이 과정을 마치고서는 그 본질을 발견하는 일에 착수한다. 그는 이 일을 "자유변화(free variation)"라는 과정을 통해 진행했는데, 여기에서 사물의 속성들은 제각각 번갈아가며 고찰된다. 하나의 대상이 갖는 특성들을 그 대상이 그 사물이기를 멈출 때까지 변화시키면, 우리는 마침내 그 사물의 바탕이 되는 핵심 속성들을 발견할 수 있는 것이다. 우리는 이를 탁상 램프와 같은 일상용품을 통해 시도할 수 있다. 탁상 램프의 특성들을 각각 교체한다고 상상해보자. 우리가 전선이나 전등갓을 바꿔도 램프는 램프이기를 멈추지 않는다. 그러나 광원을 제거한다면 램프라는 인식이 불가하도록 변할 것이다.

이것은 후설의 복잡했던 과정에 대한 개략적인 예인데, 그는 그 과정을 형상적 환원(形象的還元, eidetic reduction)이라는 말로 지칭했다. 이 말은 이상이나 본질을 뜻하는 그리스어의 에이도스(eidos)를 차용한 것으로서 플라톤 역시 유사한 의미로 사용한 바 있다. 플라톤에게 이것은 불변의 이데아나 보편적 "유형(type)"이며, 세계의 어떠한 대상이든 이데아의 특수 사례였다. 후설의 연구에서 형상적 환원은 "현상학적 환원(現象學的還元, phenomenological reduction)"이라 명명한 더 큰 과정의 첫 번 단계이다. 이 방법의 초기 요소는 전술한 괄호치기로서, 대상을 콘텍스트에서 격리시키는 것이다. 문화의 세계를 "생활 세계(life world)" 혹은 즉각적 경험의 영역으로 환원함으로써, 후설은 실재에 대한 방해받지 않는 관점을 얻길 희망했다. 이 과정의 마지막 단계는 개인의 경험이 보편적으로 적용될 수 있다고 여기는 "선험적 환원(先驗的還元, transcendental reduction)"이다. 한 사람은 개인적 주체로부터 일반적 주체의 보편적 영역으로 나아간다. 다시 말해 특정 개인의 독특한 경험을 "선험적 주체(transcendental subject)"에게까지 적용되도록 확장하는 것이다. 후설이 이 모든 것을 고안한 까닭은 자신의 철학에 꼭 필요한 과학적 객관성을 제공하기 위함이었다. 그는 이로써 "정상과학(normal science)"조차도 좀처럼 접근하기 힘든 지식의 확실성을 취득할 수 있다고 생각했다. 한 주석가는 다음과 같이 서술한다.

> 모든 비철학적(non-philosophical) 학문은 그 학문 자체에서도 입증되지 않은 복잡한 가정들로부터 출발하는 것 같다. 반면, 철학은 해결되지 않은 어떤 것도 남기길 원하지 않는다. 그것은 모든 것을 가장 기초적인 '가정들(presuppositions)'로 환원하기 원하는데, 그 가정들은 즉각적으로 명백하기 때문에 입증할 필요가 없다.[2]

세계에 대한 객관적 진리를 제공하겠다는 욕구에서 후설은 자연과학이 오랫동안 잊어왔던 근간을 되찾으려 노력했다. 그러나 이것은 자기 철학에 대한 지나치게 야심찬 목표로 이어졌으며, 그는 이것을 온전히 실현하는 데에 실패했음을 후기 연구에서 인정했다. 그가 보편성에 대한 연구를 강조한 바는 심지어 "사물 그 자체로 돌아가자(back to the things themselves)"라는 유명한 슬로건과도 다소 상반되었다. 후설의 접근법에 나타난 추상성은 그를 역사 및 문화로부터 분리시켰고, 세계에 대한 우리 경험의 진정한 깊이를 간파하는 데에 실패했으며, 순전히 지적인 분석에 편중되어 지각을 위한 몸의 역할은 소홀히 다루었다. 후기 저작에 와서, 특히 《유럽학문의 위기(Die Krisis der europäischen Wissenschaften)》에서 그가 이러한 폭넓은 주제의 중요성을 제시하긴 했지만, 최근의 철학에서 중대해진 것과 같이 이를 세부적으로 발전시킬 임무는 그의 학생들에게 남겨졌다.

그 학생들 가운데에서 마르틴 하이데거가 아마도 가장 걸출했던 것 같다. 그는 후설에게 배우기 위해 프라이부르크대학에 왔는데, 그뿐만 아니라 이후 대륙철학에서 주도적이었던 인물들 대부분도 직간접적으로 후설에게 큰 영향을 받았다. 비록 하이데거의 후기 작업이 (지식의 궁극적 근원이자 그의 말로 "존재의 집"인) 언어에 대한 연구로 되돌아가기는 했지만, 초기 저작에서는 후설의 현상학적 방법을 적용했다. 그러나 하이데거는 후설의 추상적 "본질(essences)"이 아닌 "체험(lived experience)"으로 연구 대상을 전환한다. 이러한 전환의 이유는 단순히 **앎**(*knowing*)의 성질이 아닌 **존재**(*being*)의 성질을 연구한다

2_Joseph K. Kockelmans, *Phenomenology: The Philosophy of Edmund Husserl and its Interpretation*, New York: Anchor Books, 1967.

는 하이데거의 전반적 의도에서 나왔다. 앎과 존재의 구별은, 2장에서 논의했듯, 예술의 지위에 대한 하이데거와 카시러 사이의 논쟁을 야기하기도 했다. 그는 후설이 존재론을 희생시키며 인식론에 집중함으로써 자신의 생각을 제한한다고 느꼈다. 하이데거는 긴 경력에 걸쳐 수많은 저작을 남겼는데, 이러한 그의 철학을 주도했던 것이 바로 "존재의 의미"에 관한 지대한 관심이었다.

존재의 의미를 탐구하기 위한 그의 방법론은 건축에서도 영향력이 있었다. 왜냐하면 그가 연구한 것이 일상적 현실의 구체적인 경험에 대한 철학적 의미였기 때문이다. 그는 "사물 그 자체로 돌아가자"는 후설의 가르침을 따랐지만, 커다란 역사적 콘텍스트를 배제하지 않았다. 우리가 2장에서 살펴본, 하이데거가 서양 철학을 "극복(overcoming)"하기 위해 해체를 시도한 바가 여기에 나타난다. 그는 일상의 경험과 관련된 어려운 질문을 억압했던 서양 철학의 전통을 비판했다. 하이데거에 따르면 그러한 억압은 그간의 전통이 정신과 몸의 분리를, 철학적 용어로 표현하자면 주체와 객체의 분열을 고집했다는 데에도 일부 기인한다. 이와 똑같은 분열이 합리주의와 경험주의, 혹은 이성적 정신의 "순수한" 개념 대 감각의 정보에 대한 신빙성 사이의 논쟁에서도 발생했다. 이러한 분열은 현상학이 육체와 정신이라는 두 영역 사이의 접점에 관심을 기울임으로써 처음부터 뛰어넘고자 했던 바였다. 그리고 이 같은 지각과 인식의 행위 사이의 교차는 존재의 의미를 다룬 하이데거의 연구가 바탕으로 삼은 주제였다. 여기에서 존재에 대한 그의 입장은 독일어로 **다자인**(*Dasein*), 즉 "거기 있음(being-there)"의 관점에서 설명된다.

"몸의 경험에 대한 철학(philosophy of bodily experience)"으로서의 현상학에 대한 첫 번 암시는 하이데거의 주요 저서인 《존재와 시간(Sein und Zeit)》(1927)의 앞부분에 포함되어 있다. 이후 현상학의 토대가 된 이 책은 그가 후설과 함께 다른 책을 편집하던 시기에 출판된 것이다. 스승의 가르침으로부터 받은 영향이 책의 전체 의도에 분명히 나타나긴 했지만, 그의 세부적인 관심사는 매일의 경험에 더 맞추어졌다. "그렇게 있음(being-as-such)"에 대한 구체적인 대응으로서 "거기에 있음"에 초점을 둔 것은 후설의 방법이 갖는 추상성을 극복하기 위한 하이데거의 수단이었다. 존재에 대한 연구가 본질에 대한 이해보다 선행해야 한다는 원리는, 의식이 무엇**에 관한** 의식(consciousness *of* something)으로서만 이해될 수 있다는 생각에 기초한 것이다. 하이데거는 특정 장소와 특정 시간이라는 거기 있음의 실제적 조건에 대해 연구함으로써, 세계에 자아(self)의 **행동**(*action*)보다 선행하는 어떠한 "본질적" 자아도 존재하지 않는다고 제안할 수 있었다. 정신과 육체의 주객분리를 해결하기 위한 열쇠가 된 것이 바로 세계를 향해 "뻗어 나가려는" 자아의 행동이었다. 플라톤에서 시작하여 데카르트로 와서 견고해진 이 분리의 문제는, 이제 현상학에 의해 상호작용하는 힘들 사이의 관계라는 관점에서 다루어지게 된다. 자아는 더 이상 "육체에서 이탈된 정신"이나 여러 대상들 가운데 고정된 대상이 아니라, 역사적 과거와 미래의 가능성을 가진 진행 중인 "프로젝트"인 것이다.

이러한 시간성이야말로 인간을 다른 존재와 구분하는 것이며, 자아를 하나의 프로젝트로 구축하려는 책임감 역시 그렇다. 세계 속에서 자기만의 길을 스스로 개척하려는 이 같은 개인의 책임감은 "진정한" 존재의 기초를 이루는 자유라는 개념의 산물이다. 우리가 개인의 목적지나 프로젝트에 따라 자기 목표를 설정할 자유는, 하이데거가 주장한 존재의 "가장 자기다운 가능성(ownmost possibilities)"에 맞추어 살 의무를 수반한다. 삶 속에서 자기의 운명을 책임질 필요성은 현상학의 실존주의 분파를 결정짓는 특성이 되는데, 이는 또 다른 후설의 학생인 프랑스 철학자 장 폴 사르트르(Jean-Paul Sartre, 1905-80)에 의해 주도되었다. 세계 내의 행동에 관한 주제가 중요했던 까닭은 몸과 주변 환경 사이의 상호작용에 의해 산출되는 지식의 속성에 기인했다.

하이데거는 《존재와 시간》에서 행동(action)과 관조(contemplation)의 영역으로부터 나오는 두 종류의 지식을 명확히 구분한다. 그리고 이를 설명하기 위해 망치 든 사람에 대한 유명한 비유를 제시했다. 요컨대 그 사람은 그 연장을 들고 사용할 때에라야 경험의 중요한 방식에 접근할 수 있다는 것이다.

> 이 같은 것을 다룰 때, 무언가가 사용되는 곳에서 우리의 관심은 그때 이용하는 도구(equipment)를 구성하는 '무엇을 하기 위해(in-order-to)'에 종속된다. 우리가 망치-사물(hammer-Thing)에 대한 난순한 응시를 적게 하면 할수록, 그리고 그것을 잡고 사용하기를 더 많이 하면 할수록 그것과 우리의 관계는 더욱 원초적으로 변한다. … 망치질 자체는 그 망치의 특정한 '조작 가능성(manipulability)'을 노출시킨다. 도구가 소유하는 이런 종류의 존재를 (거기에서 그것은 스스로를 나타내는데) 우리는 '손안에 있음(readiness-to-hand)'

이라 부른다.[3]

우리가 도구를 사용하는 동안 작업 자체의 더 큰 목표에 골몰하게 되면서 도구는 우리의 지각으로부터 "벗어나기" 시작한다. 이런 상황은 연장이 사용 중 고장 나지 않는 한 계속될 텐데, 만약 고장 날 경우 그것은 갑작스레 부각되어 하나의 대상으로서 스스로를 강조하게 된다. 이것은 하이데거에 의해 "눈앞에 있음(present-at-hand)"의 조건으로 기술되며, 예술작품이나 자연현상처럼 우리가 사용할 수 없는 모든 대상들에 적용된다. 연장이나 물질적 자원의 관점에서 도구로 간주되지 않는 이러한 대상들은 사용이라는 행동적(active) 방식에 반대되는, 이해라는 관조적(contemplative) 방식을 요구한다.[역주: 이 책에서 'tool'은 대개 '도구'로 번역했으나 하이데거적 콘텍스트에서는 '연장'으로 번역했고, 대신 하이데거 원서의 'Zeug'를 영역한 'equipment'를 관례에 따라 '도구'로 옮겼다. 그러나 이때의 '도구(equipment)'는 하이데거가 의도했듯 집합성을 띠고 있으며, 망치와 같은 '연장(tool)'은 집합적 '도구'의 특정한 품목으로 볼 수 있다.]

"거주하기"와 건축하기 — 하이데거와 오르테가
"Dwelling" and Building — Heidegger and Ortega

후대 연구자들이 테크놀로지와 관련해서 중요하게 생각한 또 다른 개념은, 하나의 도구가 연계된 활동들(activities)의 네트워크나 패턴의 일부를 형성한다는 아이디어이다. 망치와 같은 연장은 특정한 기능을 수행하는 것과 관련된 다른 연장들의 견지에서 볼 때만이 의미 있게 해석될 수 있다. 테크놀로지의 철학에 관해 저술했던 스페인 철학자 호세 오르테가 이 가세트(José Ortega y Gasset, 1883-1955)는 이 같은 도구의 특성을 설명하기 위해 "실천장(pragmatic fields)"이라는 용어를 고안해냈다. 모든 연장이 특정한 활동에 속한다는 사실은 하나의 연장을 이해하기 위해 다른 많은 것들의 콘텍스트에서 그것을 보아

3_Martin Heidegger, *Being and Time*, translated by John Macquarrie and Edward Robinson, New York: Harper & Row, 1962. p. 98.

야 함을 의미한다. 이 점도 역시 건축적 차원에 관한 하이데거의 글을 통해 확장되는데, 그는 방을 네 벽 사이의 단순한 공간 이상으로 이해하여 서술했다. 방은 "거주를 위한 도구"로서 일련의 활동들 및 그것과 연관된 대상들을 (그의 서재를 예로 생각하면 잉크받침, 펜, 종이, 압지철, 전등, 책상, 의자, 창문 등을) 암시한다. 이런 대상들은 "정렬(arrangement)"하여 우리 이해를 위한 콘텍스트를 제공하는데, 여기에서 각 대상은 그 방의 더 포괄적인 기능에 필수적인 다른 대상들을 암시한다.

이러한 논리는 활동의 견지에서 건물을 이해하기 위한 수단이라 하겠는데, 하이데거는 도구가 외부 세계에 관한 정보를 제공하는 방법 또한 서술한다. 따라서 이 논리는 이제 자연의 영역으로 확장될 수 있다. 지붕이 있는 플랫폼의 철도역사는 지역의 기후를 설명하며, 가로등의 사용은 연중 일광의 변동에 대해 무언가를 말해준다. 이러한 환경적 성질과 더불어 사용자를 고려할 수 있는데, 사용자의 존재는 도구의 품목에 넌지시 암시되는 바이다. 왜냐하면 도구에 대한 해석이 그와 관련된 활동에만 머무르지 않고 거기에 참여하는 사람에게까지 확장되기 때문이다.

이와 같은 분석은 행동과 관조라는 서로 대립되는 두 종류의 지식을 한편에 설정했다. 하지만 하이데거는 세계와 관계 맺는 두 방법 사이에 필수적인 상호작용이 있음 또한 입증하려 노력한다.

> '실천적' 행위는 '관점 없음(sightlessness)'이라는 견지에서 볼 때 '비이론적(atheoretical)'이지 않다. 이것이 이론적 행위와 다른 점은, 단지 우리가 이론적 행위(theoretical behaviour)에서는 관찰하고 실천적 행위(practical behaviour)에서는 행동한다는 사실이라든가, 행동이 맹목적이지 않으려면 반드시 이론적 인식을 동반해야 한다는 사실에만 있는 것이 아니다. 왜냐하면 관찰이 일종의 관심이라는 사실이, 행동이 그것만의 관점(sight)을 가졌다는 사실만큼이나 초보적이기 때문이다.[4]

사물의 세계와 관계 맺는 것에서 비롯된 "체현된(embodied)" 지식이라는 개념은 미래

4_*Ibid.*, p. 99.

의 행동 가능성을 관조하기 위한 기초가 된다. 하이데거의 초기 저작에 실존주의적 방향성을 제시해준 것이 바로 이 같은 행동과 관조 사이의 상호관계에 대한 강조였다. 여기에서 세계는 정신이 그것을 개념적으로 서술하기 **이전에** 경험되는데, 유명한 실존주의자들의 슬로건대로 표현하자면 "존재는 본질에 선행한다(existence precedes essence)." 그런데 이러한 견해는 하이데거의 후기 사상과 어느 정도 위배된다. 왜냐하면 그가 언어철학을 통해 좀 더 본질주의적(essentialist) 방향으로 되돌아갔기 때문이다.

하이데거의 연구에 있어서 후대 학자들이 **케레**(*Kehre*) 혹은 "전회(turning)"라 부른 것은 그의 경력 중 힘든 시기였던 제2차 세계대전을 전후해 일어났다. 전쟁 전 프라이부르크대학의 학장으로서 그는 나치의 대두를 반대하지 못했고, 이것이 그의 명성에 오점을 남겼다. 1940년대 말, 그는 공식적인 교수직을 갖지 못했다. 그러나 그는 이 시간을 더 깊은 연구에 사용했고, 이는 후기 사상에 지대한 영향을 미쳤다. 2장에서 예술과 시에 관한 논의를 통해 고찰했듯, 하이데거의 사상적 변화는 특권적 영역으로서의 언어로 관심을 "전회"한 것이다. 건축적 관점에서 상술하더라도 그의 관심은 언어에 집중되는데, 이 점은 그의 유명한 에세이 〈건축하기, 거주하기, 사유하기(Bauen, Wohnen, Denken)〉에 잘 나타나는 바이다. 이 제목에 암시된 '거주하기 위해 먼저 건축한다'라는 우선순위는, 하이데거의 사유 속에서 사실상 뒤집힌다고 볼 수 있다. 즉, 우리는 건축하기 위해 거주하기를 배워야 한다는 것이다. 이 주장은 서양 철학이 존재의 진정한 의미를 잊거나 혹은 무시했던 것과 똑같이, 우리가 거주하기의 의미를 "잊어버렸다"는 생각에 기초하고 있다. 이 본래의 의미를 되찾기 위해 하이데거는 플라톤이 경험의 세계와 이상적 형상의 영역을 나누었던 문제적 시점 이전으로 거슬러 올라가 언어의 역사를 돌아본다. 이후 전 소크라테스적(pre-Socratic)이라 불린 이 세계에서 하이데거는 좀 더 참다운 언어를 분별하는데, 여기에서는 개념(ideas)과 단어(words) 사이에 자연스런 일치가 있었다고 간주한다.

그는 그리스어와 독일어를 바탕으로 일련의 어원 연구를 진행했고, 이를 통해 건물과 관련된 단어와 존재의 의미 사이에서 수많은 상호관계를 밝혀냈다. 또한 1951년 이래의 〈시적으로 거주하기(Dichterisch wohnet der Mensch)〉라는 에세이에서 언어 안에 "침전된(sedimented)" 역사의 중요성에 대해 더 기술한다.

> 그러나 우리 인간들은 어디에서 거주와 시의 본성에 대한 정보를 얻는가? 사람은 보통 어디에서 무언가의 본성에 이르렀다고 주장하는가? 사람은 오직 그것을 받아들이는 곳에서만 그런 주장을 할 수 있다. 그는 언어를 말함으로써 그것을 받아들인다.[5]

하이데거는 이 에세이의 제목이 된 프리드리히 횔덜린(Friedrich Hölderlin, 1770-1843)의 시구(詩句)도 인용했는데, 그 제목은 건축하기의 물리적 행동에 내재한 어떤 "장점"을 암시하고 있다. 그는 건축하기를 작물의 재배나 물건의 제조와 관련된 일종의 건설과 비교했으나, 이것이 거주 자체의 "근거"가 아니라 거주의 과정에 따른 결과일 뿐이라 결론짓는다. 거주의 근거를 위해서 인간은 "거주의 차원에 대한 진정한 척도"로서의[6] 시에 눈을 돌려야 하는데, 시는 그 안에 건축하기의 미래적 가능성에 대한 "프로젝트"뿐만 아니라 거주의 역사까지도 수반한다는 것이다.[역주: 이 콘텍스트의 번역에서는 '건축하기'를 '짓기'와 치환 가능한 것으로 본다.]

> 사람은 시적 운율의 감각으로 지을 때에라야 만이 그런 건축하기가 가능하다. 진정한 건축하기는 시인이 있어야 발생하는데, 그런 시인은 건축의 운율, 즉 거주의 구조를 취한다.[7]

하이데거는 거주의 본성(the nature of dwelling)에 관한 이전의 에세이 〈건축하기, 거주하기, 사유하기〉에서도 건축의 실무에 이러한 시적 배경을 부여했는데, 이는 무척 흥미롭고 통찰력 있다. 그는 인간이 지구 표면 위에 위치하고 있다는 관점에서 인간 존재의 원초적 특성을 서술한다. 그런데 이것은 건축 행위의 배경이 되는 사방(四方, fourfold)이라는 개념으로 발전했다. 이 사중구조의 첫 번째 두 항은 건물이 땅(earth)과 하늘(sky) 사이에 존재하는 방식에서 도출되었다. 여기에서 땅 **위의** 존재는 하늘 **아래의** 존재를 함축한다.

5_Martin Heidegger, "··· Poeticall Man Dwells ···", in *Poetry, Language, Thought*, translated by Albert Hofstadter, New York: Harper & Row, 1971. p. 215. Reprinted in Neil Leach (ed.), *Rethinking Architecture*, London: Routledge, 1997.

6_*Ibid.*, p. 227.

7_*Ibid*.

반면, 나머지 두 항은 신(divinities)과 인간(mortals)에 해당되는 것인데, 다소 불분명하게 남겨졌다. 네 가지 요소 모두 진정한 거주의 시적인 행위 안에 "제시될" 것들이긴 하지만, 이런 아이디어가 건축에 실제로 적용될 수 있을지는 상당히 모호해 보인다. 하이데거의 논의 가운데 훨씬 구체적이었던 것은 오히려 **장소**(*place*)의 정의와 관련한다. 그는 장소를 정의하는 것을 건축하기와 거주하기의 행위에 관한 최초의 과업으로 여겼다. 장소는 경계와 가장자리 조건의 명확한 설정에 좌우될 뿐만 아니라(경계는 무언가가 멈추는 곳이 아니라 무언가가 사실상 "그 존재를 시작하는" 곳이다),[8] 새로 지은 건물의 개입을 통해서도 창조될 수 있다. 그는 이것을 강둑에 새로운 관계를 부여하는 다리의 예로 설명한다. 왜냐하면 다리가 양쪽 둑을 서로의 반대편에 놓이도록 "야기하며", 그리고 "땅을 물결 주변의 풍경으로 **모으기**" 때문이다.[9]

이러한 아이디어는 우리로 하여금 환경의 특성에 대해 더 잘 인식하게 함으로써, 건축의 역할을 드러내 보이기 시작한다. 하이데거의 초기 연구인 《존재와 시간》도 이를 보였는데, 여기에서 그는 도구의 품목에 대해 해석했었다. 하지만 그는 결국 언어에 "존재의 집"이라는 특권적 매체로서의 위치를 부여하게 되고, 이 견해는 하이데거가 〈건축하기, 거주하기, 사유하기〉라는 에세이를 강연의 형태로 처음 발표한 이래 상당한 논란을 야기해왔다. 이 강연은 1951년 8월 다름슈타트 콜로키움에서 있었는데, 오르테가 이 가세트가 앞서 언급했던 실천장에 대한 논문을 발표한 것도 동일한 컨퍼런스에서였다. 그들의 논쟁은 거주의 본성을 이해함에 있어서 행동과 관조, 혹은 존재와 본질 사이의 우선권과 관련한다. 여기에서 오르테가의 "삶의 프로젝트(project of life)"는 하이데거에게 "사유의 프로젝트(project of thought)"가 되었지만, 두 영역 사이의 변증법적 관계는 양자 모두 아직 덜 발전시킨 사안이었다. 결국 그 관계에 대한 연구는 몸의 경험의 구체적인 역할을 고찰할 (그래서 미셸 푸코가 이후 "언어의 감옥"이라 부른 것으로부터 벗어날) 다른 철학자들에게 남겨져, "체현된" 지식의 본성에 대한 더 명쾌한 이해를 추구하게 된다.

8_Martin Heidegger, "Building, Dwelling, Thinking", in *Poetry, Language, Thought*, translated by Albert Hofstadter, New York: Harper & Row, 1971. p. 154. Reprinted in Neil Leach (ed.), *op. cit.*

9_*Ibid.*

몸의 철학 – 베르그송에서 메를로 퐁티까지
A Philosophy of the Body—From Bergson to Merleau-Ponty

체현(體現, embodiment)이라는 주제를 채택한 학자들 가운데 가장 흥미로운 이는 아마도 프랑스 철학자인 모리스 메를로 퐁티(Maurice Merleau-Ponty, 1908-61)일 것이다. 그는 장 폴 사르트르와 긴밀히 협력하여 1945년 철학 저널인 《현대(Les Temps Modernes)》를 창간했다. 그리고 불화로 결별할 때까지 계속해서 공동으로 연구한다. 이 저널이 창간된 바로 그해에 메를로 퐁티의 주요 저작인 《지각의 현상학(Phénoménologie de la perception)》이 출판되었는데, 이것은 그의 박사과정 연구의 결과였다. 이 저작에서 그는 우선 의학 연구의 사례조사에 기초하여 상세한 분석을 진행했고, 이를 통해 몸이 우리 지각에 미치는 영향을 강조했다. 그가 고찰한 바는 감각들이 공감각(synaesthesia)의 과정에서 어떻게 함께 작용하는지, 그리고 지각이 어떻게 원 자료(raw data)를 제공하여 정신이 그것을 명확한 개념으로 정렬하는지에 관한 것이었다. 메를로 퐁티는 이러한 고찰을 통해 언어라는 것이 그저 우리의 체험으로부터 도출되었을 뿐임을 보여주고, 이로써 하이데거의 연구가 언어에 부여했던 우선권을 뒤집고 싶어 했다. 그는 책의 서문에 다음과 같이 적는다.

> 사물 그 자체로 돌아가는 것은 지식이 언제나 말하고 있는, 지식에 선행하는 세계로 돌아가는 것이다. 그 세계에 관한 모든 과학적 도식은 추상적이고 파생적인 기호언어(sign-language)일 뿐인데, 이는 마치 우리가 숲과 초원과 강에 대해 먼저 배웠던 시골이 지리학으로 환원된 것과 마찬가지이다.[10]

메를로 퐁티가 서술하고자 노력했던 것은 일종의 전언어적 이해(pre-linguistic understanding), 즉 세계는 언어로 "포장되기" 전부터 이미 유의미했다는 개념이다. 이러한 연구로 인해 그는 자연히 철학의 역사로부터 멀어졌고, 대신 우리가 외부 세계를 지각할 때 **행동**이 어떤 역할을 하는지에 대해 고찰했다. 여기에서 그는 몸짓(gesture)이 여전히 의사소통에서 중요한 요소임을 주장하기 위해, 다시 말해 몸짓 "언어"의 근원을 찾기 위해

10_Maurice Merleau-Ponty, *The Phenomenology of Perception*, translated by Colin Smith, London: Routledge, 1962. p. ix.

구어를 분석했던 것이다. 하지만 후기 글들에서는 예술가가 물리적 형태로 의사소통하기 위해 어떻게 자기 몸을 사용하는가와 같은, 다른 종류의 표현수단으로까지 관심을 확장하게 된다. 1961년의 에세이 〈눈과 정신(L'Œil et l'Esprit)〉이 기술한 바에 따르면, 메를로 퐁티에게 몸은 지각하는 정신(the perceiving mind)과 물리적 세계(the physical world) 사이의 접점이다. 예술작품에 대한 그의 관심은 이러한 상호작용의 표현에서 비롯되었는데, 회화의 붓자국이 예술가의 손의 움직임을 나타내주는 경우가 그러한 표현의 예이다. 예술가의 몸과 사용매체의 자연스러운 저항, 이 둘 사이의 "마주침(encounter)"은 몸과 세계의 일상적 상호작용에 대한 강력한 이미지를 선사한다. 또 다른 프랑스 철학자인 앙리 베르그송(Henri Bergson, 1859-1941)은 1896년, 다음과 같이 적었다. "내 몸을 둘러싼 대상은 몸이 그 대상에 대해 가능한 행동을 반영한다."[11] 메를로 퐁티는 몸의 행동이 이처럼 예술작품의 텍토닉(tectonic)한[역주: 짜임새나 구축의 논리가 외적으로 표현되는] 성질에 반영됨을 혹은 드러남을 주목함으로써, 몸과 외부 세계 사이의 연속성이라는 개념을 제시했다.

미국 철학자 존 듀이(John Dewey, 1859-1952) 또한 《경험으로서의 예술(Art as Experience)》이라는 책에서 예술작품에 대해 비슷하게 설명한 바 있다.

> 표피는 외적으로 볼 때, 하나의 생명체가 끝나고 환경이 시작되는 곳의 표시이다. 몸 안에는 표피에 낯선 것들이 있고, 바깥에는 표피에 속한 것들이 있다.[12]

듀이에 따르면 인간의 삶이 생물학적으로 공기와 음식의 섭취를 필요로 하는 것처럼, 도구의 사용은 대상을 몸으로 "합병"하는 것이라 해석할 수 있다. 이 논의는 듀이를 하이데거의 초기 연구로 근접시킨다. 하이데거가 "손안에 있음"에 대해, 특히 사용 중인 도구가 그것을 사용하는 사람에게 "투명하게" 되는 방식에 대해 분석했던 연구 말이다. 주위 환경으로의 뻗어나감이라는 이러한 아이디어는, 몸의 연장(extension)으로서의 도구라는 관점에서 메를로 퐁티 연구의 핵심 주제가 된다. 이런 주제는 그의 사망 직후 출판된 미완성 저작들에 특히 잘 나타난다. 그러나 그는 일찌감치 《지각의 현상학》에서도 유

11_Henri Bergson, *Matter and Memory*, translated by N. M. Paul and W. S. Palmer, New York: Zone Books, 1988. p. 21.
12_John Dewey, *Art as Experience*, New York: Perigee Books, 1934. p. 59.

사한 시나리오를 기술한 바 있다. 예를 들면, 새 차를 운전하는 사람이 그 크기에 길들여지는 데에는 일정 시간이 소요된다. 경험을 통해 그 사람은 그 차가 특정한 개구부를 통과할 수 있는지 없는지를 느낄 수 있으며, 차량의 볼륨은 점차 전체적인 "몸의 이미지"에 결합된다. 지팡이의 도움으로 길을 찾아야 하는 맹인의 경우도 마찬가지인데, 지팡이 끝은 감각점이 되고 주위 환경과 소통하는 수단으로 역할한다. 지팡이는 결국 그 사람이 그것을 "통해" 사물을 느끼게 되는 몸의 일부가 되는 것이다. 그리고 지팡이는 하이데거의 망치처럼, 세계가 그 끝으로 경험됨에 따라 우리의 지각으로부터 "벗어난다."[13]

메를로 퐁티는 이 아이디어를 더 탐구하기 위해 1964년 출판된 〈얽힘과 교차(L'entrelacs – le chiasme)〉라는 에세이에서 "세계의 살(flesh of the world)"이라는 개념을 발전시켰다. 제목에 언급된 얽힘은 개인과 외부 세계와의 얽힘인데, 그는 이러한 얽힘을 몸의 살이 사물들의 "살"과 상호작용하는 일종의 전이지대로 봤다. 그는 몸을 정신과 세계 사이의 장벽이 아닌 접촉의 수단으로, 즉 세계를 이해하기 위해 뻗어나감의 역할을 수행하는 유일한 수단으로 여긴다.

> 관찰자(the seer)와 사물(the thing) 사이의 살의 두께가 관찰자의 신체(corporeity)를 구성하는 것만큼이나 사물의 가시성(visibility)을 구성한다. 이것은 그들 사이의 장애가 아니라 소통 수단이다. … 몸의 두께는 세계의 두께와 경쟁하는 것이 아니라, 그 반대로 나를 세계로 만들고 사물을 살로 만듦으로써 사물의 핵심에까지 내가 진출토록 돕는 유일한 수단이다.[14]

사물의 핵심에 대한 탐구는 후설이 "이상적" 본질의 정의를 내리기 위한 방법론에 착수한 이래 현상학의 주요 목표였다. 이것은 18세기에 칸트가 합리주의와 경험주의 사이의 논쟁을 해결하려는 가운데 발견했던 것과 똑같은, 정신과 세계의 관계에 대한 지속적인 문제를 부각시킨다. 칸트가 결론을 내렸듯 우리 인간의 능력은 우리의 잠재적 지식에

13_Maurice Merleau-Ponty, *op. cit.*, p. 143.

14_Maurice Merleau-Ponty, "The Intertwining - The Chiasm" in *The Visible and the Invisible*, translated by Alphonso Lingis, Evanston, IL: Northwestern University Press, 1968. p. 135.

한계를 부여한다. 그리고 이러한 한계를 규명하려는 과정에서 주된 관심사가 개별 주체의 "체현된" 경험으로 전환되었다. 그런데 현상학의 문제점은 이러한 개인적 통찰력을 확장하려는 데에서 발생한다. 즉, 개인적 통찰력을 "상호주관적(inter-subjective)" 영역으로 여기며 다른 개별적 주체들에게도 적용할 수 있을지가 문제인 것이다. 칸트가 아름다움을 주관적으로 경험되는 무엇이라 정의했던 바가 시사하듯, 어떤 판단이 보편적으로 수용되기 위해서는 여전히 큰 믿음의 도약이 필요하다. 커다란 사회의 다양한 경험과 개인 사이에 존재하는 이와 같은 균열은 많은 비평가들이 현상학에 대해 쉬이 지적해온 한결같은 문제이다.

건축에서는 현상학의 통찰력을 더 넓은 문화적 세계의 일부로 간주함으로써, 이 문제를 약화시킬 수 있지 않을까 하는 가능성이 제기된다. 현상학이 근대 과학의 환원적 이데올로기에 저항할 수 있을 거라는 희망은 20세기 건축의 상황에 환멸을 느낀 여러 학자들이 표출한 바였다. 건축사가 알베르토 페레즈 고메즈(Alberto Perez-Gomez, 1949-)는 근대건축의 "위기"에 관해 쓴 중요한 책의 서론에서 다음과 같이 지적한다.

> 우리의 위기를 가장 분명히 결정짓는 문제는 과학의 개념 틀이 현실과 양립 불가하다는 것이다. 우주의 원자론이 사실일지 모르나 인간 행위의 현실적인 문제를 좀처럼 설명할 수 없다. 1800년 이래 과학의 근본적 원칙은 '불변성(invariance)'이었다. 그런데 이것은 상징적 사유의 풍부함과 모호함을 거부한다. 혹은, 최소한 그런 것을 다룰 능력이 없다.[15]

몸의 건축을 향하여
Towards an Architecture of the Body

철학과 건축의 영역 사이에 징검돌을 놓은 한 연구자가 있다. 그는 앞에서 다룬 딜레마에 대해 논증한 프랑스의 현상학자 가스통 바슐라르(Gaston Bachelard, 1884-1962)이다. 바슐라르는 과학철학자로 경력을 시작했으며, 1920년대와 30년대에 걸쳐 현대과학의

15_Alberto Perez-Gomez, *Architecture and the Crisis of Modern Science*, Cambridge, MA: MIT Press, 1983. p. 6.

이슈들에 관해 여러 저작을 출판한 인물이다. 그러나 그는 1938년《불의 정신분석(La psychanalyse du feu)》이라는 책을 출간하여 새로운 연구방향을 설정함으로써 그때까지의 독자들을 당황케 했다. 독자들이 그렇게 놀란 까닭은 그가 이전의 자기 원칙을 명백히 거부했기 때문인데, 그는 이제 과학적 분석의 방법론 대신 시에 더 관심을 갖게 되었던 것이다. 사실 바슐라르는 (전술한) 페레즈 고메즈가 답하려 노력했던 문제, 즉 과학이 사물에 대해 정밀한 정의를 제공하는 반면 우리의 일상 경험에서는 그다지 큰 의미가 없다는 문제를 해명하고자 했다. 우리가 사물을 이미지의 관점에서 이해한다는, 혹은 세계에 관해 "이야기함(telling stories)"으로써 이해한다는 개념은 바슐라르의 이후 연구에서 주요 주제가 되었으며, 문학비평에 효과적으로 도입되었다. 위 저작은 불의 현상에 대해, 특히 불을 사용하는 서로 다른 방법들이 어떠한 상징적 중요성을 갖는지 그리고 이에 따라 어떠한 연상 작용이 발생하는지에 대해, 우리가 잘 이해할 수 있도록 문학의 자료들을 제시한다.《불의 정신분석》은 유사한 주제에 대한 전체 시리즈 가운데 첫 부분일 뿐이었다. 이후 그가 전통적인 4대 요소를 하나씩 번갈아 고찰하고, 그것들이 상상력과 사색을 불러일으키는 어떤 잠재력을 가지는지 다루었기 때문이다. 그는 공기와 물에 관한 책을 출판했고, 흙의 서로 다른 측면에 관해서도 두 권의 책을 출판했다. 여기에서 그는 과학 때문에 우리와 멀어진 지식에 대한 실질적인 증거를 제공한다. 그 지식은 예술이 상상력에 직접 호소함으로써 여전히 표현할 수 있는 것이었다. 바슐라르가 관심을 가졌던 핵심 주제는 시적 이미지가 갖는 의미의 깊이였는데, 이 주제는 그가 1958년에 출판한 책《공간의 시학(La poétique de l'espace)》에서 건축의 영역 가운데 탐구되었다.

이 연구에서 그는 친밀한 공간의 시적 속성을 바탕으로 여러 아이디어를 전개시킨다. 그는 집으로부터, 그리고 문학에 기술된 집의 연상 이미지들로부터 탐구를 시작했다. 전반부에서는 집이 은둔자의 오두막과 우주의 이미지로서의 이상화된 형태로 고찰되었고, 이후에는 안락함과 둘러쌈이라는 개념과 비교 서술되었다. 여기에서는 상자나 옷장과 같은 가구뿐만 아니라 조개껍질이나 둥지와 같은 동물 주거도 검토되었는데, 이들은 모두 풍부한 상상력을 일깨워 "이상적" 가정(home)의 다양한 속성들을 표현할 수 있게 한다. 시나 소설에서 주로 가져온 바슐라르의 사례가 암시하는 바는, 의미 있는 환경이란 자체만으로도 시적 공상을 불러일으킨다는 사실이다. 우리가 속한 물리적 환경의 의미

1. 프랭크 로이드 라이트 — "낙수장", 에드가 카우프만 주택, 베어런, 펜실베이니아, 1935-39: 벽난로와 와인 주전자. (Jonathan Hale)

2. 프랭크 로이드 라이트 — "낙수장", 에드가 카우프만 주택, 베어런, 펜실베이니아, 1935-39. (Jonathan Hale)

심장한 속성에 대해 사색한 고독한 몽상가 바슐라르의 활동은, 거주가 항상 "탐구할 만한 가치가 있다"는 하이데거의 개념과[16] 흥미로운 대응관계를 이룬다. 또한, 바슐라르가 공감을 불러일으키는 이미지들을 수집한 것은 장소의 기억에 근거해 디자인하는 과정과도 비교될 수 있다. 건축가 페터 춤토어(Peter Zumthor, 1943-)는 최근의 에세이집에서 다음과 같이 적는다.

> 내가 집을 설계할 특정 대지나 장소에 온 힘을 기울일 때, 그 깊이와 형태와 역사와 관능적 속성들을 측정하고자 하면, 다른 장소의 이미지들이 이 명확한 관찰 과정에 개입하기 시작한다. 그것은 내가 알고 있고 언젠가 내게 인상적이었던 이미지들이고, 보통의 장소든 특별한 장소든 내가 구체적인 감정과 속성의 내적 소망을 품었던 장소의 이미지

16_Martin Heidegger, "Building, Dwelling, Thinking", *op. cit.*

3. 프랭크 로이드 라이트 — "낙수장", 에드가 카우프만 주택, 베어런, 펜실베이니아, 1935-39.
(Jonathan Hale)

들이다. 그리고 예술, 영화, 연극, 혹은 문학의 세계로부터 발산되는 건축적 상황의 이미지들이다.[17]

"물질적 상상력"의 행위들에 관한 "아카이브(archive)"를 제공하려는 바슐라르의 프로젝트는, 건축이 표현하는 지식을 우리가 이해할 수 있도록 새로운 방법을 제시한다. 우리가 더 이상 자연과학의 추상적 언어로 삶을 경험하지 않는다면, 우리 환경에 대한 현상학적 이해를 선사하는 바슐라르의 4대 원소를 고려할 수 있다. 프랭크 로이드 라이트(Frank Lloyd Wright, 1867-1959)가 설계한 유명한 주택인 낙수장(Fallingwater)을 예로 들어, 건축작품이 어떻게 이러한 환경적 성질의 인지에 기여하는가를 살펴보자. 1936년 피츠버그의 상인인 에드가 카우프만을 위해 건축된 이 집은 도시생활의 긴장으로부터 벗어나기 위한 주말 휴식처였다. 드라마틱한 폭포와 돌출된 암반을 가진 베어런(Bear Run) 강의 대지는 건축주 가족이 인근의 별장에서 여름 주말휴가를 보냈었기 때문에 그들에게는 익숙한 곳이었다. 그들은 종종 강을 따라 소풍을 가곤 했고, 바위 턱에서 캠프파이어도 즐겼다. 라이트의 디자인에 바탕이 된 것이 바로 이 자연풍경의 경험이다. 거실 벽난로는 기존의 커다란 바위 위에 지어졌는데, 바위는 바닥을 뚫고 올라와 고스란히 거실의 바닥이 된다. 그리고 그 위에 장착된 구형의 와인 주전자는 야외의 취사 경험을 상기시킨다. 집 자체도 돌출된 캔틸레버와 연속된 유리창을 통해 주변 경관을 반향 하는데, 폭포 위의 테라스는 마치 전부터 존재하던 동굴주거처럼 그 속에 단순히 깃들어 있는 것만 같다. 이 같이 대지의 기존 특성들을 "집중"시킨 과정은 건물이 물과 수립한 여러 관계들을 통해 가장 잘 알 수 있을 것이다. 진입구에 흐르는 물웅덩이로부터 강 위로 매달려 있는 노출된 계단에 이르기까지 건물 전체는 물에 관한 경험을 제공하며, 심지어 건물 바닥의 돌마감도 강바닥을 연상시킨다. 이 4원소의 주제는 자연환경의 시적 이미지, 즉 바슐라르가 이해했던 일종의 3차원적 우주 다이어그램을 창조한다. 낙수장은 또한 다리가 주위 환경에 영향을 주는 방법을 분석했던 하이데거의 관점에서도 해석할 수 있다. 그러나 우리가 후자의 개념을 직접 적용하기 위해서는 다른 건축이론가들의 작업도 살펴보아야 할 것이다.

17_Peter Zumthor, *Thinking Architecture*, translated by Maureen Oberli-Turner, Baden: Lars Muller Publishers, 1998. p. 36.

장소의 현상학
The Phenomenology of Place

1960년, 두 명의 독일 건축가가 《데어 모나트(Der Monat)》라는 베를린 저널에 건축 선언문을 출판하면서 기능주의 건축의 한계에 대한 경종이 울렸다.

> 건축은 다층적이고, 신비로우며, 진화하고, 구조화되는 현실의 생동적인 통찰력이다. 계속해서 이것은 자신이 자라나고 있는 장소의 혼을 우리가 인식할 것을 요구한다. 건축은 더 이상 이차원적인 인상이 아니며, 우리가 주위를 거닐고 내부로 들어가 봄으로써 얻게 되는 불질적이고 공간적인 현실의 경험이 되고 있다. … 주체-객체의 관계는 사라졌다. … 건축은 개인을 둘러싸고 보호해주는 것으로서, 삶의 성취와 깊이를 준다.[18]

이처럼 현상학적 차원을 건축환경의 해석에 재도입한 것은, 모더니즘에 대한 이후 시기의 재평가에서도 무척 중요했다.

노르웨이의 건축사가인 크리스티안 노르베르그 슐츠(Christian Norberg-Schulz, 1926-2000)는 당시 가장 왕성히 출판했던 저술가로서, 여러 저작을 통해 그동안 기능주의 규범만을 강조했던 것에 문제를 제기했다. 그는 **장소의 혼**(*genius loci* - spirit of the place)이라는 개념을 책의 제목에 활용했는데, 여기에는 "건축의 현상학을 향하여(Towards a Phenomenology of Architecture)"라는 부제가 달렸다. 이 저서는 우리가 현재 논의하고 있는 많은 아이디어를 다루는 가운데, 거주의 본성에 대한 하이데거의 연구를 직접 차용한다. 그리고 그 아이디어를 "실존적 발판(existential foothold)"이라는 개념을 통해 더 구체적으로 발전시켰다.

> 무엇보다 나는 거주라는 개념을 하이데거에게 빚졌다. '실존적 발판'과 '거주'는 동의어이며, 거주는 실존적 관점에서 건축의 목적이다. 인간은 자신을 환경 안에 위치시키

18_Reinhard Gieselmann & Oswald Mathias Ungers, "Towards a New Architecture", in Ulrich Conrads (ed.), *Programmes and Manifestoes on 20th Century Architecture*, London: Lund Humphries, 1970. p. 166.

고 환경과 동일시할 수 있을 때, 요컨대 환경을 의미 있게 경험할 때 거주한다. 따라서 거주는 '피난처(shelter)' 이상의 무엇을 내포한다. 거주라는 말이 진정으로 뜻하는 바는, 삶이 발생하는 공간이 장소라는 것이다.[19]

위치에 특성을 부여하고 추상적 **공간**(*space*)을 구체적 **장소**(*place*)로 바꾸는 것이야말로 건축작품이 **장소의 혼**을 시각화하는 길이다. 이것은 서로 다른 문화와 역사적 전통에 따라 다양한 방법으로 가능하다. 노르베르그 슐츠는 먼저 출판된 《서양건축의 의미(Meaning in Western Architecture)》에서 과거에 이것이 어떻게 발생했는지를 탐구했다. 즉, 다른 시기의 건물들에 공통적으로 나타난 상징적 특성들을 분석함으로써 모든 문화가 건축을 통해 어떻게 신념 체계를 표출했는지 논증하고자 했던 것이다. 그는 종교적 의식에 근거했든 우주의 구조에 근거했든 이러한 서사(narrative)가 지리적 상황에 따라 특수한 방법으로 어떻게 "구체화"되었는지 보이려 했다.

노르베르그 슐츠의 나중 저작에서는 이 같은 아이디어가 현대 건물에도 적용되었다. 외른 웃존의 작품에 나타난 땅과 하늘이라는 주제에 대해 쓴 글이 그 예이다. 웃존은 〈기단과 고원(Platforms and Plateaus)〉이라는 에세이에서 성스런 대지의 조경 형태를 다룬 바 있다. 그는 여기에서 **장소**의 의미를 규정함에 있어 조각된 지반면(the sculpted ground-plane)이 어떤 중요성을 갖는지 서술했다. 예컨대, 시드니 오페라하우스와 코펜하겐 박스배어드 교회당(Bagsvaerd Church)을 보면, 전자의 외부와 후자의 내부는 공중에 떠있는 지붕 형태와 극적으로 병치된다. 이러한 병치는 건물을 땅과 하늘 사이의 접점으로 간주했던 하이데거적인 개념을 보여준다고 하겠다. 또한, 노르베르그 슐츠는 이후의 다른 에세이를 통해 루이스 칸에 대해서도 서술하는데, 특히 후설의 괄호치기를 연상시키는 그의 독특한 디자인 방법론에 대해 논했다. 칸이 한 학교의 프로젝트를 시작할 때 선입관을 버린 채, 학교의 본질이라는 관점에서 그 특성을 다시 생각했다는 것이다.

학교는 자기가 선생인지도 모르는 사람이 나무 아래에서 자신의 깨달음에 대해, 자기가

19_Christian Norberg-Schulz, *Genius Loci: Towards a Phenomenology of Architecture*, New York: Rizzoli, 1980. p. 5.

학생인지도 모르는 몇몇 사람들과 논의할 때부터 시작되었다. 그 학생들은 주고받은 것에 대해 숙고하며, 그 사람과 함께하는 것이 얼마나 좋은지에 대해 생각했다. 그들은 자기 아들들도 그런 사람에게 배워야 한다고 고무되었다. 곧 공간이 세워지고 첫 번째 학교가 되었다.[20]

칸은 이러한 "제도들(institutions)"을 사회의 기본 구조로 생각했고, 그것들을 인류에게 시각화해주는 것이 의미 있는 건축의 과업이라 여겼다. 그와 동시에 건물은 자연환경의 본질적인 "구조"를, 특히 지역 경관의 특성과 자연광의 변화하는 조건을 시각화해야 한다고 믿었다. 캘리포니아의 솔크 인스티튜트(Salk Institute)와 포트워스의 킴벨 미술관(Kimbell Art Museum in Fort Worth)은 전체의 배치나 재료 선정에 있어서 이런 점들에 대한 칸의 관심을 보여준다. 솔크 인스티튜트는 건물이 더 넓은 조망에 열리도록 기념비적인 플라자를 마련했고, (하이데거도 감사해 할 정도로) 하늘을 "받아들인다." 칸이 킴벨 미술관에 짜 넣은 표면은 "빛의 수여자"로서의 재료성이라는 그의 아이디어를 보여주며, 또한 "태양은 빛이 건물 옆을 부딪치기 전까지 자신이 얼마나 위대한지 알지 못한다"는 그의 유명한 말도 반향한다.[21] 작은 규모로는 펜실베이니아의 피셔 주택(Fisher House) 설계에 이 점이 나타나는데, 여기에서는 나무 상자들의 단순한 배치가 조경된 대지를 향해 극적인 "전망대"를 제공한다.

또 다른 연구자인 케네스 프램튼(Kenneth Frampton, 1930-)은 이러한 아이디어를 더 깊이 고찰하여 "비판적 지역주의(critical regionalism)"라는 이름의 강령을 제공하고자 했다. 비판적 지역주의는 다시 한 번 **장소**라는 개념을 다루지만, "세계적(global)" 건축의 콘텍스트 내에서 그러했다. 여기에는 토착건축 유형에 대한 "비판적" 재해석과 지역 재료 및 공예 기술의 사용이 도입된다. 또한 프램튼은 하이데거와 그의 장소성에 대해 천착하는 가운데, 유사한 주제를 두고 작업하는 근래의 여러 건축가들을 찾아냈다. 《현대건축: 비판적 역사(Modern Architecture: A Critical History)》의 마지막 장에서[역주: 1980년 처음 출간된 이

20_Louis Kahn, quoted in Christian Norberg-Schulz, "The Message of Louis Kahn", in *Architecture: Meaning and Place, Selected Essays*, New York: Rizzoli, 1988. p. 201.

21_*Ibid.*, pp. 203-5.

4. 루이스 칸 — 솔크 인스티튜트, 라욜라, 캘리포니아, 1959-65: 콜로네이드. (Neil Jackson)

5. 루이스 칸 — 솔크 인스티튜트, 라욜라, 캘리포니아, 1959-65: 플라자. (Neil Jackson)

6. 루이스 칸 — 솔크 인스티튜트, 라욜라, 캘리포니아, 1959-65: 플라자. (Neil Jackson)

7. 루이스 칸 — 킴벨 미술관, 포트워스, 텍사스, 1966-72: 실내. (Jonathan Hale)

8. 루이스 칸 — 킴벨 미술관, 포트워스, 텍사스, 1966-72. (Jonathan Hale)

9. 루이스 칸 — 피셔 주택, 펜실베이니아, 1960: 실내. (Jonathan Hale)

10. 루이스 칸 — 피셔 주택, 펜실베이니아, 1960: 외관. (Jonathan Hale)

책은 1985년 판(2판)에 비판적 지역주의를 마지막 장으로 새롭게 삽입했고, 1992년과 2007년의 증보판도 계속해서 그 뒤에 새로운 장을 추가한다.] 그는 이탈리아 건축가 카를로 스카르파(Carlo Scarpa, 1906-78)의 작품을 지역건축의 사례이자 관능적 재료들의 매력적 콜라주로 보았다. 이후 프램튼은 현대건축의 텍토닉 문화(tectonic culture)에 더욱 각별한 관심을 보였고, 최근의 책에서는 구축(construction)의 관점에서 여러 중요 건물들을 재해석했다. 이 같은 건축 디테일로의 관심 이동은 현상학적 사유에 더욱 큰 영향을 미친다. 왜냐하면 건물 재료의 표현적 잠재성이 형태와 공간 경험을 풍요롭게 해줄 수 있기 때문이다. 과거 스카르파의 조수였던 마르코 프라스카리는 이 주제에 대해 다음과 같이 서술했다.

> 건축에서 난간 손잡이를 느끼고, 계단이나 벽 사이를 걷고, 모서리를 돌고, 보가 벽에 어떻게 자리했는지 주목하는 것은 잘 짜인 요소들을 시각적이고 촉각적으로 감각하는 것이다. 그러한 디테일의 위치는 의미를 지각에 묶어두는 관례를 낳는다.[22]

프램튼에게 있어서 장소와 몸의 경험이라는 두 가지 주제는 "저항(resistance)"의 방식, 즉 도시에서의 소외와 미디어 문화 속에서 시각의 강조가 유발하는 소외에 거스르는 방식이 된다.

> 저항의 두 가지 독립적 경로는 거대도시(Megalopolis)의 편재성과 시각의 배타성에 각각 대치한다. 이들은 서양적 사유의 정신-몸 분리를 중재할 것으로 보인다. 이들은 근원 없는 문명의 잠재적 보편성에 대항할 수 있는 오랜 매개자라 하겠다. 그 가운데 첫째는 장소-형태의 촉각적 회복력이고, 둘째는 몸의 감각기관이다. 이 두 가지는 여기에서 상호의존적인데, 왜냐하면 각각이 서로에 종속되기 때문이다. 장소-형태가 시각 하나로만 접근할 수 없는 것은 시뮬라크르가 몸의 촉각적 역량을 배제하는 것과 꼭 마찬가지이다.[23]

22_Marco Frascari, "The Tell-the-Tale Detail", VIA, No. 7, 1984, p 28. Reprinted in Kate Nesbitt (ed.), *Theorising a New Agenda for Architecture: An Anthology of Architectural Theory 1965-1995*, New York: Princeton Architectural Press, 1996. p. 506.

23_Kenneth Frampton, "Intimations of Tactility: Excerpts from a Fragmentary Polemic", in Scott Marble *et al.* (eds), *Architecture and Body*, New York: Rizzoli, 1988.

11. 카를로 스카르파 — 베니스대학교 건축연구소, 베니스, 1966: 출입구. (David Short)

12. 카를로 스카르파 — 퀘리니 스탐팔리아 재단(Querini Stampalia Foundation), 베니스, 1966-63: 다리 상세. (David Short)

몸에 대한 관심이 최근의 건축에서 진보적(progressive) 주제가 되었지만, 프램튼의 연구에서는 다소 반동적(reactionary) 도시 아젠다에 머문다. 즉, 그의 연구는 산업화 이전 검은 숲(Black Forest) 지대의 "뿌리 깊은" 토착적 삶에 대해 하이데거가 가졌던 진한 향수를 크게 연상시키고 있는 셈이다.

공간에서의 몸 – 움직임과 경험
The Body in Space — Movement and Experience

공간과 관련하여 지각하는 몸(the perceiving body)이라는 주제를 두고 작업한 건축가들 가운데에는, 프램튼의 비판적 지역주의가 보여준 제한적 원형(archetypes)으로부터 벗어나기 시작한 이들이 있었다. 아마도 일본의 안도 다다오(Tadao Ando, 1941-)나 유럽의 헤르초크 & 드 뫼론(Herzog & De Meuron, 1950- & 1950-), 미국의 스티븐 홀(Steven Holl, 1947-) 등이 그 예일 것이다. 루이스 칸의 작품에서처럼 이 건축가들의 디자인에서도 재료적 특성을 명료화하려는 열망, 즉 몸과 사물의 세계 사이의 만남에 대한 우리의 지각적 인식을 고양하고자 하는 열망이 느껴진다. 스티븐 홀은 《얽힘(Intertwining)》이라는 저서에서 특별히 메를로 퐁티의 연구를 끌어들였고, 심지어는 헬싱키 미술관 프로젝트에 "키아즈마(Kiasma)"라는 용어까지 사용했다. 더 젊은 건축가들 중에서는 벤 반 베르켈(Ben van Berkel, 1957-)이 움직임이라는 주제를 탐구했고, 근래 완공된 뫼비우스 주택(Mobius House)에서 특히 그 주제를 보여준다. 이 디자인이 바탕을 둔 것은, 하루 동안의 맞물린 사용 패턴과 예상되는 움직임의 흐름이었다. 이 작품은 최근 두 세트의 사진들과 함께 출판되었다. 하나는 건물을 보여주며, 다른 하나는 움직이는 인물을 보여준다. 패션 사진을 연상시키는 이 사진들이 출판된 것은 개념적 과정 이면에 자리한 잠재의식의 상황을 포착하고자 했던 건축가의 의지에 기인한 것이었다.

> 이들은 앞서 언급한 두 가지 측면을 표현하기 위해 서로의 옆에 나란히 보이도록 할 요량이다. 하나는 구조 원리로서의 움직임이라는 아이디어이고, 또 하나는 특정한 건축적

상상력이 집합적 상상력과 관계하는 방법이다.[24]

한편, 현상학은 또 다른 층위에서 다양한 "저항"의 프로젝트에 사용되어 왔다고 할 수 있다. 여기에서는 몸의 경험에 대한 강조가 기능상의 원리가 가진 한계를 노출시킨다. 이것은 해체(deconstruction)가 얼마나 깊숙이 현상학의 영향을 받았는지 보여주는데, 특히 하이데거에 대한 자크 데리다의 비판, 그리고 해체에 대한 근래의 건축적 대응에 잘 나타나 있다. 이런 측면에서 베르나르 추미의 글은 그 같은 동향을 일부 반영한다고 하겠다. 무엇보다 〈건축의 쾌락(Pleasure of Architecture)〉과 공간 경험의 "에로틱한" 차원에 대한 그의 초기 에세이들이 여기에 속한다.

> 기능주의의 도그마, 기호학적 체계, 역사적 선례, 혹은 과거 사회의 경제적 제약으로 인해 형식화된 산물. 이들을 뛰어넘는 것이 반드시 전복(subversion)에 관한 문제는 아니다. 그러한 것들을 뛰어넘는 것은 오히려 가장 보수적인 사회가 기대하는 형태를 혼란에 빠트림으로써 건축의 에로틱한 잠재력을 보존하는 것에 관한 문제이다.[25]

추미는 공간 사용에 대한 새로운 사유 방식을 위해 이 개념을 발전시켰다. 그의 아이디어는 건축의 실제적 생명을 질식시킬 것만 같은 일종의 기능적 한정성을 회피하는 것이다. 이를 위해 그는 "이벤트"의 건축이라는 흥미로운 개념을 선보였다.

> 공간, 행동, 움직임 등 건축에 대한 정의의 이질성이야말로 건축을 이벤트로, 즉 충격의 장소나 우리 자신을 발명하는 장소로 만드는 것이다.[26]

자기 발명(self-invention)이라는 이러한 개념은 예술작품에 대한 메를로 퐁티의 생각을

24_Ben van Berkel, "A Day in the Life: Mobius House by UN Studio/van Berkel & Bos", *Building Design*, Issue 1385, 1999. p. 15.

25_Bernard Tschumi, *Architecture and Disjunction*, Cambridge, MA: MIT Press, 1996. p. 92.

26_*Ibid.*, p. 258.

13. 안도 다다오 — 유네스코 명상공간, 파리, 1994-95. (Jonathan Hale)

14. 르코르뷔지에 — 카펜터 센터, 하버드대학교, 케임브리지, 메사추세츠, 1959-63. (Alistair Gardner)

15. 르코르뷔지에 — 카펜터 센터, 하버드대학교, 케임브리지, 메사추세츠, 1959-63. (Alistair Gardner)

16. 르코르뷔지에 — 카펜터 센터, 하버드대학교, 케임브리지, 메사추세츠, 1959-63. (Alistair Gardner)

연상시킨다. 특히 그가 예술작품을, 예술가와 세계 속 사물들의 만남을 묘사하는 수단으로 여겼던 생각이 그것이다. 추미 역시 고정되고 안정된 것으로서의 장소라는 아이디어에 흥미로운 대척점을 보여주는데, 그는 활동 자체가 새로운 종류의 장소를 만드는, 훨씬 역동적이고 융통성 있는 상황을 묘사했다. 이러한 상황은 활동으로서의 거주라는 하이데거의 개념을 상기시킨다. 거기에서의 거주는 이미 성취되었거나 주어진 것이 아니라 계속해서 추구되는 것으로서의 거주이며, 그것은 동시에 건물의 형태와 기능적 프로그램 사이의 헐거운 맞춤을 암시한다. 예를 들면, 라빌레트의 폴리들은 그 같은 미래의 가능성에 대한 열림을 보여주는 것이다. 왜냐하면 이들은 처음에는 프로그램이 부여되지 않은 일련의 공간들이지만 서로 다른 이벤트들이 이들을 장소들로 변환시킬 수 있기 때문이다. 라빌레트에서 통로와 보행로의 네트워크도 움직임의 중요성을 강조하며 길의 안무법(choreography of routes)을 제안한다. 이것은 르코르뷔지에의 사부아 저택과 카펜터 센터(Carpenter Centre)에 나타났던 "건축적 산책로(architectural promenade)"를 연상시키는 요소이다.

건축에 현상학의 영향력과 관련하여 몇몇 문제점이 노출된다면, 그것은 그 철학 자체가 가진 어려움으로부터 연유한 것이라 하겠다. 그러한 어려움은 주관적 경험을 강조하려는 데에 있으며, 또한 그 지식을 더 넓은 사회적 콘텍스트에 적용하려 할 때에 발생한다. 그러나 건축의 현상학이 세세한 디자인 과정의 일부로서, 특히 공간 경험의 정성적이고 감각적 측면에서 생산적임은 분명하다. 그리고 이것은 최근의 해체 작품이 제시했듯 훨씬 "비판적인" 전략으로서도 유용하다. 해체의 타당성은 우리의 다음 주제에도 부분적으로 의존하고 있다. 그 주제는 해체철학의 또 다른 주요 원천인 구조주의인데, 해체는 좀 더 객관적인 해석법으로 간주되는 구조주의를 비판하는 것에 근거한다. 한편, 결론에서 우리는 현상학의 주제를 선택한, 그러나 문화적 콘텍스트나 역사적 전통과 같은 더 넓은 이슈의 견지에서 이를 고찰한 여타 사상가들을 다루게 될 것이다.

더 읽어야 할 문헌

배경

Hubert L. Dreyfus, *Being-in-the-World: A Commentary on Heidegger's Being and Time, Division* Ⅰ, Cambridge, MA: MIT Press, 1991.

Terry Eagleton, "Phenomenology, Hermeneutics, Reception Theory", in *Literary Theory: An Introduction*, Minneapolis: University of Minnesota Press, 1983. pp. 54-90.

Richard Kearney, "Edmund Husserl", "Martin Heidegger" and "Maurice Merleau-Ponty", in *Modern Movements in European Philosophy*, Manchester: Manchester University Press, 1986.

Maurice Merleau-Ponty, "Preface" to *Phenomenology of Perception*, translated by Colin Smith, London: Routledge, 1962. pp. vii-xxi.

Geroge Steiner, *Martin Heidegger*, Chicago: University of Chicago Press, 1991.

전경

Gaston Bachelard, *The Poetics of Space*, translated by Maria Jolas, Boston: Beacon Press, 1969.

John Dewey, *Art as Experience*, New York: Perigee Books, 1980.

Kenneth Frampton, "Prospects for a Critical Regionalism", in *Perspecta*, 20/1983. Reprinted in Kate Nesbitt (ed.), *Theorising a New Agenda for Architecture: An Anthology of Architectural Theory 1965-1995*, New York: Princeton Architectural Press, 1996. pp. 470-82.

Steven Holl, *Intertwining*, New York: Princeton Architectural Press, 1996.

Christian Norberg-Schulz, "The Phenomenon of Place", reprinted in Kate Nesbitt (ed.), *Theorising a New Agenda for Architecture: An Anthology of Architectural Theory 1965-1995*, New York: Princeton Architectural Press, 1996. pp. 414-28.

Alberto Perez-Gomez, "The Renovation of the Body", in *AA Files*, No. 13/Autumn 1986. pp. 26-9.

읽기

Kenneth Frampton, "Rappel à l'Ordre: The Case for the Tectonic", in Architectural Design, 3-4/1990. Reprinted in Kate Nesbitt (ed.), *Theorising a New Agenda for Architecture: An Anthology of Architectural Theory 1965-1995*, New York: Princeton Architectural Press, 1996. pp. 518-28.

Martin Heidegger, "Building, Dwelling, Thinking", in *Poetry, Language, Thought*, translated by Albert Hofstadter, Harper and Row, New York, 1971. Reprinted in Neil Leach (ed.), *Rethinking Architecture*, London: Routledge, 1997. pp. 100-9.

Bernard Tschumi, "The Architectural Paradox", in *Architecture and Disjunction*, Cambridge, MA: MIT Press, 1994. Reprinted in K. Michael Hays (ed.), *Architecture Theory Since 1968*, Cambridge, MA: MIT Press, 1998, pp. 218-28.

4. 의사소통 체계 – 구조주의와 기호학

Systems of Communication: Structuralism and Semiotics

3장에서 소개했듯, 현상학은 정당하고 "엄밀한(rigorous)" 학문으로서의 철학을 추구했던 에드문트 후설의 꿈에서 시작된 것이라 할 수 있다. 그는 철학을 과학적 확실성의 견고한 기초 위에 두기 위하여 "사물 그 자체"의 연구로 돌아가고자 했다. 이것을 근거로 일부 철학자들은 개인의 주관적 경험에 초점을 맞추었고, 우리가 주변 세계를 이해하는 데에 몸이 어떤 영향을 미치는지 연구했다. 그 결과 현상학은 사물을 사회 현실의 콘텍스트에서 격리시킴으로써 지나치게 자기 관심에만 얽매인다는 혐의를 받게 되었다. 한편, 그와는 달리 언어를 모든 의미의 원천으로 여기는 좀 더 결정론적인 관점이 발전하게 되는데, 이는 우리가 생각하는 방식을 제한함으로써 사물에 대한 우리의 이해에 영향을 미쳤다. 근래에 언어에 대한 강조가 체계적인 지식으로 전환한 것은 꽤 매력적이다. 언어학이 문화 전반에 보편적으로 적용될 수 있는 여러 광범위한 해석 모델들을 발전시켰기 때문이다. 이러한 극적인 변화를 촉진한 혁신은 오늘날 우리가 건축을 이해하는 데에도 여전히 중요하다. 모더니즘, 포스트모더니즘, 그리고 심지어 해체마저도 모두 이 같은 새로운 언어의 개념에 영향을 받았다.

3장에서 장소의 의의에 대해 논의한 것은 건축에 있어서 의미의 중요성을 확고히 하기 위함이었다. 이번 장과 다음 장에서는 건물이 문화적 "텍스트"로서 "읽힐" 수 있다는 사실을 주요 주제로 할 것이다. 즉, 3장에서 실존적 난관에 봉착한 인간이 소속감을 추구하게 되었다는 견지에서 건물이 **무엇을** 의미하는지(*what* buildings mean)의 문제를 다루었다면, 이번 장에서는 구조주의로 알려진 언어철학을 이용해 건물이 **어떻게** 의미하는지(*how* buildings mean)의 질문을 고찰할 것이다.

지금까지 우리가 이 책에서 언어에 대해 논의한 바는 자유의지(free will)와 결정론(determinism)의 문제를 중심으로 했다. 이 문제는, 하이데거가 제시했듯, 말하는 것이 사람인지 아니면 언어인지를 묻는다. 사람이 실제로 언어의 주인인가, 아니면 언어가 사람의 주인인가?[1] 언어가 우리 이전에 설정한 의미를 우리가 어쨌든 반복할 수밖에 없다는 아이디어는, 이른바 원래의 의미를 발견하려 했던 하이데거의 어원학적 분석에 의해 제안되었다. 이러한 언어 연구의 접근법은 언어를 사용함에 따라 그 의미가 계속해서 변화하는 방식을 무시하는 것 같다. 하이데거가 돌아본 조금은 임의적인 역사의 시점들은, 시스템으로서 언어가 작동하는 것에 대한 다소 비과학적인 이해를 여전히 보여준다. 이와 같은 역사 의존적 이슈들을 해결하는 것이야말로 구조주의가 애초에 관심을 둔 문제였다. 그 과정에서 구조주의는 언어를 훨씬 더 체계적이고 과학적으로 연구하는 방법을 창안하게 되었고, 결과적으로 인간의 문화에 관한 하나의 "학문(science)"으로 자리 잡았다. 비평가 테리 이글턴(Terry Eagleton, 1943-)은 이를 명료히 지적한다.

> 일반적으로 말해 구조주의는 언어이론을 언어 자체 이외의 다른 대상과 활동에 적용하려는 시도라 하겠다. 우리는 신화, 레슬링, 부족의 혈족관계, 레스토랑 메뉴, 혹은 유화를 기호의 체계로 볼 수 있는데, 구조주의적 분석은 이런 기호가 의미와 결합하는 근본적 법칙을 끄집어내려 할 것이다. 그것은 대체로 기호가 실제로 '말하는' 것은 무시하되, 대신 서로 간의 내적 관계에 집중한다. 프레드릭 제임슨이 제시했듯, 구조주의는 언어학의 관점에서 모든 것을 다시 고찰하려는 시도이다.[2]

1_Martin Heidegger, "··· Poeticall Man Dwells ···", in *Poetry, Language, Thought*, translated by Albert Hofstadter, New York: Harper & Row, 1971. p. 215. Reprinted in Neil Leach (ed.), *Rethinking Architecture*, London: Routledge, 1997.

2_Terry Eagleton, *Literary Theory: An Introduction*, Minneapolis: University of Minnesota Press, 1983. p. 97.

이와 같은 언어로의 관심 이동은 현상학에서의 그것과 상당히 구별되며, 이것은 우리가 세계를 기술하기 위해 사용하는 은유(metaphors)의 관점에서 우리와 세계의 관계를 이해하려는 노력이라 할 수 있다. 구조주의는 과학의 추상성을 뛰어넘기 위해서 (가스통 바슐라르가 꾀했던 것과는 다르게) 서사의 인지적 가치(cognitive value of narratives)에 중점을 둔다. 그러한 방법은 우주가 원자로 구성된 것이 아니라 "이야기로 구성되었다"는[3] 사실을 일상의 인간적 관점에서 다룬다고 하겠다.

언어의 "심층구조" – 페르디낭 드 소쉬르
The "Deep Structures" of Language — Ferdinand De Saussure

그렇다면 수많은 학문 가운데 그토록 유용하다고 입증된 언어학의 모델이란 무엇일까? 그리고 그것은 지금까지 고찰한 다른 철학에서 언어를 다룬 것과 어떻게 다를까? 그 모델은 스위스 언어학자 페르디낭 드 소쉬르(Ferdinand de Saussure, 1857-1913)의 연구에서 기원하며, 그가 세상을 떠난 뒤 수집된 강의록을 1916년 출판한 《일반언어학 강의(Cours de linguistique générale)》에 잘 나타나 있다. 소쉬르가 분석한 언어의 세 가지 핵심 원리는 모두 "언어 기호(linguistic sign)"의 특성에 대해 그가 일찍이 관찰한 것으로부터 나왔다. 언어에서의 기호는 우선 단어 혹은 문장이라 하겠는데, 이것은 마음속의 대상에 대한 개념을 지시함으로써 작동한다. 그래서 언어의 기호는 **기표**(*signifier*), 즉 단어와 **기의**(*signified*), 즉 대상에 대한 개념이라는 두 가지 요소로 나뉠 수 있다. 이 같이 기호의 이분구조를 고안한 소쉬르는 그 두 가지 측면의 결합 방식이 **임의적**(*arbitrary*)이라 주장했다. 이것이 논란 많은 그의 원리들 가운데 첫 번째 것이다. 전통적인 언어학 연구에서는 "뻐꾹(cuckoo)", "똑똑(drip)" 혹은 "첨벙(splash)"과 같은 의성어가 그렇듯, 소리와 사물 간에 자연스러운 결속이 있다고 가정했었다. 그러나 소쉬르의 주장은 달랐다. 그에 따르면 이러한 의성어는 언어 가운데 극히 작은 일부일 뿐이며, 우리가 사용하는 말의 대부분은 그

3_Muriel Rukeyser, quoted in Charles Moore, *Water and Architecture*, New York: H. N. Abrams, 1994. p. 15.

저 관례적으로 사물에 결부된 것이다. 그는《일반언어학 강의》의 1부에서 다음과 같이 서술한다.

> 프랑스어의 *fouet*(채찍)이나 *glas*(종소리)와 같은 단어는 누군가의 귀에는 함축적 공명을 주며 부딪친다. 그러나 그 단어들에 항상 이런 특성이 있는 것은 아니다. 이를 보기 위해 우리는 그 라틴어 형태를 검토하기만 하면 된다. 즉, *fouet*는 *fagus*(자작나무)에서, *glas*는 *classicum*(트럼펫 소리)에서 파생되었다. 현재의 그 소리가 갖는 속성, 혹은 달리 말해, 그 소리에 부여된 속성은 음성학적 진화(phonetic evolution)의 우발적 결과일 뿐이다.[4]

이러한 생각으로 인해 소쉬르는 언어가 "차이들의 체계"로서 작동하고 있음을 관찰할 수 있었다. 여기에서 단어는 그것이 지시하는 대상과의 필연적인 결합보다는 서로간의 관계에 의존하여 기능한다. 예를 들면, "rat"이나 "cat"과 같은 단어에 동물적인 무언가가 특별히 있는 것이 아니다. 그러나 어떤 문장의 의미를 위해 "rat"과 "cat"의 차이가 무척 중요한 것은 분명하다. 이 체계 내에서 의사소통이 가능한 것은 그 단어의 사용을 지배하는 상호간의 동의에 기인한다. 또한 이것은 관례에 대한 사용자의 지식에도 의존하는데, 그것이 없으면 "r-a-t"라는 글자는 그저 종이 위에 표기된 세 개의 검정색 자국에 불과할 것이다. 이 원리 때문에 소쉬르는 언어의 **통사론적**(統辭論的, *syntactic*) 차원 혹은 **구문론적**(構文論的) 차원에, 즉 언어의 작동을 구조화하는 내적 조합의 규칙에 집중할 수 있었다. 언어의 통사론적 차원은 언어의 **의미론적**(意味論的, *semantic*) 차원, 즉 외적 지시나 의미의 차원과 대비된다. 다시 말하면 소쉬르가 연구한 것은 언어의 **내용**이라기보다는 **형식**이며, 이것이야말로 그에게 가장 중요한 문제였던 것이다.

소쉬르의 두 번째 원리는 이러한 체계 혹은 시스템으로서의 언어라는 개념에서 비롯되며, 시스템 일반 및 말하기 행위에서의 특수 용법을 구별한다. 이를 위해 그는 프랑스어 **랑그**(*langue*)와 **파롤**(*parole*)로 서술되는 또 다른 종류의 이항대립(binary opposition)을 설

4_Ferdinand de Saussure, *Course in General Linguistics*, translated by Wade Baskin, New York: McGraw-Hill, 1966. p. 69.

정했다. 그런데 이것은 영어의 등가어에 내포된 모호함을 피하기 위해 보통 별도로 번역되지는 않는다. **랑그**는 규칙과 관례의 근본적 구조를 갖는 시스템으로서의 언어를 지칭하며, 특정한 의미를 주고받는 과정에서 체스 게임의 말처럼 배치된다. 그 특정한 **파롤**의 행위, 즉 "말하기(speech)"는 일정 정도 시스템의 잠재성에 제약을 받는데, 개인의 자유로운 표현에 대한 바로 이 제약이야말로 소쉬르의 아이디어 가운데 논란의 여지가 가장 큰 것이다. 철학자 리처드 커니(Richard Kearney, 1954-)는 다음과 같이 명료하게 지적한다.

> 이것은 개인의 의식이나 '재능(genius)'이 의미 창조의 특권적 근원이라는 낭만주의와 실존주의의 원칙을 근본적으로 배격하고 있음을 보여주었다. 예를 들어 각 개인의 존재는 각 개인이 자기 존재에 대해 생각한 바로 그것이라는 사르트르의 견해에 대응하여, 구조주의자는 각 사람의 파롤의 의미는 랑그라는 집합적 전개인의(pre-personal) 시스템에 지배된다고 답한다.[5]

소쉬르의 세 번째 중요한 원리 역시 이항대립을 바탕으로 하는데, 이번에는 역사에 대한 질문과 관련한다. 즉, 언어 기저의 구조가 역사에 적합한가를 묻는다. 소쉬르는 말과 사물의 관계에서 의미가 산출된다는 개념을 폐기했었기 때문에, 시간의 흐름과 함께 그 관계가 변해온 방법 역시 배제할 수 있었다. 이로써 그는 역사적 시간에 따라 언어가 발전한 바를 고찰하는 **통시적**(通時的, *diachronic*) 연구와 특정 순간의 시스템을 "동결된" 상태로 분리하는 **공시적**(共時的, *synchronic*) 분석을 구분했다. 그는 물론 후자를 선호했다. 소쉬르가 언어학 연구의 전통적 관례로부터 가장 극적으로 이탈한 것이 바로 이 지점인데, 전통적 연구는 보통 문헌학이나 어원학, 그리고 문화적 영향력 사이의 복잡한 상호관계를 강조했었다. **파롤**의 특정한 행위는 시간의 경과에 따라 끝없이 변할 수 있는데, 소쉬르는 이러한 "표면" 효과 아래에 **랑그**라는 깊고 영구한 구조가 놓인다고 결론지었다. 역사의 어느 시점에서건 이러한 깊은 구조는 분석의 대상이 될 수 있으며, 이것은 언어에서 작동하는 의미체계에 있어서 가장 유익한 그림을 산출한다.

5_Richard Kearney, *Modern Movements in European Philosophy*, Manchester: Manchester University Press, 1986. p. 245.

소쉬르가 설정한 것은 그의 추종자들이 실제로 적용할 수 있는 분석 방법이었다. 실상 그 자신은 자기가 일찌감치 꿈꾸어 기호학이라 명명했던 기호의 학문을 발전시킬 만큼 충분히 오래 살지 못했다.

> 사회 내에서 기호의 생명을 연구하는 학문을 생각해볼 만하다. 이것은 사회심리학의, 결국은 일반심리학의 일부가 될 것이다. 나는 이것을 기호학(semiology; 'a sign'을 뜻하는 그리스어 *semeion*으로부터)이라 부르겠다. 기호학은 기호를 구성하는 것이 무엇이며, 어떤 법칙이 그것을 지배하는지 보일 것이다. 그 학문이 아직 존재하지 않기 때문에 누구도 그 앞날을 예측할 수 없다. … 언어학은 기호학이라는 일반 학문의 일부일 뿐이다. 기호학에 의해 발견된 법칙은 언어학에 적용할 수 있으며, 후자는 인류학적 사실들의 집합 가운데에서 하나의 잘 정의된 영역을 규정할 것이다.[6]

사회의 구조 – 레비스트로스에서 바르트까지
Structures of Society — From Lévi-Strauss to Barthes

소쉬르의 연구가 경계 지은 영역을 적절히 차지한 첫 번째 사람은 프랑스 인류학자 클로드 레비스트로스(Claude Lévi-Strauss, 1908-2009)였다. 1908년에 태어난 그는 아마도 오늘날의 문화 분석에 구조주의를 확산시킨 가장 중요한 인물일 것이다. 레비스트로스는 1930년대에 브라질의 상파울로대학에서 가르치는 동안 남아메리카를 여행했는데, 이 같은 초기의 현장연구 경험은 후기의 저작을 위한 근거가 되었다. 그는 1955년에 출간한 《슬픈 열대(Tristes Tropiques)》에서 자신에게 영향을 준 세 가지를 "지질학, 마르크스주의 그리고 정신분석학"이라 서술했고, 세 가지 학문 분과 모두가 "진정한 현실은 결코 가장 명백한 것이 아니다"라는 것을 설명한다고 주장했다.[7] 위 학문들은 모두 동일한 원리를 갖는다. 표면의 효과는 기저의 구조에 의해 보이지 않게 결정된다는 원리가 바로 그것이

6_Ferdinand de Saussure, *op. cit.*, p. 16.

7_Claude Lévi-Strauss, *Tristes Tropiques*, translated by John and Doreen Weightman, New York: Penguin Books, 1992 p. 57.

다. 이는 다음의 5장이 중요하게 다룰 내용이다. 그러나 레비스트로스의 연구에 구조를 제공한 것은 다름아닌 언어 모델이었다. 왜냐하면 소쉬르가 언어에서 발견했던 것과 유사한 "차이들"의 시스템을 그가 추구했기 때문이다. 그는 인류학자로서 시간의 경과에도 거의 변하지 않는 사회를 연구했다. 그리고 이로써, 소쉬르가 언어 연구에서 추천했듯, 사회를 "공시적으로" 떼어 놓을 수 있었다.

1949년 처음 출판된 《친족의 기본 구조(Les Structures élémentaires de la parenté)》에서 레비스트로스는 언어 모델을 이른바 원시문화의 결혼법칙에 적용한다. 첫 눈에는 이러한 적용이 다소 부적절해 보일지 모른다. 왜냐하면 가족단위의 구성이라는 것이 일차적으로는 어떤 표현을 위한 수단이 아니기 때문이다. 그러나 레비스트로스는 이러한 관계도, 규약과 금지령의 복잡한 네트워크로서 한 공동체 내에서 질서와 구조의 관념을 제공하는 법칙들에 의해 지배됨을 논증했다. 이런 방법으로 그는 친족관계의 법칙이 "재현" 혹은 "표상"의 형태로, 즉 공동체가 구조적 관점에서 스스로를 묘사하는 상징적 언어로 역할함을 보여주었다. 이와 같은 암시적 코드의 권위에 따름으로써 그는 부족을 분류함에 있어서도 질서관념을 유지할 수 있었다. 개인의 결정과 행동이 더 큰 패턴과 항상 관계하기 때문이다. 전통적 인류학의 대상중심(object-centred) 접근법이 사회를 구축하는 기본 블록으로서 핵가족 단위에 집중했었다면, 레비스트로스는 그 대신 소쉬르를 따라 이러한 단위들 **사이의 관계**를 고찰했다. 그는 서로 다른 종족 간의 결혼 패턴이 교환이라는 의례적 과정을 따른다는 사실을 확인했다. 또한 그 의례적 과정의 결과로 가족그룹들 사이에 중요한 유대감이 형성되는 것도 관찰할 수 있었는데, 그 유대감은 자녀/부모의 직접적인 관계를 뛰어넘는 부모/형제, 자녀/사촌 등의 결속에 기인한 것이었다. 그의 관찰에 따르면 여성들은 질서유지의 수단인 결혼을 통해 종종 "교환"되었으며, 이와 유사한 시스템이 선물증정이나 상거래, 혹은 종교적 행위와 같이 의례화된 다른 관습 속에서도 자주 작동하고 있었다. 레비스트로스에게 있어서 이러한 패턴은 자연의 내재적 구조, 즉 공동체는 세계의 소우주를 형성하고, **출산**은 창조의 은유가 되는 그러한 구조를 드러내 보인 것이기도 했다.

이와 같은 논제는 1958년 프랑스어로 출판된 에세이 모음집이자 레비스트로스의 가장 중요한 책인 《구조인류학(Anthropologie structurale)》에서 더 포괄적으로 설명되었다. 그는 이 책에서 표현 형식으로서의 문화적 관습에 대한 분석을 더욱 발전시킨다. 마법, 종교, 예술과 함께 신화의 구조적 분석에 관한 연구가 그 바탕이었다. 이 연구는 내재적 질서를 강조했다는 면에서 친족관계에 대한 연구와 유사하다. 특히 기본 단위들이 시스템으로 묶이는 방법으로부터 의미가 나온다는 생각이 그렇다. 소쉬르가 언어를 "음소(phonemes)", 즉 소리 단위의 관점에서 분석했다면, 레비스트로스는 이야기의 의미 단위라 할 수 있는 "신화**소**(myth*emes*)"를 확인할 수 있었다. 언어에서 그렇듯, 신화에서 중요한 것은 개별 신화소의 의미론적 지시가 아니었다. 그가 인정한 것처럼 많은 신화들은 상당히 피상적인 문자적 의미를 포함하고 있기 때문이다. 결국 가장 핵심적인 것은 그러한 단위들이 하나의 이야기로 묶이는 방법, 즉 특정 인물들의 존재나 부재, 그리고 그들이 관계한 사건들의 배열 순서였다. 레비스트로스는 오이디푸스 신화에 대한 분석에서 이러한 이론을 논증했다. 그에 따르면 오이디푸스 신화가 의존하고 있는 것은 이야기의 인물들이 보여주는 일련의 주제들이었다. 그는 이 신화가 다루고자 하는 일련의 일반적 모순들을 강조하는데, 예컨대 삶과 죽음의 전반적 미스터리와 인류의 근원에 관한 문제들이나, 문화와 자연, 남성과 여성, 결혼관계와 혈연관계 사이의 대립들이 그 모순들이다. 신화가 항상 이러한 근본적인 딜레마를 다룬다는 사실은 표면적 현상 이면의 참다운 의미를 제공함을 뜻하며, 따라서 신화는 예술작품과 마찬가지로 세계의 혼돈을 이해하기 위해 만들어지는 것이라 할 수 있다. 신화가 유동적인 일상의 경험에 패턴을 부여하는 바는 꿈의 해석이나 해독(decoding)과 같은 정신분석학의 수법과 유사하다.

후자의 수법은 정신분석학적 딜레마를 해결하기 위해 사용되는데, 같은 견지에서 레비스트로스는 신화를 일종의 해석적, 혹은 중재적 장치로 간주한다. 이는 앞에 나열한 대립들을 해소하려는 시도이다. 이러한 사안은 그가 북아메리카 인디언의 신화에서 발견한 마술사처럼 이야기 내의 특정한 캐릭터에 의해 종종 제시된다. 그 마술사는 인간과 신의 혼성체로서 다양한 모습으로 출현하며, 자신의 존재 방식을 변환함으로써 이야기 속의 신비한 현상들을 이해할 수 있도록 도와준다. 이러한 역할의 캐릭터는 종교적 전통 속에서도 꽤 비슷하게 나타난다. 그리스 신들은 갖가지 인간의 모습으로 일상의 사건에 개입할 수 있으며, 하나님 말씀의 신성한 전달자로서의 그리스도나 천사들은 모두 이 세계와 저 세계 사이를 오갈 능력이 있기 때문에 명백히 모순적인 경험의 양상을 설명하는 역할을 하는 것이다.

이와 같은 원형적 주제들(archetypal themes)은 수많은 개별 신화에서 전개되는데, 레비스트로스의 야심은 그 주제들을 해석하기 위한 보편적인 "템플릿(template)"을 제공하는 것이었다. 그의 방법이 분명한 한계를 드러냈음에도 불구하고 즉각적인 영향력을 발휘할 수 있었던 것은 바로 그 보편성에 대한 강조 및 의미 단위로서의 이항대립에 대한 강조 때문이었다. 신화의 잠재적 의미를 제한하는 듯 보이는 원형적 주제들은, 표현의 가능성을 명백히 제한하는 언어의 본래적 구조와 관계있다. 자유로이 생각하는 개인이라는 주권적 위치로부터 개별 주체가 "탈거"된 것은 세계에 대한 구조주의적 시각의 한 효과로서, 이후의 철학자들이 해명하려 한 문제였다. 문화에 대한 레비스트로스의 접근법에 내포된 결정론은 현상학과 실존주의에 대한 그의 과잉반응에서 기인한 것으로 보인다. 그는 개별 주체의 경험에 대한 현상학과 실존주의의 강조를 비하했고, 대신 현실을 분석하고 해석하는 보다 객관적인 수단을 얻고자 애썼다. 레비스트로스는 에드문트 후설이 그랬던 것처럼 진정한 "엄밀학"을 추구했다고 하겠는데, 그 결과 의미의 "본질적" 구조들에 관해서도 그와 유사하게 고립된 연구를 낳게 되었다.

이와 같은 통찰력을 우리가 경험하는 사회적 콘텍스트로 되돌려 고찰하는 일은 구조주의적 생각에 영향을 받은 훨씬 최근 연구자들의 임무가 되었다. 이들 가운데 가장 도발적인 연구자가 프랑스 비평가 롤랑 바르트(Roland Barthes, 1915-80)인데, 그는 후기의 연구에서 해체에 대한 구조주의의 영향을 설명하기도 했다. 레비스트로스가 언어학의 모델이 사회적 관습에 (예를 들어 결혼법, 종교의식, 식사준비 등에) 적용될 수 있다고 이미 논증했듯이, 바르트는 이런 생각을 현대 문화의 콘텍스트로 확장할 수 있었고, 동시에 우리가 기호체계를 이해하는 데에 내포된 정치적 의미까지도 검토했다. 또한 바르트는 레비스트로스가 기호의 의미전달 방법을 분석한 것도 확장했는데, 이것은 문장 내에서 단어를 해석하는 두 가지 선택적 방법인 범주(category)와 위치(position)에 의거하고 있다. 위치의 경우는 단어들이 계속되는 시퀀스의 일부로서 이해될 수 있음을 뜻한다. 여기에서 이들은 그 위치와 콘텍스트에 의해, 즉 같은 문장 내의 다른 단어들과의 관계를 통해 의미를 획득하는 것이다. 다른 한편으로 단어들은 단어들의 그룹인 범주의 관점에서, 즉 그 시스템 내에서 선택 가능한 대안적 명사나 동사, 혹은 형용사로서 이해될 수 있다. 이러한 해석 수법은 레스토랑의 메뉴에서 쉽게 보게 된다. 거기에서는 어떤 품목이 한 코스 요리의 요소들로 읽힐 수도 있고, 혹은 선택 가능한 전채(前菜, starter), 주 요리, 후식으로 읽힐 수도 있다. 표 1은 이런 바르트의 분석을 형식화하여 보여주는 예이다. 이 표는 몇몇 중요한 관례들을 서로 비교함과 동시에, "신태그매틱(syntagmatic)"(혹은 연속적) 독법과 "시스터매틱(systematic)"(혹은 범주적) 방법을 대비시키고 있다.[8] 바르트가 여기에서 사용한 그리드 구조는 레비스트로스가 종종 채택했던 것이라 하겠는데, 레비스트로스는 특히 신화의 과학, 즉 신화의 "논리학"에 관한 후기 연구에서 신화소들의 복잡한 분석을 위해 이런 방법을 사용했었다.

	시스템(System)	신태그마(Syntagm)
의복	몸의 동일한 부위에 동시에 착용할 수 없는, 그리고 그 변화가 옷의 의미 변화에 대응하는 부분들의 세트: 토크(tocque), 보닛, 후드 등의 모자류	같은 타입의 의류에 다른 부분들이 병치: 스커트, 블라우스, 재킷
음식	유사점이나 차이점을 갖는 음식물의 세트로서, 그 가운데 특정 의미의 관점에서 음식을 선택: 전채, 주요리, 후식의 유형들	식사 중 선택한 음식들의 실제 시퀀스: 이것이 바로 메뉴다
	레스토랑 메뉴는 두 가지 측면으로 실행된다. 예를 들어 전채의 수평적 독법은 시스템과 대응하고, 메뉴의 수직적 독법은 신태그마와 대응한다	
가구	"양식적으로" 다양한 단일 가구의 세트: 침대	동일한 공간에 있는 다른 가구들의 병치: 침대, 옷장, 테이블 등
건축	건물 요소 하나의 다양한 양식: 지붕, 발코니, 홀 등의 다양한 유형들	건물 전체의 차원에 있는 디테일의 시퀀스

표1 : "신태그마와 시스템(Syntagm and System)", 롤랑 바르트의 《기호학의 요소(Elements of Semiology)》(p. 63)에서 발췌.

그러나 바르트가 사용하는 "신화"라는 용어는 레비스트로스의 경우와는 달리 "이데올로기"를 지칭한다. 그는 이데올로기를 정치적이든 경제적이든, 지배적인 권력에 편승하여 의미를 왜곡시키는 방법으로 여겼다. 이러한 왜곡 과정의 배후에 있는 사상에 대해

8_Roland Barthes, *Elements of Semiology*, translated by Annette Lavers and Colin Smith, New York: Hill and Wang, 1968. p. 63.

서는 5장에서 다룰 것인데, 여기에서는 바르트의 또 다른 논제를 인식하는 것이 중요하다. 그것은 레비스트로스의 언어학 모델이 가진 결정론적 원리에 의문을 제기하는 것이다. 이를 위해 바르트는 기호의 본성 및 기표와 기의 사이의 임의적 결합에 대한 문제로 되돌아갔고, 문화를 "정적인" 시스템으로 본 레비스트로스의 추론에 도전했다. 만약 기호가 관습에 의해 합의되는 것이라면 이는 반드시 변할 수 있어야 한다고 바르트는 주장한다. 그에 따르면 언어의 역사적 차원을 무시하는 것은 자연과 문화를 혼동하는 것이다. 그는 에세이 모음집인 《신화론(Mythologies)》에서 다음과 같이 적는다.

> 보통 이러한 사색의 시작점은, 신문과 예술과 상식이 계속해서 현실에 덧입히는 '자연스러움'에 대해 느끼는 조바심이다. 현실은 비록 우리가 살아가는 곳이지만 의심할 여지없이 역사에 의해 결정된다. … 나는 매번 자연과 역사가 혼동되는 것을 보고 분개한다. 그래서 나는 말할 필요도 없이 명백한 것(what-goes-without-saying)의 장식적 진열에서 내가 보게 되는, 숨겨진 이데올로기의 남용을 철저히 조사하고 싶다.[9]

바르트는 레슬링 시합, 《엘르(Elle)》, 조형 전시, 새로 출시된 시트로앵 DS 등과 같이 폭넓은 주제를 숙고하며, 매일의 경험 아래 흐르는 정치적 함의에 계속해서 주의를 기울였다. 모든 대상이 기호이며 모든 기호가 시스템의 일부라는 원리를 근거로, 그는 모든 대상들이 똑같이 세심한 텍스트 분석의 가치가 있다고 여겼다. 어쨌든 우리가 항상 표상의 다양한 네트워크 안에 갇히게 된다는 바르트의 아이디어는 "텍스트 밖에는 아무 것도 없다"는 데리다의 유명한 개념을 예견했다. 바르트는 건축 작품을 포함한 이러한 문화적 "텍스트"의 중요성을 논증했고, 후기 저작에서는 그러한 텍스트가 "읽히도록" 하는 도구에 대해 서술했다. 1967년의 강연을 바탕으로 했던 도시에 관한 에세이에서 그는 다음과 같이 기술한다.

> 여기에서 우리는 과거 빅토르 위고(Victor Hugo)의 직관을 재발견한다. '도시는 글이다.'

9_Roland Barthes, *Mythologies*, translated by Annette Lavers, London: Harper Collins, 1973. p. 11.

> 도시를 돌아다니는 이, 즉 도시 사용자는 일종의 독자로서(우리 모두가 이에 속한다), 자기 의무와 움직임에 따라 표현의 조각들을 비밀스레 실현하기 위해 그 조각들을 전유(專有)한다(appropriates).[10]

바르트는 이 같은 도시와의 역동적인 관계 맺기를 모더니스트 문학에 대한 독서와 비교했다. 그에 따르면 그러한 관계 맺기는 사회의 신화를 거스를 수 있는 메커니즘을 제공한다. 그가 공격한 것 중 하나는 독자와 저자 사이의 문학적 대립이다. 여기에서 저자는 의미의 "창조자"인 반면, 수동적인 독자는 그 의미를 그저 받아들이고 해석할 뿐이다. 도시가 파편들의 콜라주이듯 글 역시 모더니스트의 관점에서는 마찬가지인데, 바르트는 계몽된 독자를 해석과정의 역동적 행위자로 보았다. 1968년의 유명한 에세이 〈저자의 죽음(La mort de l'auteur)〉에서 그는 의미의 "불안정성"에 대해 서술한다.

> 이제 우리는 텍스트가 단일한 '신학적' 의미, 즉 저자-신(the Author-God)의 메시지를 표출하는 단어들의 배열이 아님을 알고 있다. 텍스트는 결코 고유하지 않은 다양한 글들이 섞이고 충돌하는 다차원적 공간이며, 수많은 문화의 중심들로부터 끄집어낸 인용문들의 조직이다.[11]

이것은 각각의 말하기 행위가 어찌 보면 반복임을 암시하고 있다. 즉, 우리의 말이 우리 이전에 항상 말해져 왔고, 심지어는 하이데거가 제시했듯, 언어가 "우리를 통해" 말한다는 것을 암시한다.

그러나 바르트의 생각은 기호의 자의성이라는 소쉬르의 아이디어에 기초하고 있다. 이 아이디어는 "이성, 과학, 법"과 같은 "전체주의적" 담론을 분열시키고, 의미의 "자유로운 활동(free-play)"이라는 개념을 가능케 하는 것이다.[12] 바르트는 바로 여기에서 해체

10_Roland Barthes, "Semiology and the Urban", in Neil Leach (ed.), *op. cit.*, p. 170.

11_Roland Barthes, "The Death of the Author", in *Image-Music-Text*, translated by Stephen Heath, New York: Noonday Press, 1988. p. 146.

12_*Ibid.*, p. 147.

의 주요 주제, 즉 데리다가 이미 1967년의《그라마톨로지에 대하여(De la grammatologie)》에서 착수했던 그 주제를 연상시킨다. 바르트는 이를 앞의 에세이에서 서술하는데, 여기에는 통사론적 "구조"에 대한 강조가 다시 한 번 드러난다.

> 얽힌 것들은 모두 풀리지만 글의 다중성으로 인해 어떤 것도 해독되지 않는다. 구조는 모든 지점과 모든 수준에서 주시될 수 있고 (스타킹의 줄이 나가듯) '관통될' 수 있으나, 그 아래에는 아무것도 없다. 글의 공간은 펼쳐지지만 통찰되지 않는다. 글은 끝없이 놓이지만 의미는 끝없이 증발하며, 체계적으로 면제된다.[13]

바르트에게는 결정론적 구조주의 자체가 또 하나의 신화였던 것으로 보인다. 그는 이항대립에 의존하는 제한적 가설들에 의문을 던지려 했다. 이러한 주제는 우리가 지금 후기구조주의(post-structuralist) 사상으로 지칭하는 것의 한 부분인 해체를 향해 확장된다. 후기구조주의는 그 명칭이 오해를 불러일으키는 것과는 반대로, 구조주의 철학을 추방하기보다 그 위에 구축된 것이다. 구조주의에 호감을 보였던 다른 영역에 대해서는 이 책의 5장에서 언급할 예정이다. 마르크스주의와 정신분석학이 그것인데, 이들은 레비스트로스의 "세 명의 연인들(three mistresses)" 중 두 명에 해당한다.

건축에서의 기호학 – 의미의 재발견
Semiotics in Architecture — The Rediscovery of Meaning

지금까지 논의한 모든 것들은 구조주의 및 건축 "언어"의 관점에서 우리에게 무엇을 시사하는가? 물론 그 연계의 가능성은 도시를 은유로 여긴 바르트에 의해 제기되었다. 그러나 여기에는 건물을 기능과 관계된 기호체계로 여기며 더 구체적으로 탐구해야 할 임무가 남겨졌다. 그 임무를 맡은 이는 그 주제에 대해 긴 에세이를 쓴 이탈리아의 움베르토 에코(Umberto Eco, 1932-2016)였다. 에코는 일상생활의 기호체계에 대한 관심 때문에

13_*Ibid.*

바르트의 연구와 친숙했었고, 특히 대중문화의 서사에 내재한 원형적 주제에 관심을 가졌다. 그는 미국 대통령 닉슨이 몰락했던 1973년, 〈거짓의 전략(Strategies of Lying)〉이라는 제목의 에세이에서 닉슨의 퇴임 연설이 보인 서사구조를 흥미롭게 분석한다. 에코는 여기에서 그 연설을 동화의 패턴과 비교하면서, 레비스트로스가 오이디푸스 신화에 대해 그랬던 것처럼[14] 그 특성들과 에피소드들을 일람표로 만들었다.

에코는 건축에 관한 에세이 〈기능과 기호: 건축의 기호학(Function and Sign: The Semiotics of Architecture)〉에서 건축의 더 모호한 문제를 고찰했다. 그것은 건축의 요소가 어떻게 기능을 "나타내는가(signifies)"에 대한 것이다. 그는 건축의 기능을 일차적(primary) 기능과 이차적(secondary) 기능으로 나누면서 논의를 시작했는데, 이것은 언어학에서 지시적(denotative) 의미와 내포적(connotative) 의미를 구분했던 것과 관계있다. 전자는 문자적 의미, 즉 그 단어가 지시하거나 "말하는" 바를 가리키며, 후자는 그 말의 방식이 제시하는 훨씬 함축적 의미와 관련된다. 사실이나 정보의 소통과 같은 일상의 언어에서는 지시적 의미가 우세하지만 내포적 의미는 시적 언어의 경우에 중요해지는데, 여기에서 정보 전달은 부차적인 관심사이다. 그러나 이러한 구분은 문제를 지나치게 단순화하는 것이다. 왜냐하면 현실에서는 두 범주가 공존하기 때문이다. 즉, 언어는 의사소통에 있어서 결코 중립적인 수단이 아니며, 시적인 차원은 언제든 개입하기 마련이다. 에코는 또 다른 건축 에세이인 1967년 세계 엑스포에 관한 글에서 이와 같은 상황을 인정하게 된다. 여기에서 그는 전시관들이 관례적 기능을 뒤집는다고, 다시 말해 내포적 의미가 지시적 의미보다 우세해진다고 서술했다. 일차적인 것과 이차적인 것, 혹은 기능적인 형태와 상징적인 형태 사이의 일반적인 관계가 엑스포 전시관에서 반전되는 이유는, 그것이 스폰서를 상징하는 것 이외에 다른 기능을 갖지 않기 때문이다. 이런 결론은 건축의 기호가 기능을 지시한다는 애초의 정의에 기초한다. 예컨대, 계단의 문자적 의미는 걸어 올라가거나 내려올 가능성에 있다. 건축에 관한 에코의 글에서 대두되는 주요 테마는 기표의 "자유로운 활동"이라는 바르트의 아이디어를 연상시킨다. 즉, 저자가 독자의 독서를 미리 결정할 수 없듯이 건물의 해석이 결코 설계자에 의해 제어되지 않는다는 사실 말이다. 에코는 결

14_Claude Lévi-Strauss, "The Structural Study of Myth", in *Structural Anthropology*, New York: Basic Books, 1963. pp. 206-31.

1. 벤투리 & 라치 — 프랭클린 코트, 필라델피아, 1973-76. (Neil Jackson)

2. 로버트 벤투리 & 데니스 스콧 브라운 — 내셔널 갤러리 세인즈베리 윙, 런던, 1986-91. (Neil Jackson)

국 건축가가 "가변의 일차적 기능들과 개방된 이차적 기능들"을[15] 설계해야 한다고 권한다. 또한 바르트가 언어와 관련해 그랬듯 사용자의 창조적 개입, 즉 재전유(reappropriation)의 도입을 희망했다.

언어의 문제가 건축으로 전환하면서 발생하는 모호성에도 불구하고, 이러한 아이디어는 건축이론에 지대한 영향을 끼쳐왔다. 이 생각은 근본적으로 해석자의 역할에 대한 새로운 관심사를 보여주었는데, 이런 관심사는 지금까지 기능주의 규범을 강조한 모더니즘이 무시했던 측면이다. 1960년대에는 의미에 대한 문제가 재출현함으로써, 사용자의 요구를 분석하고 나머지는 테크놀로지가 주관하도록 했던 기존의 방식을 대체했다. 여기에서 의미에 대한 문제란 건물이 거주자에 의해 어떻게 이해되는지, 그리고 건물이 해석과정에서 역사와 어떻게 관계하는지에 대한 것이다. 당시 여러 권의 중요한 저서가 서로 다른 다양한 배경 가운데 출판되었지만, 주류의 모더니즘이 노출했던 문제점을 유사하게 다루었다. 이 문제점은 건축형태의 표현적 빈약함과 관련하는데, 그러한 표현의 빈약함은 건물과 사용자의 관계 부재를 초래한 원인이었다. 이때의 저서 가운데 하나는 로버트 벤투리(Robert Venturi, 1925-)가 1966년 출판한《건축의 복합성과 대립성(Complexity and Contradiction in Architecture)》이다. 여기에서 벤츄리는 모더니즘 내에서 억압되었다고 자신이 느꼈던 역사의 교훈을 재평가했다. 이탈리아의 알도 로시(Aldo Rossi, 1931-97)가 쓴《도시의 건축(L'architettura della città)》도 역시 1966년에 나왔다. 이 책은 도시의 형태를 일련의 역사적 층들이 누적된 것으로 간주했는데, 그 층들은 "원형적(archetypal)" 건물들의 연속적 변형에 기초한다. 로시의 책은 1982년에야 비로소 영어로 번역되었지만, 그의 연구는 그 사이 국제적으로 유명해졌다.《도시의 건축》은 1970년대 초에 스페인어와 독일어로 출간되었는데, 비슷한 시기에 또 다른 획기적인 연구가 있었다. 그것은 콜린 로우(Collin Rowe, 1920-99)와 프레드 쾨터(Fred Koetter, 1938-)가 1975년에 출판한 저널 논문으로서, 추후《콜라주 시티(Collage City)》라는 책으로 묶인다. 롤랑 바르트가 문학 분석에서 제시했듯, 이 연구 역시 전통적 도시를 여러 층들의 팔림프세스트(palimpsest)[역주: 지운 위에

15_Umberto Eco, "Function and Sign: The Semiotics of Architecture", in *The City and the Sign*, Gottdiener and Lagapoulous (eds), New York: Columbia University Press, 1986. pp. 56-85. Reprinted in Neil Leach (ed.), *op. cit.*, p. 200.

3. 로버트 벤투리 & 데니스 스콧 브라운 — 프린스턴대학교 우홀, 1980-83. (Neil Jackson)

덧쓰는 양피지]로 여겼다.

이 모든 저자들이 건축에서 추구했던 역사의 깊이는 새로운 "기능적 도시"에서 사라지고 있었다. 그들의 의도는 역사를 단순히 보존하는 것이 아니라 현재적 상황에서 새 건물을 만들기 위한 방법으로서 역사를 재발명하는 것이었다. 모더니즘의 원리에 대한 이 같은 재평가는 건축에 언어학의 길을 여는 효과를 가져왔다. 즉, 형태와 의미의 관계를 다시 생각할 수 있다는 가능성이 당시 큰 흥미를 유발했던 것이다.

이러한 과정은 1978년《아키텍처럴 디자인(Architectural Design)》에 출판된 제프리 브로드벤트(Geoffrey Broadbent)의 에세이에 잘 요약되었다. 〈일반인을 위한 건축 기호이론 가이드(A Plain Man's Guide to the Theory of Signs in Architecture)〉라 명명된 이 연구는 그 분야의 주요 인물들을 그들의 핵심적 용어에 대한 설명과 함께 체계적으로 다룬다. 그는 건축에

4. 로버트 벤투리 & 데니스 스콧 브라운 — 프린스턴대학교 리서치 랩, 1980-83. (Neil Jackson)

영향을 준 두 가지 주요 분야를 구분하며, 소쉬르가 통사론과 의미론을 구별했던 바를 이용했다. 그는 이 두 영역이 어떻게 각각 독립적으로 추구될 수 있는지, 그래서 어떠한 대조적인 형태의 표현을 산출할 수 있는지 설명한다. 먼저, 구조를 강조하는 건축의 통사론적 견해는 불가해한 행위로 거부되었다. 즉, 형태 조합의 규칙에 대한 집착은 건물이 실제로 무엇을 **의미**하는지를 무시한다고 여긴 것이다. 이런 비판의 약점에 대해서는 뒤에서 자세히 다루겠지만, 우선 브로드벤트의 결론은 주목할 만하다. 그는 언어의 의미론적 차원을 건축과 불가분한 것으로 간주하며, 심지어는 이른바 중립적 구조(neutral structures)도 필연적으로 의미를 수반한다고 본다.

건축에 처음 출현한 이 같은 의미론적 경향은 찰스 젱크스(Charles Jencks, 1939-)와 조지 베어드(George Baird, 1939-)가 편집하여 1969년에 출간한 《건축의 의미(Meaning in Architecture)》라는 에세이 모음집에서 볼 수 있다. 젱크스는 건물의 의미론적 참조를 열정적으로 옹호했는데, 그러한 의미론적 참조는 우리가 지금 포스트모던 건축의 "언어"로 부르는 것의 근간을 이룬다. 자기 건물에 역사 형태를 자의식적으로 "인용"했다는 관점에서, 로버트 벤투리는 아마도 이런 아이디어를 명시적으로 사용한 첫 번째 건축가일 것이다. 1960년대 이래의 그의 초기 작품에서는 이러한 참조가, 필라델피아 근교에 있는 자기 어머니 집의 현관 아치 형태에서 볼 수 있듯, 아직도 상당히 추상적이었다. 그러나 후기 작품에서는 런던 내셔널 갤러리 세인즈베리 윙(Sainsbury Wing of the National Gallery)의 고전적 필라스터나 이집트 장식에서처럼 훨씬 문자 그대로의 형태로 나타난다. 이 양극단을 묶는 것이 기호의 자의성 원리이다. 벤투리는 자신의 글에서 이것을 흥미로운 건축이론으로 설명했다. 그는 어떤 대상이든 특수한 사용을 의미하도록 만들 수 있다는 사실에 주목한다. 그리고 이를 근거로 하여, 특정한 형태를 통해서만이 하나의 기능을 표현할 수 있다는 모더니즘 원리의 문제점을 지적했다. "오리(duck)"와 "장식된 헛간(decorated shed)"이라는 유명한 스케치로 설명했듯, 벤투리는 건물이 기능주의적 표현에 의지하지 않고도 어떻게 의미를 가질 수 있는지 보여준다. 그는 건물 형태를 내부에서 일어나고 있는 것의 특성을 표현하도록 만들기보다는, 라스베이거스의 호텔들을 연구하여 확인했던 기호의 적용을 옹호했던 것이다. 그가 생각하기에 모더니즘이 기능주의적 표현을 고집함으로써 스스로 신용을 떨어뜨렸으므로, 이제는 상업건축으로부터 의사소통의 기술

5. 벤투리, 라치 & 스콧 브라운 — 과학정보연구소, 필라델피아, 1978-79. (Alistair Gardner)

을 배울 때였다.

> 근대건축은 스스로의 표현을 공간, 구조, 프로그램이라는 순전히 건축적인 요소의 명료함에만 단호히 제한함으로써, 공허하고 지루한 일종의 메마른 표현주의가 되었다. 그리고 결국은 무책임해졌다. 오늘날의 근대건축은 명시적 상징주의와 경박한 장식물을 거부했지만, 아이러니하게도 전체 건물을 하나의 커다란 장식으로 왜곡시켰다. 장식을 '명료함(articulation)'으로 대체함으로써, 그것은 오리가 되었다.[16]

다시 말해 벤투리가 극복하기 원했던 것은, 모더니즘 내에서 기능적 **작동**(*operation*)과 기능적 **표현**(*expression*)이 타협할 때 발생한 문제였다. 이를 위해 그는 그 둘을, 즉 기능적 "헛간"과 그것의 표현적 "장식"을 서로 분리함으로써 두 가지 요구를 모두 만족시키려 했다. 그 두 가지 기능을 분리시킨 전략은 일종의 정직성과 관계 있는데, 이는 그가 여러 건물의 표면을 독립적으로 뚜렷이 표현하는 결과를 낳았다. 벤투리는 건축가가 종종 건물의 표피만을 통제하게 된다는 사실을 인정했고, 그래서 그것을 표면의 패턴을 전시하기 위한 스크린으로 다루었다. 우홀(Wu Hall)처럼 1980년대 초부터 작업한 프린스턴의 건물들이나 1978-79년경의 필라델피아 과학정보연구소(Institute for Scientific Information) 건물은 표면 장식에 대한 이러한 접근법을 시사한다. 한편, "빈(empty)" 기표라는 개념을 활용한 건물로는 프랭클린의 옛 집터에 세운 벤저민 프랭클린 박물관(Benjamin Franklin Museum)을 들 수 있다. 그는 역사적 기록을 바탕으로 집을 복원하는 대신, 흰색 철강으로 건물 형태의 외곽선을 창조해냈다. 이것은 건물의 실체를 거부한 극단적인 예로서, 그저 다른 무언가를 지시한다는 사실을 유희적으로 크게 강조할 뿐이다.

건축을 장식으로 환원하는 것의 문제는 사람들이 여전히 그 "헛간"의 내부 공간에 살아야 한다는 사실에 있다. 이 딜레마를 다루고자 했을 뿐만 아니라 벤투리가 표출한 역사에 대한 관심을 공유했던 또 다른 건축가에는, 그의 미국인 동료인 마이클 그레이브스(Michael Graves, 1934-2015)가 있다. 그레이브스는 1970년대에 출판된 《5인의 건축가(Five

16_Robert Venturi et al., *Learning from Las Vegas*, Cambridge, MA: MIT Press, 1997. p. 103.

6. 마이클 그레이브스 — 휴마나 빌딩(Humana Building), 루이스빌, 켄터키, 1982-86. (Jonathan Hale)

7. 마이클 그레이브스 — 휴마나 빌딩, 루이스빌, 켄터키, 1982-86. (Jonathan Hale)

Architects)》(1972)라는 책으로 인해 유명해진 뉴욕5의 일원이다. 역설적이게도 이 시기 그의 작품 대부분은 1920년대 모더니스트의 형태를 부활시킴으로써 "통사적" 경향을 뚜렷이 보이던 차였다. 르코르뷔지에의 "순수주의" 주택에 나타난 추상 기하학 언어에서 출발한 그레이브스가, 거기에 분할된 형태와 색상을 추가하는 실험을 막 시작하고 있었던 것이다.

그러나 그가 로마의 아메리칸 아카데미(The American Academy)에서 공부했던 경험과 동료인 피터 칼(Peter Carl)에게 받은 현상학적 영향은 그의 건물에 변화의 계기를 준다. 즉, 그의 건물은 훨씬 구상적인(figurative) 요소를 포함하기 시작했고, 역사적 참조물 역시 명시적으로 인용했다. 그는 1982년 자기 작품과 함께 출판된 에세이에서 언어 비유

8. 마이클 그레이브스 — 산 후안 카피스트라노 도서관(San Juan Capistrano Library), 캘리포니아, 1982. (Neil Jackson)

9. 마이클 그레이브스 — 산 후안 카피스트라노 도서관, 캘리포니아, 1982. (Neil Jackson)

(analogy)를 활용해 의미에 대한 관심을 설명한다. 그레이브스가 언어의 일상적 차원과 시적 차원을 구별한 것은 브로드벤트의 통사론과 의미론에 대한 구분을 연상시키는 바이다.

> 이러한 언어의 구분을 건축에 적용하면, 건물의 표준적 형태(standard form)는 건물의 공통적 혹은 내적 언어라고 말할 수 있다. 이 언어는 실제적이면서도 구축적이고 기술적인 필요들에 의해 결정되는 것이다. 이와는 대조적으로 건축의 시적 형태(poetic form)는 건물의 외적 이슈에 대응하며, 사회의 신화나 의식에 대한 3차원적 표현을 결합한다.[17]

17_Michael Graves, "A Case for Figurative Architecture", in Wheeler, Arnell and Bickford (eds), *Michael Graves: Buildings and Projects 1966-81*, New York: Rizzoli, 1982. pp. 11-13. Reprinted in Kate Nesbitt (ed.), *Theorising a New Agenda for Architecture: An Anthology of Architectural Theory 1965-95*, Princeton: Princeton Architectural Press, 1996. pp. 86-90.

그레이브스는 의미의 두 가지 차원 모두가 필수적임을 인정하긴 했다. 그러나 그는 모더니즘의 주류에서 의미론을 무시했다고 판단했기 때문에 그에 대한 반동으로 의미론에 집중하게 된 것이다. 이러한 시적인, 즉 외적인 언어는 연상적 독법에 의존하며, 여기에서는 구상적이고 의인화된 참조 모두가 매우 중요하다.

한편, 그는 모더니스트 공간의 소외(alienation)와 관련해 건물이 인간과 환경의 중재자로 더 이상 역할하지 못했다고 주장하며, 이러한 참조의 부재를 비난했다.

> 근대주의 운동 이전의 모든 건축은 인간과 풍경의 주제를 공들여 다듬고자 노력했다. 건물을 이해하는 것은 자연현상(예를 들면, 마루 같은 지면)에 대한 연상과 의인화(예를 들면, 사람 같은 기둥)에 대한 암시 모두와 관계있다. 이러한 건물의 상징적 본성 내의 두 가지 태도는 아마도 원래 과학 이전의 사회에서 건축요소를 정당화하기 위해 사용했던 방법일 것이다. 오늘날에도 마찬가지로 동일한 은유가, 건물의 서사 내에서 우리 자신의 신화나 의식에 접근하기 위해 요구된다.[18]

건물의 요소가 아치, 기둥, 마루와 같이 지칭할 수 있는 대상이라는 사실은, 그러한 요소가 장소성을 확립하기 위한 방법으로서 건물 사용자에게도 기억될 만하다는 것을 의미한다. 그레이브스는 이와 같은 성질이 모더니스트 기하학의 추상과정에서 상실되었고, 거기에서의 점, 선, 면이 더 이상 이런 종류의 독법을 허락하지 않는다고 느꼈다. 그러나 그의 건물에도 물론 약점이 있다. 그것은 다른 종류의 추상과정에 기인하는데, 여기에서는 스케일의 급작스런 전환이 관례적 기대를 붕괴시킨다. 또한 그의 역사 인용에서 볼륨의 성격은 구축된 얇은 면과 충돌한다. 이러한 역사 인용의 기이한 조합은 그레이브스의 이론적 위치가 갖는 무게감에 상반되는 피상적 비현실성의 느낌을 야기한다고 하겠다.

18_*Ibid.*, p. 88.

의미론인가, 통사론인가? – 구조의 의미
Semantics or Syntactics? — The Meaning of Structures

그레이브스의 사유는 현상학적 주제를 멀찌감치에서 반향한다고 할 수 있다. 따라서 노르베르그 슐츠의 글이 그의 작품을 긍정적으로 본 것은 아마도 놀라운 일이 아닐 것이다.[19] 1985년에 출판된 구상적 건축에 관한 에세이에서 노르베르그 슐츠는 포스트모더니즘의 많은 아이디어가 사실상 모더니즘 내에 이미 내포되어 있다고 주장했다. 그러나 재료성 혹은 물질성의 이슈에 대해서는 이 같은 비교가 다소 빈약해 보인다. 왜냐하면 그가 그레이브스의 작품을 주로 시각적이고 지적인 측면에서 이해했기 때문인데, 그러한 이해는 구조주의 원리가 기호의 "비물질성(immateriality)"에 근거한 데에서 온 결과였다. 하지만 구조주의는 모더니즘과 당시의 건축을 연속선상에서 해석하게 하는 또 다른 방법을 제시한다. 그 방법은 건축언어에 대한 통사론적 분석으로 돌아가는 것이다. 그러한 언어학의 잠재성은 아마도 레이트 모더니스트들(late-modernists)의 작업 가운데에서 뚜렷해진다고 말할 수 있겠다. 그러나 사실 구조주의적 생각이 건축에서 가장 일찍 발현된 것은 모더니즘에 속하는 알도 반 아이크(Aldo van Eyck, 1918-99)의 작품에서였다. 영국에서 공부했던 이 네덜란드 건축가는 1장에서 언급한 팀10 그룹의 일원이었는데, 자기 작품에 대해 폭넓게 글을 썼다. 1950년대에 반 아이크와 팀10은 모더니스트의 도시에 대해, 그리고 그것이 과거를 지워버리려는 경향에 대해 매우 비판적이었다. 하지만 반 아이크는 감상(感傷)이나 향수 때문에 예전의 건축물을 보존하려 하기보다 전통적 형태에 내재된 원리를 추출하려 노력했다. 그는 과거의 건축이 갖는 공통적인 특성들을 확인함으로써 "공시적인" 영속적 형태의 원리들에 도달하기 원했다.

> 사람은 결국 수천 년에 걸쳐 이 세상에 물리적으로 적응해왔다. 그의 선천적 재능은 그 시간 동안 증가하지도 감소하지도 않았다. 우리가 과거를 겹쳐보지 않으면 이 엄청난 환경의 경험 전체가 결합될 수 없음이 확실하다. … 나는 미래에 대한 기술관료의 감상

19_Christian Norberg-Schulz, "On the Way to Figurative Architecture", in *Architecture: Meaning and Place, Selected Essays*, New York: Rizzoli, 1988. pp. 233-45.

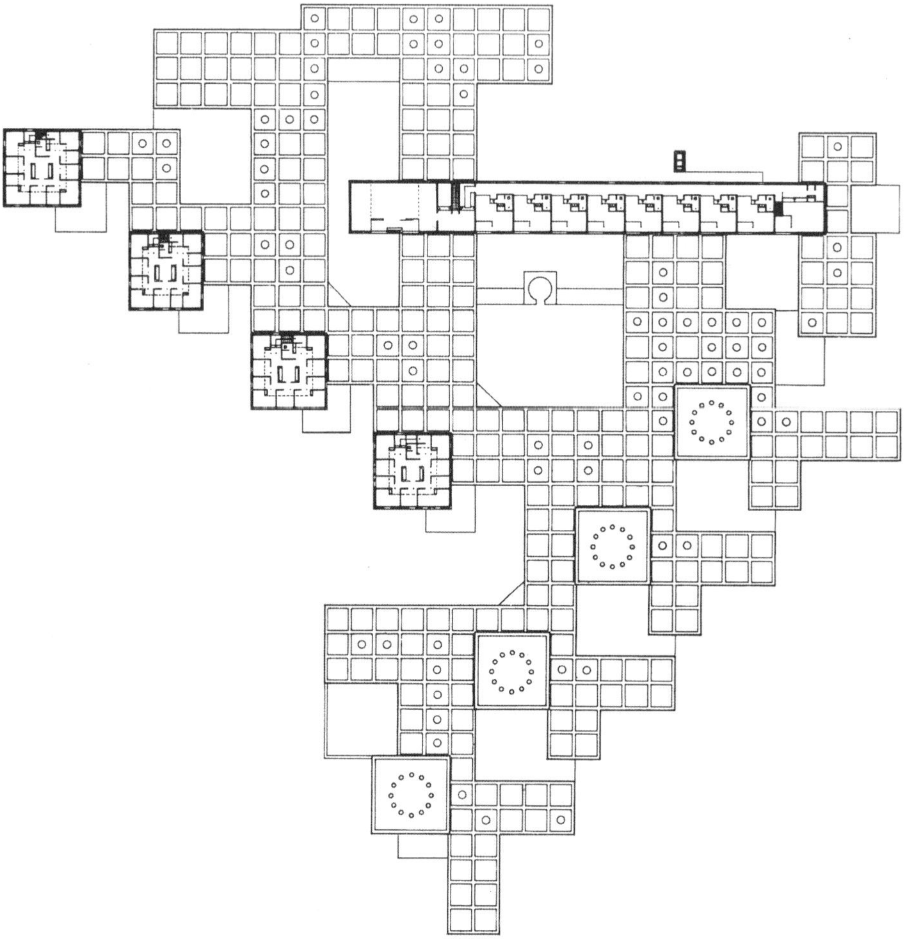

10. 알도 반 아이크 — 암스테르담 고아원, 1957-60: 2층 평면. (Jonathan Hale 재작도)

적 태도를 싫어하는 것만큼, 과거에 대한 골동품수집가의 감상적 태도도 싫어한다. 둘 다 (골동품수집가와 기술관료가 공통적으로) 시간에 대해 정적인, 시계장치 개념에 기반하고 있다. 고로 변화를 위해 과거에서 시작해서 인간의 불변하는 조건을 찾아보자.[20]

20_Aldo van Eyck, "The Interior of Time", in *Forum*, July 1967, pp 51-4. Quoted in Kenneth Frampton, *Modern Architecture: A Critical History*, London: Thames and Hudson, 1992. p. 298.

11. 알도 반 아이크 — 후베르투스 미혼모 주택(Hubertus House for Single Mothers), 암스테르담, 1973-78. (Alistair Gardner)

반 아이크는 이러한 형태 원리들을 "이중현상(twin-phenomena)" 개념으로 귀결시켰다. 이것은 언어를 결국 차이의 시스템으로 여긴 소쉬르의 분석을 연상시킨다. 반 아이크의 경우 이 차이는 건축 공간의 특성에 기초하며, 서로 반대의 성격을 갖는 일련의 이항적 용어로 정의되었다. 여기에는 열림-닫힘, 어두움-밝음, 내부-외부, 솔리드-보이드, 단일성-다양성 등이 포함되는데, 그는 이 모든 것을 불가분한 쌍으로 봐야 한다고 주장했다. 건축은 이러한 이중성에 "균형"을 주는 중재자로 역할해야 한다.

> 모든 이중현상은 이 네트워크의 변화하는 구조를, 그리고 건축의 구성 성분을 함께 형성한다. 각각은 비록 다르지만 동시에 서로에게 상호 열려있기도 하다. 이것이 핵심이다. 결코 서로에게 배타적이거나 독립적이지 않고, 녹아들며 서로 의존한다. 동등함은

12. 알도 반 아이크 — 후베르투스 미혼모 주택, 암스테르담, 1973-78. (Alistair Gardner)

13. 헤르만 헤르츠버거 — 리마 집합주택(LiMa Housing), 베를린-크로이츠베르크, 1982-86. (Alistair Gardner)

가장 중요한 공통분모이다. 그것의 본질은 사실 모순되지 않고 보완적이다.[21]

반 아이크의 구조주의적 방법을 가장 잘 보여준 것은 아마 1960년 암스테르담 교외에 완공된 고아원일 것이다. 이 건물은 건축에 대한 그의 "통사론적" 접근법을 보여주는데, 여기에서 공간의 복합성은 구성 요소가 상대적으로 많지 않았던 데에서 기인한다. 기본 모듈은 내부 공간의 요구조건을 만족시키기 위해 발전시킨 것으로, 반복과 재배치를 통해 흥미로운 공간의 위계를 창조했다. 순환동선의 통로와 공간은 출입구 주위에서 만나며, 내부-외부의 주제는 중정과 통유리창을 활용한 점에서도 명백히 드러난다.

21_Aldo van Eyck, "Building a House" in Herman Hertzberger *et al.*, *Aldo van Eyck*, Amsterdam: Stichting Wonen, 1982. p. 43.

14. 헤르만 헤르츠버거 — 센트랄 비히어 사무소, 아펠도른, 네덜란드, 1968-72. (Alistair Gardner)

그럼에도 불구하고 이 계획은 여전히 초기 모더니스트의 "산업화된" 건물이 지녔던 대량생산의 특성을 보인다. 구성 요소의 반복 때문이기도 하고, 모듈의 반복이 주는 강렬한 미감 때문이기도 하다. 이러한 문제는 같은 네덜란드 건축가이자 반 아이크의 옛 동료였던 헤르만 헤르츠버거(Herman Hertzberger, 1932-)에 의해 탐구되었는데, 그 역시 구조주의적 생각에 크게 영향을 받았다. 헤르츠버거의 핵심 주제는 사용자가 어떻게 건물과 관계 맺을 수 있는가에, 그리고 통사론적 구조의 추상 언어가 내포하는 소외감을 어떻게 막을 수 있는가에 있었다. 1974년 건축된 센트랄 비히어(Centraal Beheer) 건물에서 그는 반복 가능한 단위로서의 구조 모듈을 발전시키기 위해, 반 아이크가 고아원에서 했던 것과 유사한 방법을 채택했다. 센트랄 비히어의 단위들은 격자 그리드에 놓인 일련의 개방된 사무실들을 수용할 수 있었다. 그러나 그 공간 자체가 실제로 성공적이었던 까닭은 공간이 건물 사용자에 의해 해석되는 방법에 연유했다.

우리가 추구해야 하는 것은 개별적 삶의 패턴을 집합적으로 해석하는 프로토타입이 아

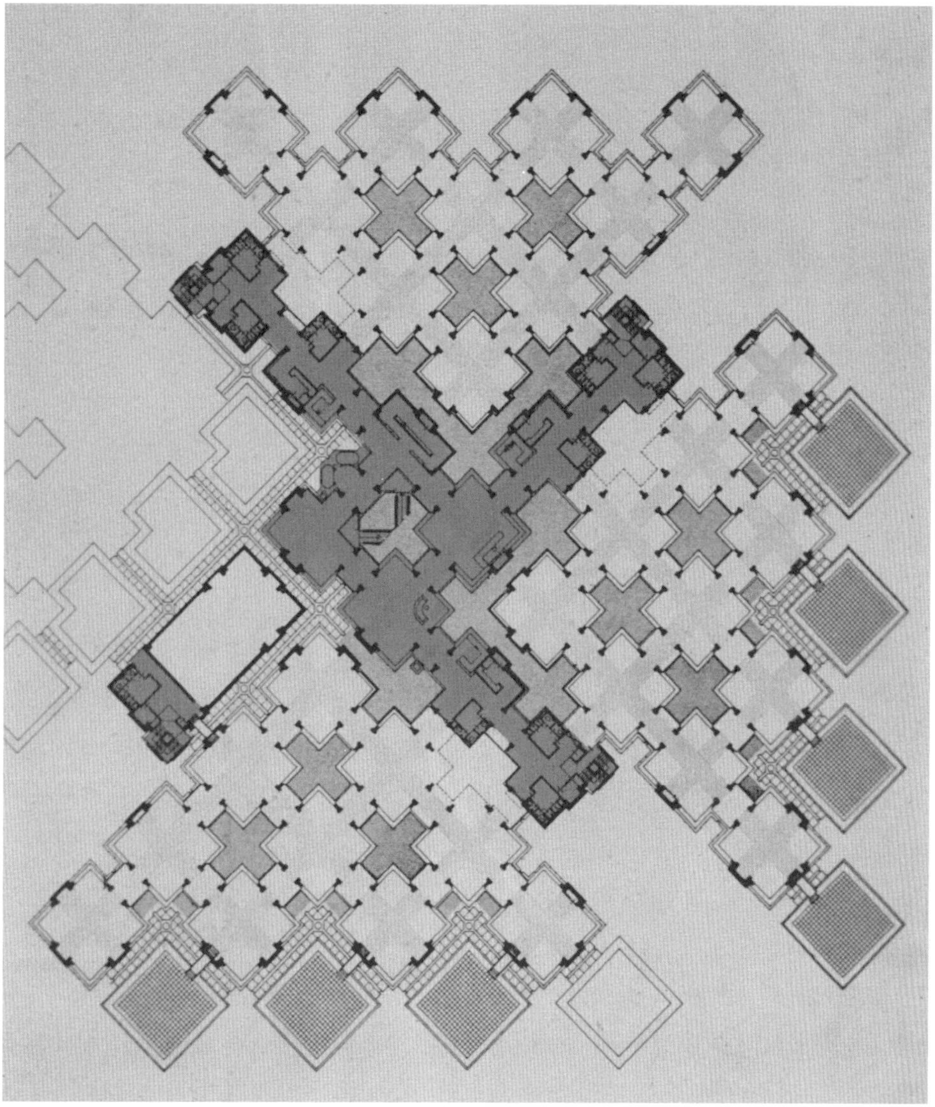

15. 헤르만 헤르츠버거 — 센트랄 비히어 사무소, 아펠도른, 네덜란드, 1974: 2층 평면. (Jonathan Hale 재작도)

> 니다. 그 대신 우리는 집합적 패턴을 개별적으로 해석할 수 있게 하는 프로토타입을 추구해야 한다.[22]

센트랄 비히어의 기본 구조는 해석의 융통성을 허용하는 "언어체계"로 볼 수 있는데, "말하기"의 개별적 행동은 특정한 행위가 한 공간을 점유하기 시작할 때 발생한다. 헤르츠버거는 유트레흐트 음악센터(Utrecht Music Centre)에서도 마찬가지로 기둥체계와 관련해 유사한 비유를 도입했다. 비록 여기에서는 기본 단위를 가공함으로써 건축물이 더 표현적으로 되었지만 말이다.

> 기둥체계는 최소한의 배치 시스템만을 형성하기 때문에, 그 사이를 채우는 것은 무척 자유롭다. 그리고 그러한 시스템은 아주 복잡한 프로그램에서 나오는 매우 다양한 부분들을 조정할 수 있다. 기둥체계는 전체의 통일감을 보장할 뿐만 아니라, 특수한 개별 상황의 요구에 따라 모든 지점이 만들어지도록 도와주기도 한다.[23]

이러한 방법을 통해 그는 건물 자체가 촉진하는 개별적 환경의 "점유(colonisation)"에 기초해, 사용자와 공간 사이에 정체성이 생겨나길 희망했다. 그리고 이와 같은 전유(appropriation) 과정을 돕기 위해 일련의 단서를 제공했다. 예컨대, 물건을 전시하거나 앉을 장소, 재배치할 수 있는 모듈화된 가구의 사용 등이 그것이다. 이 모든 노력은 대체로 수동적인 거주자를 그 물리적 환경과 긴밀하게 연관시키기 위함이었다. 마이클 그레이브스가 친숙한 형태와 역사적 참조를 제시하며 의미론적 해법을 선택했다면, 헤르츠버거는 건물의 사용을 통해 좀 더 개방적이고 역동적인 몸의 개입 과정을 제안한 것이다. 사용 패턴이 의미를 발생시킨다는 점은 이미 언어에 대한 논의에서 언급했지만 똑같은 점을 건축요소에 대해서도 주장할 수 있는데, 이는 롤랑 바르트가 에펠탑에 대해 논의했던 바와 마찬가지이다. 바르트는 에펠탑을 이상화된 "빈" 기호로 (즉, 다양한 의미가 쉬이

22_Herman Hertzberger, quoted in Kenneth Frampton, *op. cit.*, p. 299.

23_Herman Hertzberger, "Building Order" in VIA, No. 7, 1984, p. 41. Revised version included in Herman Hertzberger, *Lessons for Students in Architecture*, translated by Ina Rike, Rotterdam: Uitgeverij 010, 1991. pp. 126-45.

16. 귀스타브 에펠 — 에펠탑, 파리, 1889. (Alistair Gardner)

17. 라처드 마이어 — 아테네움, 뉴하모니, 인디애나, 1975-79. (Jonathan Hale)

18. 리처드 마이어 — 하이뮤지엄, 애틀랜타, 1980-83. (Jonathan Hale)

19. 리처드 마이어 — 하이뮤지엄, 애틀랜타, 1980-83: 실내 동선. (Jonathan Hale)

결합될 수 있는 "중성적" 기표의 이상적 모델로) 작동하는, 날것의(raw) 테크놀로지로 보았다. 창조적인 재해석 과정에 개입하는 "능동적" 독자라는 바르트의 모델은 헤르츠버거의 이상적 거주자에게도 적용 가능한데, 그러한 거주자는 건물을 효과적으로 다시 만드는 일종의 **브리콜라주 작업자**(*bricoleur*)라 하겠다.

그레이브스의 의미론적 해석에 대한 구조주의적 생각의 또 다른 대안은 그의 뉴욕5 동료였던 리처드 마이어(Richard Meier, 1934-)와 피터 아이젠만으로부터 나왔다. 마이어는 뉴하모니의 아테네움(Atheneum at New Harmony)과 애틀랜타 하이뮤지엄(High Museum in Atlanta) 등의 대규모 박물관과 미술관 프로젝트를 통해 "백색" 형태의 추상적 기하학에 근간한 방법론을 발전시켜 왔다. 이 같은 그의 후기 작품들은 움직임이나 "건축적 산책로"라는 아이디어를 다루긴 했지만, 통사론적 구조의 규율에는 그다지 깊이 개입하지 않았다. 그러나 아이젠만은 "주택 VI"의 복잡한 형태체계와 그 변형에서 보였던 것처럼 이런 아이디어를 명시적으로 사용했다. 아이젠만 작품의 기본 원리는 헤르츠버거가 보였던 것과 유사한데, 후자에서 형태의 의미는 처음에는 다소 임의적이나 그 중요성이 사용 패턴에서 발생한다. 반면, 아이젠만의 작품에서는 의미작용이 훨씬 난해하다. 헤르츠버거의 건물에서 "의미가 기능을 따른다(meaning follows form)"면, 아이젠만에게는 "기능이 형태를 따른다(function follows form)." 《5인의 건축가》에 포함된 에세이에서 아이젠만은 "주택 I"에 대해 다음과 같이 서술한다.

> 주택 I은 공간 구성의 기존 개념에 대한 대안을 제시한다. 여기에는, 첫째로, 형태와 공간이 형식적 관계성을 산출하도록 구조화되는 방법을 찾으려는 시도가 있었다. 그 관계성은 형태 자체의 고유한 논리의 결과이다. 둘째로, 여기에는 이런 형태들의 논리적 관계성을 꼼꼼히 통제하려는 시도도 있었다.[24]

그는 건물의 실제적 구조와 형태의 암시적 구조를 구분하여 논의하는 데에까지 나아

24_Peter Eisenman, "Cardboard Architecture", in *Five Architects: Eisenman, Graves, Gwathmaey, Hejduk, Meier*, Oxford University Press, New York, 1975. Partially reprinted in *Theories and Manifestoes of Contemporary Architecture*, Jencks and Kropf (eds), London: Academy Editions, 1997. p. 241.

갔다. 그에 따르면 후자는 의미 수용의 새로운 가능성을 보유한, 잠재적 "심층구조" 시스템을 제공한다.

이러한 초기 프로젝트를 통해 아이젠만은 건축을 하나의 자율적 분과(an autonomous discipline)로 여겼으며, 형태와 결부된 코드를 탐구했다. 이와 같은 통사론은 구성 원리의 시스템을 형성하는 일련의 변형을 유발했다. 한 비평가는 그 과정에 대해 다음과 같이 적는다.

> 따라서 아이젠만의 초기 작업은 두 가지의 표준적인 구조주의 원리를 결합한다. 하나는 물리적이고 역사적인 콘텍스트 모두를 괄호치기하는 것이다. 다른 하나는 개별 주체를 괄호치기하는 것으로서, 의미에 대한 상호주관적 건축 시스템이라는 개념을 선호한다. 이 시스템은 언어처럼 모든 개인보다 앞서 존재하며, 이것이 개인의 산물이라기보다 개인이 그것의 산물이다.[25]

따라서 외부자가 아이젠만의 코드를 해석하는 것이 어려운 이유는 그 언어가 필연적으로 그 분과에 내부적이기 때문이다. 같은 이유로 철학자 앤드류 벤저민이 지적했듯,[26] 이미 존재하는(pre-existing) "비개인적(impersonal)" 구조라는 이 개념은 전통에 대한 생각의 핵심 요소이다. 아이젠만은 건축의 역사에 가장 깊고 보편적인 차원까지 적극 개입함으로써, 이 분과의 근본적인 구성요소에 기초한 훨씬 의미 있는 담론을 생산하고 있다고 하겠다.

후기구조주의가 전통과의 관계라는 측면에서 해체와 교차한다고 할 때, 그 교차점은 위와 같은 아이디어를 재평가한 바로 그 지점이다. 아이젠만의 건축이 추상적 형태언어를 통해 보여주기 시작했듯, 아직은 형태의 "심층구조"에 대한 이해로부터 얻을 것이 많이 있다. 이러한 기저의 힘(underlying forces)이라는 주제와 이것이 어떻게 우리의 생각에 영향을 미치는지에 관한 논의는 이 책의 5장과 결론에 다시 등장할 텐데, 거기에서 우리

25_K. Michael Hays, "From Structure to Site to Text: Eisenman's Trajectory", in *Thinking the Present: Recent American Architecture*, Hays and Burns (eds), New York: Princeton Architectural Press, 1990. p. 62.
26_See Chapter 2.

는 이 논의를 우선 건물에 대한 정치적 분석의 한 요소로 다루고, 결국에는 일반적 해석의 영역 속에서 다루게 될 것이다.

더 읽어야 할 문헌

배경

Roland Barthes, *Mythologies*, translated by Annette Lavers, London: Harper Collins, 1973.

Terry Eagleton, "Structuralism and Semiotics", in *Literary Theory: An Introduction*, Minneapolis: University of Minnesota Press, 1983, pp. 91-126.

Richard Kearney, "Ferdinand de Saussure", "Claude Lévi-Strauss" and "Roland Barthes", in *Modern Movements in European Philosophy*, Manchester: Manchester University Press, 1986.

Claude Lévi-Strauss, "The Structural Study of Myth", in *Structural Anthropology*, New York: Basic Books, 1963. pp. 206-31.

Ferdinand de Saussure, *Course in General Linguistics*, translated by Wade Baskin, New York: McGraw-Hill, 1966.

전경

Roland Barthes, "Semiology and the Urban", in Neil Leach (ed.), *Rethinking Architecture*, London: Routledge, 1997. pp. 166-72.

K. Michael Hays, "From Structure to Site to Text: Eisenman's Trajectory", in *Thinking the Present: Recent American Architecture*, Hays and Burns (ed.), New York: Princeton Architectural Press, 1990. pp. 61-71.

Herman Hertzberger, "Building Order" in *VIA*, No. 7, 1984 revised version included in Herman Hertzberger, *Lessons for Students in Architecture*, pp. 126-45, translated by Ina Rike, Rotterdam: Uitgeverij 010, 1991.

Charles Jencks, *The Language of Post-Modern Architecture*, London: Academy Editions, 1978.

Robert Venturi *et al., Learning from Las Vegas*, Cambridge, MA: MIT Press, 1997.

읽기

Geoffrey Broadbent, "A Plain Man's Guide to the Theory of Sign in Architecture", in *Architectural Design*, No. 47, 7-8/1978. pp. 474-82. Reprinted in Kate Nesbitt (ed.), *Theorising a New Agenda for Architecture: An Anthology of Architectural Theory 1965-95*, New York: Princeton Architectural Press, 1996. pp. 124-40.

Mario Gandelsonas, "Linguistics in Architecture", in *Casabella*, No. 374, 2/1973. Reprinted in K. Michael Hays (ed.), *Architecture Theory Since 1968*, Cambridge, MA: MIT Press, 1998. pp. 114-22.

Michael Graves, "A Case for Figurative Architecture", In Wheeler, Arnell and Bickford (eds), *Michael Graves: Buildings and Projects 1966-81*, Rizzoli, New York, 1982, pp. 11-13. Reprinted in Kate Nesbitt (ed.), *Theorising a New Agenda for Architecture: An Anthology of Architectural Theory 1965-95*, New York: Princeton Architectural Press, 1996. pp. 86-90.

5. 정치학과 건축—마르크스주의의 전통
Politics and Architecture: The Marxist Tradition

4장에서 고찰했듯, 구조주의적 방법은 우리의 이해에 영향을 미치는 심층적인 힘을 탐구하는 데에 큰 도움이 된다. 구조주의적 생각을 널리 확산시킨 레비스트로스는 자신을 각별히 동기부여한 세 가지의 아주 다른 학문 분과로 지질학, 마르크스주의, 정신분석학을 지목한 바 있다. 이 세 가지 모두를 연결하는 공통점이라면, 표면에 보이는 모든 것은 내부로부터의 심층적인 힘에 의해 통제된다는 기본 원리이다. 이번 장에서는 후자의 두 가지 분야를 건축과 관련하여 논의할 텐데, 구조주의적 생각과의 연계가 여러 측면에서 중요하다고 하겠다. 20세기 철학의 발전에 영향력이 컸던 사상가들 중 각자의 특정한 분과에서 구조주의적 원리를 바탕으로 연구했던 세 사람이 있다. 무의식의 구조를 연구한 자크 라캉(Jacques Lacan, 1901-81), 이데올로기의 구조를 연구한 루이 알튀세르(Louis Althusser, 1918-90), 권력의 구조를 연구한 미셸 푸코(Michel Foucault, 1926-84)가 바로 그들이다. 이 세 명의 철학자들은 모두 프랑스에서 태어났으며, 1980년대에 세상을 떠났다.

학문 분과들 간의 연관성이 중요함을 더 잘 인식하기 위해서는 각각의 주제에 대한 배경을 폭넓게 이해할 필요가 있다. 첫째로, 우리는 정치학 및 그것이 건축이론에 미치는 근원적 영향에 관해 탐구해야 한다. 이를 위해 19세기의 철학적 "혁명"을 돌아볼 것이다. 그리고 둘째는 무의식의 개념과 그것이 우리의 사회적 행위에 보이지 않게 끼치는 영향에 관한 탐구이다. 특히 여기에서는 정신분석학이 정치적 콘텍스트 가운데 채택되어

온 방법을 주목해야 할 것이다. 이 두 분야는 이처럼 간단히 요약하면 서로 별개로 보인다. 그러나 더 면밀히 따지고 볼 때 그 바탕의 주제가 둘을 연결하고 있음을 명백히 알 수 있게 된다.

건축과 사회의 관계에 대한 전통적 논쟁에서 주요 주제는, 비판이나 사회적 논평의 수단으로서 예술 일반이 갖는 정치적 잠재력이었다. 1부에서 고찰했듯, 창조적 예술로서의 건축이라는 관점은 과학기술의 결정론에 대한 간접적 비판으로 볼 수 있다. 즉, 건축을 "피난처 제공 기술(shelter-engineering)"의 임시변통적 실천으로 축소시키는 것에 대한 항의인 것이다. 하지만 이번 장은 그보다 훨씬 더 정치적 관점에 집중해서, 특히 서양 자본주의 체제의 자유 민주주의(the Western capitalist liberal democracy)라는 지배적 정치 패러다임과의 관계 가운데, 사회에서의 건축의 지위를 고찰할 것이다. 현재의 시스템 하에서는 정치적 권력의 상당 부분을 거대한 다국적기업들이 행사하고 있는 것으로 보인다. 그런데 그들은 세계를 진부함과 획일성의 "문화"로 집어삼키려 위협한다. 예컨대, 디즈니, 코카콜라, 스카이 TV와 같은 회사들은 아주 빠르게 세계의 새로운 거대 권력으로 자리 잡고 있으며, 그 영향력을 전 지구적으로 확장하여 지역 문화의 생존마저 위협하고 있는 것이다. 비록 정치적 예술가들에게는 어떤 종류의 이데올로기적 "왜곡"이든 모두 타깃이 될 수 있겠지만, 이런 콘텍스트에서 사회적 책임감은 보통 이 같은 세계화의 힘들에 대한 저항을 수반한다.

마르크스에서 마르크스주의까지
From Marx to Marxism

예술작품의 비판적 역량을 신뢰하는 사상적 유파에서는 (정치적 통제와 경제적 권력 밑바닥의 구조를 노출시키기 위해) 오늘날에도 여전히 칼 마르크스(Karl Marx, 1818-83)의 연구로부터, 그리고 최근까지 마르크스 해석자들이 다양하게 재탐구해온 것으로부터 이론적 모델을 찾고 있다. 여기에서 핵심 이슈는 "저항"과 변혁의 방식으로서의 건축이라는 아이디어인데, 건축은 환경에 직접적인 영향을 줄 수 있기에 변화의 힘을 지녔다고 간주된다. 마르크스가 자신의 초기 글에서 지적했듯, "철학자들은 세계를 다양한 방법으로 **해석하기만** 했다. 그러나 문제는 그것을 **변화시키는** 것이다."[1] 마르크스의 연구뿐만 아니라 그의 중대하고도 지속적인 영향력을 이해하기 위해서는, 그 폭넓은 파급력을 논하기 이전에 그의 핵심적인 생각을 고찰할 필요가 있다.

마르크스의 철학을 이해하려 함에 있어서 그의 상황을 역사 속에서 인식하는 것이 중요하다. 즉, 그가 헤겔의 영향력이 여전히 지대했던 상황 가운데 베를린에서 공부했던 학생이라는 사실 말이다. 마르크스는 이 위대한 철학자가 세상을 떠난 지 꼭 5년이 되던 해인 1836년 베를린에 오게 되었다. 헤겔은 1818년부터 철학교수로서 베를린에서 가르쳤고, 다음 세대가 붙들고 씨름해야만 했던 거대하고 지속적인 유산을 남겼다. 마르크스와 그의 동료들은 스스로를 청년 헤겔주의자(Young Hegelians)라 칭했는데, 이들은 헤겔 시스템의 위대한 기념비 속에서 약점을 찾아내고자 했다. 우리는 이미 1장에서 헤겔이 어떻게 역사철학을 구성했는지 고찰한 바 있다. 그에게 역사의 전 과정은 절대지에 대한 갈구였다. 헤겔은 이 과정 이면의 힘을 부상하는 "세계정신(world-spirit)"으로 선보였다. 이 정신은 자기를 가시적 세계의 물리적 형태로 표출하려는 "관념(idea)"이다. 헤겔 역사의 절정은 "정신"의 궁극적 현시로서, 정신이 자기이해(self-understanding)에 도달할 때 철학자의 마음에서 발생한다. 이런 이상주의 즉 관념론은 헤겔의 가장 원대한 개념으로서 역사 가운데 전승되었는데, 바로 이 위대한 역사의 원리가 마르크스의 시선을 곧 사로잡게 된 것이다. 마르크스는 헤겔 시스템을 순화시키기 위해 그것의 자잘한 점들을 다듬기보다는, 가장 기초적인 가정들을 의심하여 근간을 공격했다. 그는 역사철학이라는 것을 일상의 조건과 경험에 관한 실제의 역사에서 유리된, 아카데미의 메마른 추상적 개념으로 여기며 거부했다.

> 헤겔의 역사철학은 '가장 섬세한 표현'으로 축약된, 모든 독일 역사방법론(historiography)의 최종 결과물이다. 그것은 독일의 역사방법론에 대한 실제적 이해나 정치적 이해관계의 문제가 아니라 순수한 사유에 대한 문제이다. 결과적으로 그것은 성 브루노에게는,

---

1_Karl Marx, *Theses on Feuerbach*. Reprinted in *The Marx-Engels Reader*, Robert C. Tucker (ed.), New York: Norton & Company, 1978. p. 145.

> 서로를 삼켜버리고 마침내는 '자의식(self-consciousness)'에 먹혀버리게 되는 일련의 '사유들'로 제시되었다.[2]

마르크스에게 위대한 전환점이 된 것은 바로 의식이었다. 의식과 관련해 그는 헤겔 철학을 거꾸로 뒤집고자 했다. 더 정확하게는, 그가 서술했듯 헤겔을 똑바로 서게 하려 했던 것이다. 그는 관념론적 접근법이 관념으로부터 철학을 세우는 것이라 생각했으며, 이것을 뒤집어 경험으로부터 대안을 만들고자 했다. 마르크스에 의하면 헤겔이 역사의 실제 경로를 반전시켰기 때문에, 자기가 이것을 교정하기 위해 현실과 더 밀접한 시스템을 구축하려 했다는 것이다. 그럼에도 불구하고 그는 헤겔의 변증법 모델을 차용했는데, 여기에서 진보는 의식과 현실 사이의 상호작용으로 묘사된다. 헤겔에게 이 과정은 개념을 정제해 주지만, 마르크스에게 이것은 현실의 물적 조건을 변화시킨다. 마르크스의 용어로 이것은 결국 "변증법적 유물론(dialectical materialism)"이 되는데, 사실 그 자신은 이것을 "역사의 유물론적 개념(materialist conception of history)"이라고만 지칭했었다. 그는 자신의 생애 중에 출판된 몇 안 되는 철학 저작 가운데 하나(1859)에서 다음과 같이 적는다.

> 물적 삶의 생산방식은 사회적, 정치적, 지적 삶의 과정 전반을 좌우한다. 인간의 존재를 결정하는 것이 그들의 의식이라기보다, 반대로 그 의식을 결정하는 것이 그들의 사회적 존재이다.[3]

마르크스는 정신의 자유로운 사유를 제약하는 보이지 않는 구조가 존재한다고 생각했고, 그러한 보이지 않는 구조가 개인으로서의 우리 행동을 한정한다고 시사했던 것 같다. 이 모델은 언어의 내재적 시스템이라는 구조주의 개념과 비교할 만한데, 마르크스는 이 결정론적 과정을 유발하는 수단을 선보였다.

2_Karl Marx and Friedrich Engels, *The German Ideology*. Reprinted in Robert C. Tucker (ed.), *op. cit.*, p. 166.

3_Karl Marx, Preface to *A Contribution to the Critique of Political Economy*. Reprinted in Robert C. Tucker (ed.), *op. cit.*, p. 4.

> 인간은 자기 삶의 사회적 생산에 있어서 긴요하면서도 자기 의지로부터는 독립된, 명확한 관계에 들어간다. 이러한 생산관계는 인간의 물적 생산력의 명확한 발전단계에 상응하는 것으로서 그 생산관계의 총합은 사회의 경제구조를 구성한다. 이것은 그 위에 법적, 정치적 상부구조가 올라서는 실제적 기초이며, 사회적 의식의 명확한 형태와도 상응한다.[4]

이것은 이제 고전이 된 "토대(base)와 상부구조(superstructure)" 모델에 대한 서술로서, 클로드 레비스트로스가 매료된 역사의 지질학적 개념을 묘사하고 있기도 하다. 토대는 두 가지 요소로 구성되는데, 첫째는 공업제품 생산에 필요한 원재료, 기계류, 그리고 노동력과 같은 "생산력(forces of production)"이다. 토대의 두 번째 부분은 그가 "생산관계(relations of production)"라 부른 것으로서, 자본주의 기업의 위계가 갖는 전형적인 피라미드 구조와 같이 작업이 조직되는 방법을 지칭한다.

마르크스에 따르면 이 토대 위에 설 뿐만 아니라 그것에 의해 결정되는 것이 상부구조인데, 이것은 사회의 "의식"을 구성하는 사회적, 정치적, 법적 제도로 이루어진다. 마르크스가 이 모델을 얼마나 결정론적으로 여겼는지는 여전히 학자들 사이에서 큰 논란거리이다. 그러나 그가 "맷돌은 봉건영주의 사회를 제시하고, 증기기관은 공업 자본가의 사회를 제시한다"고 말했을 때,[5] 전술한 토대의 두 구성요소 사이에 존재하는 직접적인 연계성을 암시했다. 이 말은 역사 과정에 대한 마르크스의 생각을 다소 풍자적으로 묘사한 것이긴 하지만, 역사 과정은 토대와 상부구조의 관계의 경우 당초 보였던 것보다 훨씬 더 복잡했다. 철학자들이 세계를 변화시켜야 한다는 마르크스의 요청은 사실 그 배경을 따져볼 때, 사회의 한 부분이 다른 부분에 의해 착취됨으로써 발생하는 문제와 관련된다. 마르크스의 모델에서 토대를 지배하는 계급(class)이 상부구조도 역시 지배하는데, 자본주의 하에서 이것은 노동자 계급이 그들의 생산관계 내에 갇히게 됨을 의미한다. 그리고 상부구조의 제도들이 유산계급에 의해 지배된다는 것은, 노동자들이 착취되면서도 자신들이 착취된다는 사실을 전혀 알 수 없도록 방해받음을 뜻하는 것이다. 이 시나리오에 대한 다양한 추론이 마르크스의 생각 가운데 곧 뒤따랐고, 역사의 진보에 대한 분석에 근

4_*Ibid*.

5_Quoted in David McLellan, *Karl Marx*, New York: Penguin, 1975. p. 40.

거하여 혁명의 가능성이 설정되었다. 과거의 문명 속에서 특정한 사회가 붕괴된 것은 그 시스템 내의 "모순들"이 표면으로 떠올랐기 때문이라고 그는 생각했다. 그는 자신의 유명한 저작인 《공산당선언(Manifest der Kommunistischen Partei)》의 서두에서 다음과 같이 말한다.

> 지금까지 존재했던 사회의 역사는 계급투쟁의 역사다. 자유인과 노예, 귀족과 평민, 영주와 농노, 길드의 우두머리와 여행자, 한마디로 말해, 억압하는 자와 억압받는 자는 서로 간에 끝없이 적대적이며, 때로는 은폐되고 때로는 공개된 부단한 싸움을 계속한다. 이 싸움은 매번 사회의 혁명적 재조직으로 끝나든가, 적대적 계급 간의 공멸로 끝난다.[6]

한 계급이 다른 계급에 의해 지속적으로 착취되는 것과는 별개로, 현대 사회에서는 새로운 위험이 그 시스템 내부에서 발생하게 된다. 자본주의적 생산방식 내에서 노동력이 분화된 결과, 새로운 공업 노동자들이 이제는 자신의 노동으로부터 "소외된(alienated)" 것이다. 자본주의는 공업의 과정을 일련의 전문화된 요소로 잘게 쪼갬으로써, 보통의 노동자가 자신의 일과 어떠한 유의미한 관계도 갖지 못하도록 만들어버렸다. 마르크스는 과거의 생산 시스템을 언급하며 이를 다소 서정적으로 묘사한다.

> 우리가 인간적인 방식으로 생산한다고 가정해 보자. 우리 각자는 우리의 생산과정 속에서 자신과 동료를 이중으로 긍정한다. 나는 나의 생산에서 나의 개별성과 독특성을 구체화할 것이며, 나의 행위에서 내 삶의 개인적 표현을 즐길 것이고, 또한 대상을 바라봄에 있어서도 개인적 기쁨을 얻을 것이다. 이 기쁨은 나의 개성이 사실에 근거함을 깨닫는 데에서, 그리고 나의 개성이 감각에 대해 가시적이어서 모든 의심 너머의 힘에 대해서도 그러함을 깨닫는 데에서 나온다.[7]

이 과정의 실제적 중요성은 노동자의 "자기창조"에 있다. 여기에서 생산자의 개성

6_Karl Marx and Frederick Engels, *The Communist Manifesto*, Eric Hobsbawm (ed.), London: Verso, 1998. pp. 34-5.

7_Karl Marx, *Economic and Philosophical Manuscripts*. Quoted in David McLellan, *op. cit.*, pp. 31-2.

은 그들의 생산품에 투여되는데, 이러한 실존주의적 아이디어는 영국의 선구적 사회주의자이자 예술수공예운동의 지도자였던 윌리엄 모리스(William Morris, 1834-96)의 작업을 예견한다고 하겠다. 이와 달리 공업 생산품은 그저 익명의 상품으로 전락하여 자체의 "사용가치(use-value)"보다는 "교환가치(exchange-value)"에 포획된다. 그리고 동시에 노동자 역시 이 시스템 속에서 상품화됨으로써, 독특한 인간이라기보다 노동자원으로 평가받는다.

마르크스의 정치적 견해가 일찌감치 학계와 갈등을 불러일으킨 바는 아마도 놀랍지 않은 일일 것이다. 심지어는 그의 저널리스트로서의 일도 곧 프러시아에 의해 탄압받게 된다. 1843년, 그는 더 진보적인 환경을 찾아 파리로 이주했고, 거기에서 평생의 공동 연구자가 된 독일인 동료 프리드리히 엥겔스(Friedrich Engels, 1820-95)를 만난다. 맨체스터에서 집안의 방직사업에 종사한 바 있는 엥겔스는 마르크스에게 절실했던 재정적 도움을 주었을 뿐만 아니라 자본주의에 대한 직접적인 경험도 제공했다. 파리에서 급진적 언론활동을 펼친 마르크스는 이로 인해 정부로부터 더 심한 반대에 부딪혔고, 브뤼셀로 쫓겨나 1848년 독일혁명을 착수할 때까지 거기에서 머물러야 했다. 이때까지 마르크스는 그곳에서 자신이 설립에 가담했던 공산주의 동맹(Communist League)을 위해, 전술한《공산당선언》을 썼다. 독일혁명은 1849년 몰락했고, 그는 그때 쾰른에서 다시 파리로 돌아갔다가 마침내 마지막으로 런던에 정착했다. 마르크스의 더 유명한 철학 저작물들이 출판되기 시작한 것은 1883년 그가 세상을 떠난 직후였는데, 1867년 출판된《자본론(Das Kapital)》제1권만은 예외였다.

자본주의가 사회를 위해 많은 이익을 산출했고, 생산성의 향상으로 큰 번영을 가져왔음은 마르크스도 인정하는 바이다. 하지만 그는 소수가 자유로이 다수의 노동력을 착취하는 불공정한 "생산관계"에 대해서는 어떠한 변명도 용납하지 않았다. 그는 이러한 모순을 해결하고 생산수단이 공유되는 새로운 체제를 창조할 사회 혁명을 예견했다. 이것은 계급의 구분이나 파괴적 "적대감"이 없는 "이상적" 사회를 향한 마지막 발전 단계이다.

> 자본의 독점은 생산방식의 족쇄가 된다. 그 생산방식은 자본의 독점과 함께, 그리고 자본의 독점 아래에서 싹트고 번성해 온 것이다. 생산수단의 집중화와 노동의 사회화는

> 마침내 자본주의의 외피와 양립불가능하게 되는 지점에 이른다. 이 외피는 산산이 파열한다. 자본주의 사유재산에 조종(弔鐘)이 울린다.[8]

이제 마르크스의 이론에 남은 난제는 왜 이 혁명이 일어나지 않았는가를, 다시 말해 왜 사회의 대립적 요소들이 균형을 이루며 서로 공존하고 있는가를 설명하는 것이었다. 그는 그 이유를 해명하기 위해 "이데올로기"라는 개념을 가져왔다. 이로 인해 비록 마르크스가 초기 연구에서 보였던 은유로 후퇴하긴 했지만, 그의 토대와 상부구조 모델은 훨씬 더 정교해진다.

> 모든 이데올로기 속에서 사람들과 그들의 환경이 위아래가 뒤바뀌어 보인다고 가정하자. 카메라 옵스큐라(camera-obscura)에서처럼 말이다. 그러면 이 현상은 망막에서 대상의 반전이 그 물리적 생명과정(life-process)에서 일어나는 것과 똑같은 만큼이나, 그들의 역사적 생명과정에서 일어난다. … 인간 두뇌에서 형성되는 심상(phantoms) 역시 필시 그들의 물질적 생명과정의 승화물인데, 물질적 생명과정은 경험적으로 입증 가능하며 물질적 전제(material premises)를 따른다. 도덕, 종교, 형이상학, 나머지 모든 이데올로기, 그리고 그것들과 대응되는 의식의 형태는, 따라서 더 이상 독립성을 띠지 않는다.[9]

엥겔스가 부른 바 이 "허위의식(false consciousness)"은, 사회 내의 모순들이 변하지 않는 자연스러운 원리로 받아들여지게 하는 상부구조의 제도들 때문에 유발된다. 이런 식으로 지배적 신화는 (4장에서 보았듯 롤랑 바르트가 기술했던 것만큼이나) 현상(status quo)을 유지하도록 돕는다. 이 신화는 거대한 두 가지의 사회 대립을 감추는데, 하나는 노동자와 (이제는 "소외된" 대상이 된) 상품 사이의 대립이고, 다른 하나는 (사유재산법에 기인한) 개인과 공동체 사이의 대립이다. 마르크스에 따르면 이와 같은 신화는 노동자들로 하여금 자신이 착취당하는 것을 의식하지 못하도록 방해한다. 그러므로 혁명에 대한 충동이 결

8_Karl Marx, *Capital*, Volume 1. Reprinted in Robert C. Tucker(ed.), *op. cit.*, p. 438.

9_Karl Marx and Friedrich Engels, *The German Ideology*. Quoted in David McLellan(ed.), *The Thought of Karl Marx*, London: Macmillan, 1995. p. 159.

코 분출되지 않는 것이다.

이데올로기의 개념은 마르크스 철학의 변증법적 본성을 보여주며, 결정론적 역사 모델을 교정해 준다. 여기에서의 핵심은 사회의 조건을 우리가 단순히 해석만 하는 것이 아니라 변화시켜야 한다는 그의 의도였다. 이제 질문은 우리가 어디에서 출발하느냐에 있다. 의식을 변화시키는 것에서인가, 아니면 조건을 변화시키는 것에서인가? 좀 더 인본주의적이었던 마르크스의 초기 저작은 철학자의 우선순위를 의식을 변화시키는 것에 두었다. 그러나 나중의 마르크스주의 사상에서는 정치적 부정(injustice)을 인식하지 못하게 하는 이데올로기의 "환영" 너머를 보는 것도 주요 주제가 된다. 이 주제가 중심으로 한 질문은, 문화적 행위가 이데올로기를 비판의 과정 속에 노출시키는 수단일 수 있는가에 있었다.

마르크스주의적 해석 – 루카치, 그람시, 베냐민

Marxist Interpretation — Lukács, Gramsci and Benjamin

마르크스의 초기 연구는 1930년경이 되어서야 출판되기 시작했는데, 그 가운데 《경제학 및 철학 수고(Ökonomisch-philosophische Manuskripte)》의 영향력이 가장 컸다. 이 초기 저작의 일부 주제를 예견한 연구자는 헝가리 철학자이자 문학비평가인 게오르크 루카치(Georg Lukács, 1885-1971)였다. 루카치는 마르크스 사후 엥겔스에 의해 촉진된 마르크스주의의 경험주의적이고 "과학적인" 해석에 대항했다. 토마스 쿤의 패러다임 원리를 예견하듯, 그는 다음과 같이 적는다.

> 물론 편협한 경험주의자는 사실이 오직 시스템의 틀 안에서만 사실이 된다는 것을 부인한다. 그 시스템은 원하고 바라던 지식이 변하면 함께 변하는 것이다. 그는 경제생활에서 온 모든 데이터, 모든 통계, 그리고 모든 날것의 이벤트가 이미 중요한 사실을 구성한다고 믿는다. 그럼으로써 그는 '사실들(facts)'의 나열이 아무리 단순하다 할지라도, 아무리 논평을 배제했다 할지라도, 그것이 이미 '해석(interpretation)'을 함의한다는 것을 잊

는다.[10]

이 같은 종류의 기계적 이해는 사회의 법률이 인간의 통제를 벗어난 것으로 받아들여졌음을 의미했다. 그에 반해 루카치는 어떻게 이러한 이데올로기의 환영이 나타났는지를 설명하는 방법으로서 소외의 개념이 중요함을 다시금 강조한다. 《역사와 계급의식(Geschichte und Klassenbewußtsein)》(1923)에서 집합적 인간의식의 창조적 역할을 복귀시킴으로써 헤겔 철학의 견지에서 마르크스를 재해석하고자 시도했던 것이다. 그는 근대 공업 자본주의의 소외적(alienating) 조건들로 인해 인간의식에 무엇이 발생하는지를 설명하려고 "물화(物化, reification)"("사물로 변함"을 의미함)라는 용어를 만들어냈다. 이 아이디어는 상품의 "물신화(物神化, fetishisation)"라는 마르크스의 개념을 반영하지만, 여기에서는 유사한 변형과정이 거꾸로 발생한다. 마르크스의 관점에서 보면 소외된 노동의 생산품은 자체만으로도 거의 마술적으로 존재하는데, 이것은 마치 태곳적의 수많은 종교의식에서 사용되던, 의사(擬似) 인간의 능력이 부여된 물신의 대상과 같다. 그 생산품이 시장으로 가면 그것은 자체의 교환가치를 얻으며, 다른 상품들과의 관계의 "사회"로 진입하는 것이다. 마르크스는 여기에서 그 대상이 인간 이상으로 높여짐과 동시에 노동자는 인간에서 상품으로 전락되는 것을 보았다.

루카치가 이 개념을 사용한 것은 이후의 연구자들이 마르크스의 생각에서 인간적 요소를 약화시켰듯, 어떻게 마르크스주의 자체가 왜곡돼왔는지를 설명하기 위해서였다. 마르크스가 예측했던 불가피한 혁명 대신(혁명은 새로운 조건들이 거침없이 성장하여 의식의 변화를 필연적으로 일으키기에 발생한다), 루카치는 변화의 책임을 노동자들의 어깨에 맡김으로써 두 용어 사이의 변증법을 복귀시켰다.

> 예전의 직관적이고 기계적인 유물론이 파악할 수 없었던 진리는 프롤레타리아에게 이중으로 사실임이 판명된다. 즉, 프롤레타리아는 오직 스스로의 행동으로써만 변화될 수

10_Georg Lukács, *History and Class Consciousness: Studies in Marxist Dialectics*, translated by Rodney Livingstone, London: Merlin Press, 1971. p. 5.

있고 자유로워질 수 있다는 것과, '교육자는 반드시 스스로를 교육시켜야 한다'는 것이다. 객관적인 경제발전은 그저 생산과정에서 프롤레타리아의 지위를 창출해주는 정도에 지나지 않는다. … 그러나 객관적인 발전은 프롤레타리아에게 사회를 변화시킬 기회와 필요성을 부여하기만 한다. 어떤 변화든지 프롤레타리아 스스로의 자유로운 행동의 산물로서만 올 수 있는 것이다.[11]

역사에 대한 마르크스주의자의 "투박한(vulgar)" 이해를 더욱 세련되게 만든 이는 이탈리아 철학자 안토니오 그람시(Antonio Gramsci, 1891-1937)로서, 그 역시 제1차 세계대전을 전후해 공산당에 적극 가담했다. 전쟁 후 공산당이 권력을 잡는 데에 실패함에 따라 그람시는 1920년대 후반 파시스트들에 의해 투옥되었다. 감금 중에도 글쓰기가 허용되어 일련의 《옥중수고(Quaderni del carcere)》를 썼는데, 이것은 1937년 그가 풀려나고 사망한 이후 출판된다. 마르크스주의 사상에 대한 그람시의 공헌은 루카치를 연상시키지만, 이데올로기의 문제를 대중문화의 영역으로 발전시킨 점이 다르다. 그람시는 이데올로기가 어디든 존재함을 서술하기 위해서, 그리고 마르크스의 "토대와 상부구조" 개념이 문자적으로 받아들일 때 왜 그렇게 단순한지를 설명하기 위해서 **헤게모니**(*hegemony*)라는 개념을 사용했다. 그는 또 마르크스 모델의 두 요소 사이의 변증법적 관계를 발전시켜, 어떻게 상부구조의 제도들이 사실상 토대를 지탱하도록 돕는지를 보인다. 이런 현상은 국가가 정보를 유포하는 과정을 통해 개념의 수준에서 발생하는데, 국가는 정보의 공급을 통제함으로써 사람들이 생각하는 바를 상당 정도 길들일 수 있다. 그람시에 따르면 계급의 이익은 문화현상으로 나타나며, 반대로 문화현상은 겉보기에 "자연스러운" 원리로 물화된다. 이 두 번째 자연은 사회를 둘러싼 덮개(cocoon)로서 창조되지만, 사람들이 그 너머의 가능한 대안 시스템을 보는 것을 방해한다. 그는 《옥중수고》에서 국가의 "교육적" 역할에 대해 다음과 같이 서술했다.

그것의 가장 중요한 기능 중 하나는 대중을 특정한 문화적, 도덕적 수준으로 끌어올리는

11_*Ibid.*, pp. 208-9.

> 것이다. 그 수준(혹은 유형)은 발전에 필요한 생산력에 부합하며, 따라서 지배계급의 이익에 부합한다. 긍정적인 교육기능의 학교, 억압적이고 부정적인 교육기능의 법원, … (그리고) 실제로 여타 다수의 이른바 사적인 계획과 행위는 똑같은 목적을 지향한다. 이 계획과 행위는 지배계급을 위해 정치적이고 문화적인 헤게모니의 장치를 형성하는 것이다.[12]

극우파들에 의해 핍박받은 또 다른 급진적 사상가 가운데에는 1930년대에 파리로 망명했던 독일인 발터 베냐민(Walter Benjamin, 1892-1940)이 있다. 베냐민 역시 대중문화의 콘텍스트에서 마르크스주의의 주제를 다루었고, 19세기 상품 자본주의의 매체로서 파리 아케이드에 대해 상세하게 연구했다. 수전 벅모스는 미완성의 아케이드 프로젝트에 관한 책에서 아래와 같이 설명한다.

> 새로운 도시의 환등상(phantasmagoria) 가운데 핵심은 시장의 상품(commodity-in-the-market)이라기보다 전시된 상품(commodity-on-display)이다. 여기에서 교환가치는 사용가치만큼이나 실제적 의미를 잃었고, 순전히 표상가치(representational value)만이 대두되었다. 성에서 사회적 신분에 이르기까지 탐나는 모든 것은 전시된 물신(fetishes-on-display)인 상품으로 변환될 수 있다. 전시된 물신은 개인의 소유 가능성에 훨씬 못 미치더라도 군중을 매료시킨다. 실제로, 가지지 못할 정도의 비싼 가격표는 상품의 상징가치(symbolic value)를 그만큼 드높일 뿐이다.[13]

아케이드와 함께 새로운 건축이 철과 유리에서 발전하면서, 내부와 외부 공간 사이의 경계가 침식되었다. 이것은 새로운 "상품물신(commodity fetish)"이라는 지위에 꼭 들어맞았는데, 상품물신은 소비하는 이와 소비되는 것 사이의 경계를 유사하게 붕괴시킨다. 즉, 아케이드의 새로운 공간 내에서 작동하는 방향성 상실은 주체와 객체의 혼동을 지탱해주었던 것이다. 베냐민은 이것을 판매자와 생산품의 특징적 결합체인 매춘부의 모습으

12_Antonio Gramsci, *Selections from the Prison Notebooks*, translated by Hoare and Nowell-Smith, London: Lawrence and Wishart, 1971. p. 258.

13_Susan Buck-Morss, *The Dialectics of Seeing: Walter Benjamin and the Arcades Project*, Cambridge, MA: MIT Press, 1989.

로 예증했다.

베냐민의 사상에서 중요한 또 다른 아케이드 주민은, 끝없는 윈도우쇼핑과 무목적의 배회를 통해 소비유혹에 저항하는 **플레네어**(*flâneur*), 즉 도시 "방랑자(wanderer)"이다. 베냐민은 이런 행위를 상품화에 저항하는 모델로 전유하며, **플레네어**가 도시의 인상을 모으듯 예술가는 "발견된" 대상들을 모아야 한다고 제시한다. 그는 아케이드 프로젝트에서 스스로가 이런 접근법을 취했고, 이것을 자신의 말로 "현실에 대한 가장 중요하지 않은 표상 가운데, 말하자면 그것의 잡동사니 가운데, 역사의 초상을 붙잡으려는 시도"[14]라 서술했다.

그는 역사철학에 관한 에세이에서 비슷하게 급진적인 관점을 취하며, 보통 사람들의 "잊혀진" 역사 편에 서서 거대서사를, 혹은 "승자의 역사"를 교정할 것을 요청한다.

> 전통적 관행에 따르면 전리품은 행진과 함께 운반된다. 그것은 문화재로 불리지만, 역사 유물론자는 그것을 신중하고 냉정하게 바라본다. 그가 조사하는 문화재는 예외 없이, 공포 없이는 감상할 수 없는 기원을 가지고 있다. 그것의 존재는 그것을 창조한 위대한 정신과 재능에 빚졌을 뿐만 아니라, 동시대인의 익명적 고통에도 빚지고 있다. 모든 문명의 증거는 동시에 야만의 증거이다.[15]

대안적 역사기술에 대한 베냐민의 개념에서 아케이드의 대중문화는 중요한 역할을 담당했다. 그러나 베냐민 사상의 많은 부분에는 누그러지지 않는 모호성 역시 존재한다. 그것은 스토리텔링, 회화, 연극 같은 전통적 "공예"에 대한 향수와, 사진술과 영화의 새로운 예술이 해방의 정치를 전망하며 주는 흥분 사이의 모호성이다. 이 점은 특히 그의 가장 유명한 에세이인 〈기계복제시대의 예술작품(The Work of Art in the Age of Mechanical Reproduction)〉에 잘 나타난다.

14_Walter Benjamin, *Illuminations*, translated by Harry Zohn, New York: Schocken Books, 1968. p. 11.

15_Walter Benjamin, "Theses on the Philosophy of History", in *Illuminations*, *op. cit.*, p. 256.

“문화산업”에 대한 비평 – 이데올로기와 프랑크푸르트학파
The Critique of the "Culture Industry" — Ideology and the Frankfurt School

“하급 문화적(low-cultural)” 저항을 연구한 베냐민이나 정당 수준에서 공산주의 정치에 적극 개입한 그람시와는 대조적으로, 프랑크푸르트학파(The Frankfurt School)는 이론분석의 전략과 “고급 문화적(high-cultural)” 비판을 강조함으로써 더 추상적 방법론을 대안으로 제시했다. 사회연구소(Institute for Social Research)는 (원래 그 명칭으로) 1923년 프랑크푸르트에서 시작되었지만, 히틀러가 집권하면서 독일을 떠나 뉴욕의 콜롬비아대학교에서 다시 문을 연다. 프랑크푸르트학파의 주도적 인물은 (연구비와 뉴욕에서의 교수직 제안을 통해 우연히 베냐민을 후원했던) 막스 호르크하이머(Max Horkheimer, 1895-1973)와 테오도르 아도르노였다. 아도르노에 관해서는 기능주의 건축의 “이데올로기”를 논의하며 3장에서 언급했었다. 아도르노는 모더니스트 음악에 대한 연구와 아방가르드 문화에 대한 일반적 관심으로 인해 훨씬 대중적인 형태의 예술이 갖는 비판의 가능성에는 냉담했다. 이 점에서 그는 발터 베냐민과 크게 대조적이다. 아도르노는 다다이스트 행위의 모호성보다 찰리 채플린의 친밀성을 높게 평가한 베냐민과 이 주제로 자주 논쟁하곤 했다.

아도르노와 호르크하이머는 《계몽의 변증법(Dialektik der Aufklärung)》으로 명명된 중요한 연구를 함께 수행함으로써, 루카치와 그람시가 시작한 이데올로기에 대한 논쟁을 확장시켰다. 그들은 또한 사회주의자 막스 베버(Max Weber, 1864-1920)의 저작과 그가 “자본주의 정신(capitalist spirit)”이라 부른 것의 역사적 발전에 대한 연구에서 영감을 받았다. 베버는 자본주의의 기원이 프로테스탄트의 직업윤리, 즉 북유럽 교회가 설파했던 이기심 없는 금욕주의의 원리에 있다고 주장했다. 베버에 따르면 이것이 다른 모든 관심사보다 우선해 효율성을 갈구함으로써 합리성의 승리를 가져왔다.

> 근대 서구 자본주의의 독특한 형태가 기술적 가능성의 발전에 강한 영향을 받아온 것은 이제 한눈에 알 수 있다. 오늘날 그 합리성은 가장 중요한 기술적 요소의 계산 가능성에 본질적으로 의존한다. … 한편, 이러한 과학의 발전과 그에 따른 기술은 지금, 실제의 경

제에 적용할 수 있는지에 대한 자본주의의 관심으로부터 중요한 자극을 받는다.[16]

베버가 공격하는 모더니티의 "철창(iron cage)"은, 그것이 계몽주의 합리성에 기초한다는 점에서 아도르노와 호르크하이머의 타깃이기도 하다. 그들은 위 책에서 자신들이 "문화산업(culture industry)"이라 명명한 것들을 서술했는데, 여기에서 계몽주의는 과학기술 문화의 생산품을 통해 "대중기만(mass-deception)"이 되어버렸다. 할리우드 영화, 싸구려 통속소설, 대중음악 등이 모두 자본주의의 재정과 마케팅 시스템의 후원하에 생산된다고 할 때, 이런 곳에서는 지배적 메시지를 보급하는 메커니즘이 어떤 형태의 저항도 대중이 할 수 없도록 방해한다. 그들이 서술하듯 이러한 동질화는 결국 기술적 요청으로 추동된다.

> 이해 당사자들은 기술적 용어로 문화산업을 설명한다. 수많은 이들이 여기에 참여하므로 어떤 재생산의 과정이 필수적이라 제기된다. 이 과정은 수많은 곳에서 똑같은 제품에 만족하도록, 똑같은 필요를 청하는 것이다. 적은 수의 생산 센터와 많은 수의 널리 퍼진 소비 지점 사이에 존재하는 기술적 차이는 관리에 의한 조직과 계획을 요구한다. … 그 결과는 시스템의 결속이 점점 더 강해지는, 조작과 소급적 필요(retroactive need)의 집단이다.[17]

이런 조작을 피하기 위해 아도르노와 호크하이머는 "부정(negation)"과 "초월(transcendence)"의 전략을 추천했다. 여기에서 전자는 시스템에 대한 비평과 관련되고, 후자는 그 너머를 보려는 시도와 관련된다.

그 길들이기 과정의 바깥으로 비켜서는 것이 급진적 철학자에게는 근본적인 문제이다. 어떤 혁명적인 생각이 현재의 시스템 내에 단순히 흡수되는 것을 어떻게 막을 것인

16_Max Weber, *The Protestant Ethic and the Spirit of Capitalism*, translated by Talcott Parsons, London: Routledge, 1992. p. 24.

17_Theodor W. Adorno and Max Horkheimer, *Dialectic of Enlightenment*, translated by John Cumming, London: Verso, 1979. p. 121.

가? 만약 중립적 관찰자가 단지 관찰만 할 수 있는 (그의 사유에 이데올로기적 영향을 주는 왜곡된 필터에 오염되지 않는) "아르키메데스의 지점(Archimedean point)"이 없다면, 저항의 전략이 어떻게 대안적 삶을 제시할 수 있을까? 그리고 어떻게 대중을 성공적으로 설득하여 대안적 삶을 성취하는 데에 필요한 변화를 요구할 수 있을까? 이 어려운 문제를 다루려 했던 프랑크푸르트학파의 또 다른 멤버가 독일 철학자 헤르베르트 마르쿠제(Herbert Marcuse, 1898-1979)였다. 그 역시 "문화산업"에 대해 절망했는데, 몇 년 후의 학생운동에 큰 영향을 미쳤던 《일차원적 인간(One-Dimensional Man)》에서 다음과 같이 서술한다.

> 대량수송 및 의사소통 수단, 의식주의 상품, 그리고 오락 및 정보산업의 저항할 수 없는 결과물은 규정된 태도와 습관, 즉 어떤 지적이고 정서적인 반응을 수반한다. 이 반응은 어느 정도 유쾌하게 소비자를 생산자와 묶으며, 그리고 후자를 통해 소비자를 전체와 묶는다. 그 생산품은 세뇌하며 조작한다. 그것은 거짓에 둔감한 허위의식을 조장한다.[18]

마르쿠제는 초기 연구에서 이런 마르크스주의의 주제들을, 그가 정신분석학에서 발견해 재작업한 여러 아이디어와 결합하기도 했다. 그는 비엔나의 의사 지그문트 프로이트(Sigmund Freud, 1856-1939)의 선구적 연구를 바탕으로 하여 **무의식**(*unconscious*)의 개념을 정치 분석의 도구로 발전시켰다. 인간의 정신구조(psyche)에 대한 프로이트의 "위상학적(topological)" 모델은 이데올로기를 해독하고 그 교활한 영향으로부터 벗어나려는 노력에 또 다른 가능성의 메커니즘을 제공했던 것이다. 레비스트로스가 "지질학, 마르크스주의, 정신분석학"을 비교하며 보였듯, 마르크스주의의 토대-상부구조 모델은 정신구조에 대한 프로이트의 다이어그램에 반영된다. 이 무의식-의식의 구분은 프로이트의 후기 연구에서 수정되어 **초자아**(*super-ego*), **자아**(*ego*), **이드**(*id*)의 삼자관계 시스템으로 발전했다. 여기에서 밑바닥의 이드, 혹은 "그것(it)"은 우리 본능의 원초적 근원으로 간주되며, 본능은 자아(혹은 "나(I)", 즉 의식적 자아)의 "사회적" 기능을 전복하지 못하도록 초자아의 권

18_Herbert Marcuse, *One-Dimensional Man: Studies in the Ideology of Advanced Industrial Society*, Boston: Beacon Press, 1991. p. 12.

위로 억압된다. 초자아의 행위가 본능적 욕망을 지배하는 것은 노동자를 지배하는 자본주의 시스템의 억압과정을 연상시킨다. 성인의 "초자아"가 그의 부재한 부모를 대신하는 것은 유년기의 권위적 인물들을 내면화하는 심리학적 과정의 하나이다. 이러한 과정을 통해 개인적 자아는 사회 내의 지배관계를 준비하는 것이며, 결국 자유와 해방에 대한 개인의 본능도 억압된다고 볼 수 있다.

프로이트에게 있어서 이런 억압된 욕망은 꿈의 이미지나 "프로이트적" 실언, 혹은 훨씬 더 심각한 노이로제 같은 대안적 방식으로 재출현한다. 마르쿠제는 《에로스와 문명(Eros and Civilisation)》에서 자본주의 정신분석학을 시도하여, 억압된 생명충동(a repressed life-impulse) 즉 "에로스"라 부른 것이 자본주의 생산을 위해 강제로 봉사하고 있음을 확인했다. 이것은 자본주의 성장 이면의 프로테스탄트 직업윤리라고 베버가 서술한 것의 더 일반적인 적용이었지만, 억압된 욕망은 한 번 더 분출될지도 모른다는 사실을 암시한 것이다. 마르쿠제가 볼 때 이런 욕망의 표출이 가능한 곳은 예술행위의 영역인데, 여기에서는 비억압적(non-repressive) 사회의 이미지들이 욕망의 실현에 필요한 혁명을 자극할 수도 있다. 그는 아도르노를 인용하며 비평의 영역으로서의 예술에 대해 적는다.

> 예술은 아마도 개인의 차원에서뿐만 아니라 일반적 역사의 차원에서도 가장 가시적인, '억압받는 것들의 귀환(return of the repressed)'일 것이다. 예술적 상상력은 실패한 해방운동의, 즉 배신당한 약속의 '무의식적 기억'을 형성한다. … 예술은 '자유로운 주체로서의 인간의 이미지'를 억압하는 제도에 대항한다. '그러나 부자유한 상태에서의 예술은 오직 부자유의 부정(negation of unfreedom)을 통해서만이 자유의 이미지를 지속할 수 있다.'[19]

이처럼 이데올로기에 관한 프랑크푸르트학파의 사상은 예술의 기능에 대해 긍정적인 결론을 내린다. 이러한 결론은 마르쿠제가 세상을 떠나기 전인 1978년에 출판한 《미학의 차원(Die Permanenz der Kunst)》에서 더욱 옹호되었다.

19_Herbert Marcuse, *Eros and Civilisation: A Philosophical Inquiry into Freud*, London: Routledge, 1987. p. 144.

프랑스의 이데올로기 – 알튀세르, 푸코, 드보르

Ideology in France — Althusser, Foucault and Debord

이데올로기를 다룬 근래의 모든 시도가 마르크스의 생각에 충실했던 것은 아니다. 프랑스 철학자 미셸 푸코의 연구가 특히 그러했는데, 그는 알튀세르의 학생이었다. 알튀세르는 이데올로기를 오로지 유물론적 실천의 결과로 재정의하려 했다. 즉, 프랑크푸르트학파의 견해 가운데 그 반대가 되는, 마르크스에 대한 "과학적" 관점을 제하여 그를 순전히 유물론적인 철학자로만 본 것이다. 알튀세르에게 이데올로기는 관념과 함께 시작되었다기보다 오히려 언어처럼 전승되는 구조의 차원에서 시작되었다. 이러한 견해는 상당 부분 구조주의적 생각에 기인한 것으로서, 인간의 주체를 이해하는 데에 중대한 영향을 미쳤다. 이로써 인간의 주체는 기존 구조의 일시적 "효과"로 축약된다. 바르트와 데리다가 이미 제시하기 시작했듯, 개인은 항상 표상의 다양한 네트워크 안에 갇히게 되는 것이다.

푸코의 관심은 더 큰 힘들의 작용이 어떻게 이 같은 주체를 "구성"하는가에 있었다. 따라서 그는 제도화된 관행과 은밀한 권력(power)의 행사를 연구하는 데에 몰두하게 된다. 그는 역사의 구체적인 증거 가운데 그러한 권력이 행사된 "기록(inscription)"을 확인하기로 결심했고, 병원이나 감옥과 같은 제도들과 지식에 대한 연구를 통해 이를 수행할 수 있었다. 그는 자신의 경력을 돌아보며 스스로의 연구에 대해 다음과 같이 서술했다.

> 나의 연구는 인간의 존재를 주체로 변화시킨 세 가지 방식의 객체화(objectification)를 다루었다. 첫째는 스스로에게 과학의 지위를 부여하려는 조사방식이다. 일반 문법(grammaire générale), 문헌학, 언어학에서, 말하는 주체(the speaking subject)를 객체화하는 것이 그 예라 하겠다. … 나는 연구의 두 번째 부분에서, 내가 '구분하는 관행(dividing practices)'이라 부르는 것에 있어서의 주체의 객체화를 고찰했다. 주체는 자기 내적으로든 다른 이들로부터든 구분된다. … 미친 자들과 멀쩡한 자들, 병든 자들과 건강한 자들, 범법자들과 '착한 소년들(good boys)'이 그 예이다. 마지막으로 내가 연구하려 노력한 것은 … 인간이 자신을 주체로 변환시키는 방법이었다. 예를 들어 나는 성(sexuality)의 영역

을, 즉 어떻게 사람들이 자신을 '성'의 주체로 인식하도록 배우는지를 선택했다.[20]

푸코는 이러한 대립들을 다시 문제시하기 위해(to re-problematise) 무척 고심했다. 즉, 어떻게 이들이 "자연스러운" 원리인 것처럼 보이도록 인위적으로 구성되었는지를 보이기 위해 노력했던 것이다. 이는 후기구조주의가 의미의 가능성을 열어두기 위한 방법으로서 구조주의의 이원대립을 다루었던 바와 마찬가지였다.

또한 그는 초기 연구에서 역사를 직선적 발전으로 본 견해에 의문을 품었고, 대신 "인식론적 단절들(epistemological breaks)"을 겪는 변화의 모델을 제안했다. 이것은 비록 지식 전반에 걸쳐 훨씬 일반적 수준으로 적용되긴 했지만, 토마스 쿤의 과학적 패러다임 개념과 유사하다. 한편, 푸코는 나중의 저작에서 사회의 제도화된 권력관계 내에 있는 개별 주체의 위치에 관해 고찰하기도 했다. 사회 내에 존재하는 포괄적 권력에 대한 그의 서술은 (그가 비록 구조주의학파의 생각에 찬동하지 않았다고 주장했듯, 마르크스주의와의 어떠한 특별한 교감도 격렬히 부인했지만) 이데올로기에 대한 마르크스주의자들의 정의를 연상시킨다.

> 권력(power)의 가능 조건은 … 불균형으로 권력의 상태를 끊임없이 위태롭게 하는 세력관계(force relations)의 유동적 기반이다. 그러나 권력의 상태는 언제나 국부적이고 불안정하다. 권력의 무소부재(omnipresence)는 그것이 불굴의 결속하에 모든 것을 통합하는 특권을 가졌기 때문에 가능한 것이 아니라, 그것이 한 순간에서 다음 순간으로, 즉 모든 시점에서, 혹은 한 점에서 다른 점으로의 모든 관계 속에서 생산되기 때문에 가능하다. 권력은 모든 곳에 존재하는데, 그것이 모든 것을 포괄하기 때문이 아니라 그것이 모든 곳으로부터 나오기 때문이다.[21]

20_Michel Foucault, "The Subject and Power", quoted in Richard Kearney, *Modern Movements in European Philosophy*, Manchester: Manchester University Press, 1986. pp. 296-7.

21_Michel Foucault, *The History of Sexuality, Volume 1: An Introduction*, translated by Robert Hurley, New York: Vintage Books, 1990. p. 93.

이 과정이 작동하는 구체적인 사례는 "파놉티콘(Panopticon)"에 관한 그의 에세이에 나온다. 파놉티콘은 18세기의 감옥 개혁자인 제러미 벤담(Jeremy Bentham, 1748-1832)이 고안한 건물로서, 바깥 링에 죄수실을 배치한 극장 같은 원형 구조로 되어있다. 따라서 이 구조는 중앙통제탑에서 모든 곳을 볼 수 있기 때문에, 한 사람에 의한 감시가 가능하다. 감시받고 있다는 느낌은 수감자들이 스스로를 "감시하고(police)" 있음을, 그래서 바로 그 건물 자체가 규율체계의 효과적 작동을 책임지고 있음을 의미한다. 푸코는 파놉티콘의 예를, 그가 병원, 공장, 학교 등의 다른 제도적 건물들에서 본 일반적 현상의 극단적 사례로 활용한다. 1975년에 출판된 영향력 있는 책 《감시와 처벌(Surveiller et punir)》에서 그는 이를 다음과 같이 서술한다.

> 이것은 새로운 종류의 감시 유형이 마련된 위대한 작업장과 공장의 문제였다. … 이제 필요한 것은 강렬하고 연속적인 감독이었다. 그것은 노동의 과정을 관통했다. 그것은 (원재료의 본성과 품질, 사용되는 도구들의 유형, 생산품의 크기와 품질 등) 생산에, 혹은 생산에만, 관계하지 않았다. 그것은 사람들의 활동, 기술, 그들이 직무를 시작하는 방법, 민첩성, 열정, 행위 등도 역시 고려했다.[22]

푸코는 일반화된 규율적 질서를 부여하는 이 과정을 개별 건물에서뿐만 아니라 도시의 구성 가운데에서도 본다. 〈공간, 지식, 권력(Space, Knowledge and Power)〉으로 출판된 나중의 인터뷰에서 그가 지적하듯, 이 과정은 18세기 말에 형식화되기 시작했다.

> 질서유지의 필요성을 고려할 때, 즉 전염병과 혁명을 피하고 예의바르고 도덕적인 가족생활 등을 가능하게 하기 위해, 사회의 질서가 무엇이어야 하는지, 도시가 무엇이어야 하는지를 다루는 정치적 문헌의 형태를 우리는 보기 시작합니다. 이러한 목적의 관점에서, 우리는 어떻게 도시의 조직과 집합적 사회 기반시설의 건설을 생각해야 할까요?[23]

22_Michel Foucault, *Discipline and Punish: The Birth of the Prison*, translated by Alan Sheridan, New York: Vintage Books, 1995. p. 174.

23_Michel Foucault, "Space, Knowledge and Power", interview with Paul Rabinow. Reprinted in Neil Leach (ed.),

알튀세르의 유물론과는 반대로, 푸코는 대상과 관념 사이에 여전히 변증법적 관계가 있음을 적극 인정했다. 이것은 건축의 지위에 대한, 그리고 건물과 (건물이 수용하는) 공간적 실천 사이의 상호작용에 대한 그의 생각에서 중요하다.

앞서 인용한 인터뷰의 뒷부분에서 그는 건축과 자유 사이의 관계에 대해 질문 받고 다음과 같이 답한다.

> 나는 하나가 '해방(liberation)'이고 다른 하나가 '억압(oppression)'이라 말하는 것이 가능하다고 생각하지 않습니다. … 강제수용소는 … 해방의 도구가 아니지만, 우리가 여전히 고려해야 할 사항이 있습니다. 어떠한 저항도 봉쇄되는 고문과 사형은 제외하고 이야기 합시다. 보통은 인정하지 않겠지만, 아무리 주어진 시스템이 공포스럽다 하더라도, 저항, 불복종, 대립적 그룹화의 가능성이 언제나 남아 있다는 사실이 그것입니다.

그리고 동시에, 그에게는, 자유 또한 건물의 물리적 형태로 보장될 수 있는 것이 아니었다.

> 인간의 자유는 결코, 그것을 보장하기 위해 만든 제도와 법률로도 보장될 수 없습니다. 이것이 왜 이런 법률의 대부분이 변질될 가능성이 있는지의 이유입니다. … 내 생각에 자유의 실천을 보장하는 것은 사물의 구조에 결코 타고난 것일 수 없습니다. 자유의 보증은 자유 자체입니다.

이렇게 말하기는 했지만, 푸코는 건축가의 창조성을 위한 긴요한 역할만큼은 남겨두었다. 그러한 역할은 디자이너의 해방적 의도가 "사람들이 자유를 행사함에 있어서 그들의 실제적 실천과 맞아 떨어질 때" 가능한 것이다.[24]

이데올로기에 대한 저항방식으로서의 실천이라는 이슈에 관해서는 프랑스 사상가 기 드보르(Guy Debord, 1931-94) 역시 결정적인 공헌을 했다. 드보르는 루카치가 설정한 물화의 문제로 돌아와 1960년대의 사회 상황에 대해 괄목할 만한 고찰을 선보인다. 1967년

Rethinking Architecture, London: Routledge, 1997. pp. 367-8.

24_*Ibid.*, pp. 371-2.

에 출판한 《스펙터클의 사회(La société du spectacle)》라는 책은 당시의 정치적 활동에 직접적인 영향을 주었고, 이후의 마르크스주의 사상에는 훨씬 더 지속적인 영향을 미쳤다. 드보르는 물신으로서의 상품이라는 (노동자는 "사물"로 환원되고 사물은 "마술적" 성질과 함께 생명력을 띤다는) 루카치의 개념을 확장해, 관념과 물질의 영역 사이에 더 깊은 혼란이 초래된 까닭을 한층 강력해진 상품의 "이미지" 탓으로 돌렸다.

> 이것이 '유형의 사물뿐만 아니라 무형의 사물(intangible as well as tangible things)'이 사회를 지배하는 상품 물신주의(*commodity fetishism*)의 원리이다. 이것은 유형의 세계가 그 위에 존재하는 선택된 이미지들로 대체되는 스펙터클 가운데 절대적 성취에 이른다. 이것은 동시에 가장 유형적인(tangible) 것으로 인식된다.[25]

이러한 조건에 대한 저항으로서 드보르는 새로운 경험의 방식에 전념한 문필가 및 예술가들과 함께 국제상황주의자(Situationist International) 그룹을 결성하여 1950년대 후반부터 1960년대에 걸쳐 같은 이름의 저널을 출판했다. 그들은 행위예술의 "해프닝(happenings)"과 같은 공공 공간에 대한 자발적 재전유(reappropriation)에 영향을 받았고, 그러한 해프닝을 스스로 "상황(situations)"이라 지칭했다. 이와 더불어 그들은 **플레네어**에 관한 베냐민의 서술에도 영향을 받아, 그 아이디어에 대한 응답으로 "표류의 이론(Theory of the Dérive)"을 발전시켰다.

> 여러 가지 상황주의적 방법 가운데 표류(dérive)[문자적으로 'drifting']라는, 변하는 환경들을 일시적으로 통과하는 테크닉이 있다. 표류는 유희적-건설적 행위와 심리지리학적 효과를 수반한다.[26]

"심리지리학(psychogeography)"에서 시각(vision)이 행하는 역설적인 역할로 인해 이후의 프랑스 비평가들은 이미지에 대해 덜 부정적인 견해를 갖게 된다. 특히 장 보드리야르

25_Guy Debord, *Society of the Spectacle*, Detroit: Black and Red, 1983. §36.
26_Guy Debord, "The Theory of the Dérive", *Internationale Situationniste*, No. 2, December 1958. Reprinted in Ken Knabb (ed.), *Situationist International Anthology*, Berkeley, CA: Bureau of Public Secrets, 1981. p. 50.

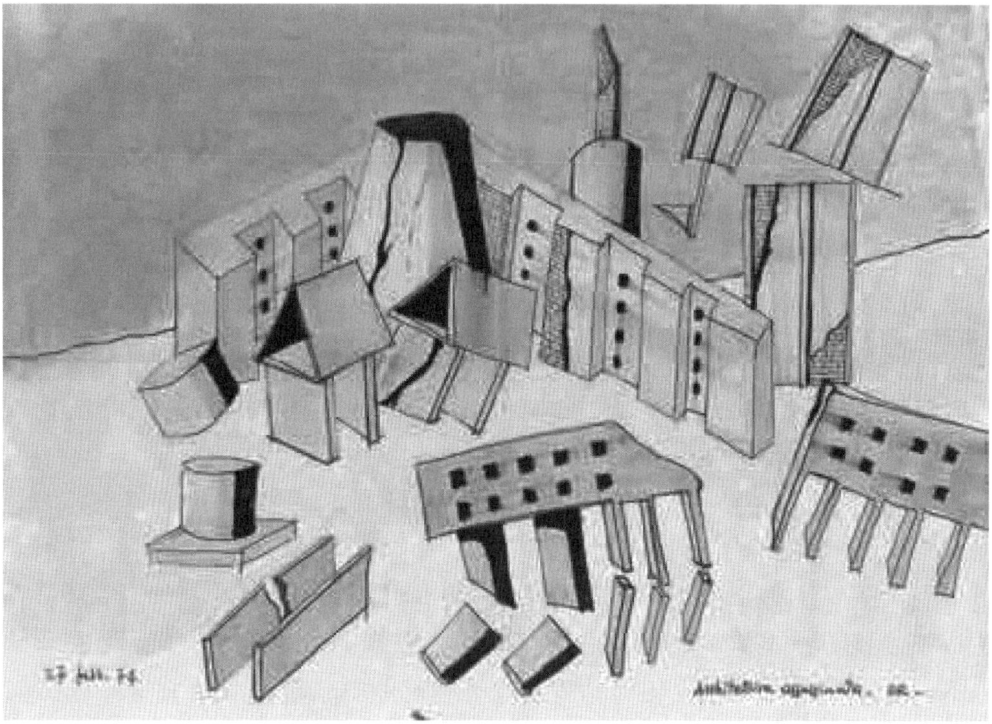
1. 알도 로시 — "살해된 건축(Architettura Assassinata)", 1974-75.

는 기호의 "자율성"에, 그리고 기호가치가 교환가치에 우선하는 방법에 매료되었다. 그는 초기의 연구에서 "이미지 소비"의 스펙터클이 기표(signifier)와 지시체(referent)의 분리로부터 어떻게 생겨났는지를 보이고자 했다. 그래서 마르크스주의적 접근법을 기호에 대한 소쉬르의 분석과 결합했다. 그리고 나중의 글에서는 "시뮬라시옹(simulation)"의 새로운 문화에 찬사를 보내게 된다. 비록 좀 더 비판적이었던 초기의 연구가 지닌 정치적 의제가 부재했지만 말이다.

마르크스주의 건축비평 – 타푸리와 제임슨
The Marxist Critique in Architecture — Tafuri and Jameson

우리가 지금까지 논의한 사회의 지배적 권력구조와 제도들에 대한 다양한 저항의 방식은 모든 건축가들이 반드시 동의할 만한 것은 아니다. 오히려 이것은, 역설적이게도, 가장 정치적인 이슈이다. 마르크스주의적 아이디어에 깊이 영향을 받은 이탈리아의 역사가 만프레도 타푸리(Manfredo Tafuri, 1935-94)는, 건축가가 사회의 일반적 혁명 없이 건축만으로 많은 것을 성취할 수 있을 것이라는 데에 회의적이었다. 그가 1969년의 한 에세이에서 적었듯(이 에세이는 이후 《건축과 유토피아(Progetto e Utopia)》라는 책으로 확장된다), 그는 초기 모더니즘의 유토피아 프로젝트에 나타났던 건축의 사회적 의도가 자본주의의 만연한 시스템 속으로 흡수되었음을 감지했다. 그가 이를 도구적 이성의 이데올로기 탓으로 돌린 것은 아도르노와 호르크하이머가 앞서 그랬던 것과 마찬가지이다. 왜냐하면 이것이 자본주의의 기본 원리들을 "자연스러워" 보이게 했던 근대 계몽주의의 원류에 속하기 때문이다. 오늘날의 건축실무는 이 헤게모니에서 벗어날 수가 없고, 결국은 자본주의 프로젝트의 진보와 항상 결탁하게 된다. 따라서 이런 이데올로기에 대항하는 건축의 유일한 긍정적 역할은 실무의 세계가 아니라 비평의 영역에 있다.

> 어쩌면 수많은 주변적 역할이 건축과 계획을 위해 존재할는지도 모른다. 그러나 우리에게 가장 중요한 관심은 왜 지금까지 마르크스주의를 지향했던 문화가 아주 조심스럽게, 그리고 더 나은 구실에나 합당할 만큼 고집스럽게, 그 간단한 진리를 거부하거나 은폐했느냐는 질문에 있다. 그 진리는, 계급의 정치경제학 같은 것이 있을 수 없고 오직 정치경제학에 대한 계급비평만이 존재할 수 있는 것과 똑같이, 계급의 미학, 예술, 혹은 건축이 결코 있을 수 없고 오직 미학, 예술, 건축, 그리고 도시에 대한 계급비평만이 존재할 수 있다는 사실이다.[27]

27_Manfredo Tafuri, "Toward a Critique of Architectural Ideology", Contropiano 1, January-April 1969. Reprinted in K. Michael Hays (ed.), *Architecture Theory Since 1968*, Cambridge, MA: MIT Press, 1998. p. 32.

좀 더 긍정적인 글에서 타푸리는 대안적 실천 방식을 시사하는 "비판적" 건축 프로젝트의 잠재성을 인식한다. 그는 위에서 인용한 에세이의 단행본판 서론에서, "건축의 죽음(death of architecture)"을 예견한 책임을 거부하기 위해 무척 애썼다. 건축의 죽음은 그의 원래 에세이에 대응해 알도 로시가 그린 유명한 드로잉이 암시했던 바이기도 하다. 사실 그는 본서 2장이 이성에 대한 비판이라는 견지에서 논의했던 더 "자율적인" 건축을 옹호하게 되는데, 자본주의가 혁명적 건축의 힘을 빼앗았기 때문에 여기에서는 이것만이 유일한 대안이라 생각했던 것이다.

> 여기에서 흥미로운 것은 자본주의의 발전이 건축으로부터 앗아간 직무를 정확히 확인하는 일이다. 다시 말해, 그것이 일반적으로 원형(prefiguration)으로부터 앗아갔던 것 말이다. 이와 함께 우리는 거의 자동적으로 오늘날 건축의 '드라마'라 불릴만한 것을 발견하게 된다. 즉, 건축이 순수 건축(pure architecture)으로 돌아가 유토피아 없이 형성되는 것을 보게 되며, 기껏해야 숭고한 무익함(sublime uselessness)에 돌아가는 것을 보게 되는 것이다.[28]

이 점에서 타푸리의 주장은, 2장에서 논의했던 건축의 비판적 능력에 대해 우리가 일찌감치 내린 결론과 비교될 수 있다. 한편, 타푸리는 이것이 건축 이데올로기에 대해서는 효과적일지 몰라도 이데올로기 전체와 혼동해서는 안 된다는 사실을 받아들이는 데에는 주저했던 것 같다.

> 나는 건축에 이데올로기의 옷을 입히려는 기만적 시도들보다, 침묵의 오래된 '순수성'에 대해 용기 있게 말하는 이들의 진정성을 늘 선호할 것이다. 설령 이것 역시 여전히 시대착오적 생각 가운데 측은한 이데올로기적 영감을 품는다 해도 말이다.[29]

28_Manfredo Tafuri, *Architecture and Utopia: Design and Capitalist Development*, translated by Barbara Luigia La Penta, Cambridge, MA: MIT Press, 1976. p. ix.
29_*Ibid*.

이런 비관적 결론과는 대조적으로 마르크즈주의 비평가 프레드릭 제임슨(Fredric Jameson, 1934-)은 최근 좀 더 희망적인 답을 제시했다. 그는 특히 타푸리의 "몹시도 절망적인 입장"을[30] 뛰어넘으려 했는데, 그가 제안한 보다 긍정적인 의제는 건축이 전 지구적 "후기자본주의(late-capitalism)"의 동질화된 환경 내에서 방향 타진의 수단일 수 있다는 것이다. 제임슨은 케빈 린치(Kevin Lynch, 1918-84)의 책《도시의 이미지(The Image of the City)》에서 개념을 차용하여, 린치가 "인지적 지도제작(cognitive mapping)"의 기술이라 명명한 것의 정치적 견해를 발전시켰다. 린치의 인지적 지도제작은 혼란스런 도시환경 속에서 특정한 길과 영역을 찾아가기 위해 사람들이 어떻게 마음의 지도(mental maps)를 구성하는가에 관한 연구에서 유래한 것이다. 제임슨에게 이것은 마르크스주의의 미학(이라 불릴 만한 것)을 서술하는 방법이 되었다. 정치적 저항도 그러한 미학을 통해 자본주의 헤게모니 안에서 유사하게 방향 설정을 할 수 있을 것이다.

> 거기에서 우리는 다시 개인적이고 집합적인 주체로서의 우리의 위치를 파악하기 시작하고, 현재 우리의 사회적이고 공간적인 혼돈 때문에 중성화된 행동과 투쟁의 능력을 회복한다. 포스트모더니즘의 정치적 형태는, 만약 그런 것이 존재한다면, 공간적이고 사회적인 규모 면에서 전 지구적인 인지적 지도제작의 발명과 적용을 소명으로 삼을 것이다.[31]

또한 제임슨은 유토피아의 프로젝트를 이 "반헤게모니(counterhegemony)"의 핵심 요소로 생각하여, 현재의 공간에 대한 대안적 아이디어와 실천을 제시했다. 그는 이로써 사회가 현재 시스템의 새로운 요구를 발전시킬 수 있을 것이라 예상한다. 그의 생각은 바로 여기에서 타푸리와 가장 직접적으로 관계 맺는다. 비록 그가 동시에 마르크스의 옛 저작, 특히 옛것 안에서 새것이 출현하는 방식에 관한 글 역시 참고하지만 말이다.

30_Fredric Jameson, "Is Space Political", in Cynthia Davidson (ed.), *Anyplace*, Cambridge, MA: MIT Press. Reprinted in Neil Leach (ed.), *op. cit.*, p. 259.

31_Fredric Jameson, *Postmodernism, or, The Cultural Logic of Late-Capitalism*, London: Verso, 1991. p. 54.

그런 형상은 사회 변천의 소군락 이론(*enclave* theory) 같은 것을 상기시키는데, 이에 따르면 다가오는 미래는 … 옛 시스템 내의 작지만 전략적인 고립지대(pockets) 혹은 교두보(beach-heads)의 관점에서 이론화된다. 그 특성 가운데 본래의 공간적 성격은 우연이 아니다. 그리고 이것은 아주 다른 두 유형의 공간 사이에서 역사적 긴장 같은 것을 표출한다. 거기에는 훨씬 강력한 것이 새롭게 나타나 점차 옛 형태 위에 영향력과 활동력을 확장하며, 초기에 이식된 것으로부터 퍼져 나와 그 주변에 존재하던 것을 점진적으로 '군락화(colonising)' 시킨다.[32]

마르크스주의의 실천을 향하여 – 르페브르와 드 세르토

Towards a Marxist Practice — Lefebvre and De Certeau

소규모의 혁명은 갑작스런 변혁과 달리 아주 은밀한 것이다. 그러나 이 주제 역시 풀뿌리 건축실무에서 과정을 민주화하는 운동으로서 강력한 영향력을 가져왔다. 이번 섹션은 타푸리가 언급한 (2장 말미에서 논의했고 4장에서 재고했던) "순수 건축"이 함의하는 비평과는 대조적인, 정치적 변화의 문제에 대한 또 다른 접근법을 간략히 설명하며 마무리할 것이다. 주어진 조건을 변화시키기 위해 직접 행동한다는 개념은 의식의 혁명을 출발점으로 삼는 유토피아 전략과는 상반된다. 그러나 이 개념은 건축가들로 하여금 공동체 참여를 통해 건축과정을 재조직함으로써 중재자나 "조력자(enabler)"로서 다양하게 행동하게 하는 결과를 낳았다. 이런 방법에 대한 철학적 배경은 여러 원천에서 발견할 수 있다. 특히 1960년대 후반의 학생혁명 시기에 중대했던 프랑스 정치 행동주의(political activism)의 전통이 그 원천 중 하나이다.

앙리 르페브르(Henri Lefebvre, 1901-91)는 프랑스 학생혁명과 관련된 이들 중 아마 가장 흥미로운 인물일 텐데, 주요 연구인 《공간의 생산(La production de l'espace)》은 그의 풀뿌리 활동을 암시한다. 그의 사유는 철학적 영향을 폭넓게 받았던 까닭에 무척 풍부하고 복합

32_Fredric Jameson, "Architecture and the Critique of Ideology", in Joan Ockman (ed.), *Architecture, Criticism, Ideology*, Princeton Architectural Press, Princeton, 1985. Reprinted in K. Michael Hays (ed.), *op. cit.*, p. 453.

2. 파올로 솔레리 — "아르코산티", 애리조나, 1969년부터. (Neil Jackson)

3. 파올로 솔레리 – "아르코산티", 애리조나, 1969년부터. (Neil Jackson)

4. 크리스토퍼 알렉산더 등 — 살라 주택, 올버니, 캘리포니아, 1982-85. (Neil Jackson)

적이라 하겠다. 이 점은 특히 현상학적인 주제와 마르크스주의적인 주제를 혁신적으로 결합한 데에 기인했는데, 이러한 작업은 그의 연구를 일상과 긴밀히 연계시켰다. 르페브르의 주요 표적은 그가 "추상적 공간(abstract space)"이라 부른 것에 있었다. 그에 따르면 이것은 자본주의 하에서 근대건축이 생산한 것이다. 마찬가지로 그는 순전히 시각적인 이미지에만 너무 의존하는 포스트모더니스트의 기호학에도 비판적이었다. 비평가 마이클 헤이즈는 르페브르의 연구를 소개하며 다음과 같이 적는다.

> 추상적 공간은 파편화되면서 동시에 동질화된다. 자본주의는 모든 활동을 쪼개고 일상화시킨다. … 이런 모순은 스스로를 부각시키기 위해 차이를 유발하는데, 심지어는 추상적 공간이 모든 차이를 소멸시키려 할 때도 그렇다. 바로 이 추상적 공간의 불안정성이야말로 자본주의의 지배에 저항할, 그리고 '다른' 공간을 생산할 잠재력을 만들어 내

5. 크리스토퍼 알렉산더 등 — 살라 주택, 올버니, 캘리포니아, 1982-85: 실내. (Neil Jackson)

6. 크리스토퍼 알렉산더 등 — 살라 주택, 올버니, 캘리포니아, 1982-85: 실내. (Neil Jackson)

는 것이다. 이런 잠재력의 생산은 르페브르가 말한 바, 자본주의의 소외로부터 공간을 '전유'함으로써 가능하다. '공간의 "진정한" 전유는 그저 지배를 은폐하는 데에 봉사하는, 전유의 추상적 기호와 양립할 수 없다.'[33]

르페브르가 언급하는 활동은 건축의 관심사를 대규모의 전략적 계획(strategic planning)으로부터 일상의 "전술(tactics)" 수준으로 전환시킨다. 이 차이는 미셸 드 세르토(Michel de Certeau, 1925-86)의 연구에서 더 특별히 이론화되었다. 그는 권위에 대한 저항이라는 "반규율적(anti-disciplinary)" 실천 개념을 발전시켰는데, (푸코 역시 참조했지만) 일상의 삶

33_K. Michael Hays (ed.), *op. cit.*, p. 175.

7. 크리스토퍼 알렉산더 등 — 멕시칼리 집합주택(Mexicali Housing), 멕시코, 1976. (Neil Jackson)

에 관한 르페브르의 글에 영향을 받았다.

> 많은 일상의 관례들은 (말하기, 읽기, 돌아다니기, 쇼핑, 요리 등은) 특성상 전술적이다. 그리고 더 일반적으로 말해, 많은 '작동의 방법들(ways of operating)'도 그렇다. '강자'에 대한 '약자'의 승리(그 힘이 강자의 것이든 사물에 대한 폭력이든, 혹은 부과된 질서에 속하든), 교묘한 속임수, 사물을 다루는 법을 알기, 사냥꾼의 솜씨 등이 예이다. … 그리스인들은 이러한 '작동의 방법들'을 메티스(*metis*)라 불렀다. 그러나 그들은 훨씬 뒤로 돌아가, 식물과 물고기의 속임수와 모방에 나타난 태고의 지혜를 본다. 깊은 바다 속으로부터 현대 거대도시의 거리에까지 이런 전술에는 연속성과 영구성이 존재한다.[34]

34_Michel de Certeau, *The Practice of Everyday Life*, translated by Steven Rendall, Berkeley, CA: University of California

8. 크리스토퍼 알렉산더 등 — 멕시칼리 집합주택, 멕시코, 1976. (Neil Jackson)

드 세르토는 전유의 개념을 근대 자본주의 사회의 지배적 관례에 대한 저항의 방식으로 묘사한다. 이것은 지배적 담론의 전복에 관한 바르트의 아이디어와 유사하다. 그리고 능동적 독자가 텍스트를 재전유하는, "불법침입(poaching)"으로서의 독서와도 유사하다. 여기에서 우리는 베냐민의 방랑하는 **플레네어**가 텍스트를 관통하며 어슬렁거리는 것을 연상하게 된다. 거의 다시쓰기 행위나 다름없는 이 같은 창조적 독서의 테크닉을 드 세르토는 공간의 거주에 비유했다. 또한 그는 이 아이디어를 시에서의 즉흥작법(improvisation)과도 연결한다.

이 변화는 텍스트를 임대 아파트처럼 거주할 수 있게(habitable) 만든다. 그것은 떠돌이가

Press, 1984. p. xx.

9. 프라이 오토 등 — 오쾨 주택(Okö House), 베를린, 1990. (Neil Jackson)

> 다른 사람의 소유를 잠시 빌린 공간으로 변형시키는 것과 같다. 세입자들이 아파트를 자기 행위와 기억으로 채워 크게 변화시키는 것은 … 거리를 자기 욕망과 목적으로 채우는 보행자들과 마찬가지이다. … 지배적 질서는 수많은 생산적 활동을 위한 지지자로 역할하는가 하면, 동시에 소유자들로 하여금 이런 창조성을 보지 못하게도 한다. … 이 질서가 극한에 이르면 미터법이나 옛 시인의 음운(音韻)과 등가물이 될 것이다. 이는 새로운 발견을 자극하는 일군의 제약들, 즉 즉흥작법을 작동시키는 규칙들이다.[35]

이 즉흥작법 개념은 헤르만 헤르츠버거의 건축적 의도를 연상시킨다. 앞서 보았듯 그는 건물과 사용자 사이의 관계를 촉진시키려 노력했다. 이런 노력의 극단적인 예가 사용

35_*Ibid.*, pp. xxi-xxii.

10. 프라이 오토 등 — 오쾨 주택, 베를린, 1990. (Neil Jackson)

11. 랄프 어스킨 — 바이커 월 주거단지, 뉴캐슬, 1969-80. (Alistair Gardner)

12. 랄프 어스킨 — 바이커 월 주거단지, 뉴캐슬, 1969-80. (Alistair Gardner)

자 참여 디자인인데, 특히 몇몇 사례는 꽤 유사한 형태적 특성 때문에 고찰할 만하다. 그 범위는 파올로 솔레리(Paolo Soleri, 1919-2013)의 기념비적인 아르코산티(Arcosanti)처럼 거주자들이 건설한 도시 전체로부터, 건축가가 현장 자문으로 있는 가운데 건축주가 손수 지은 집 한 채에 이르기까지 폭넓다. 후자의 시나리오의 대표자는 크리스토퍼 알렉산더(Christopher Alexander, 1936-)이다. 수학자로 경력을 시작했던 그는, 수학적 변수 시스템을 통해 디자인 프로세스를 분석하는 데에까지 나아갔다. 이런 접근법은 이후의 작업에서 다소 누그러져 **패턴**(*Patterns*)으로 디자인하는 더 융통성 있는 방법론이 된다. 그는 이 방법론을 핸드북 즉 매뉴얼로 발전시켜, 누구든 이것을 이용해 각자의 필요에 맞게 건물을 설계할 수 있도록 했다. 그는 캘리포니아의 살라 하우스(Sala House)에서처럼 이것을 단독주택에 적용하기도 했고, 일본의 한 대학 캠퍼스에서처럼 더 큰 규모의 개발을 위해 적용하기도 했다. 알렉산더는 1985년 건설된 에이신 캠퍼스(Eishin Campus)에 대해 논의할 때 그 프로젝트를 두 가지 경쟁적 건축 시스템 사이에 벌어진 일종의 시민전쟁으로 제시했다. 첫 번째인 "세계 시스템 A(world system A)"는 그의 《패턴 랭귀지(Pattern Language)》의 사용을 기초로 하며, 두 번째인 "세계 시스템 B(world system B)"는 관례적이고 전문적으로 조직된 건설 과정을 기초로 한다.

> 세계 시스템 A는 인간의 감정에 기초한다. 이것은 인간의 감정이 우선하는 세계를 창조하려는 것이다. … 총체성(과) 공정성은 … 그 세계의 특성인데, 그 특성은 모든 지점에서 인간의 감정을 구현하기도 하고, 그 감정에 의존하기도 한다. 세계 시스템 B는 기계적이고 무감각한 과정에 기초한다. 이것은 돈과 기회와 권력의 세계를 제안하는데, 여기에서는 총체성이나 정신과 같이 궁극적인 것이 아주 먼 곳으로 좌천된다.[36]

알렉산더의 건축에 존재할지도 모르는 미심쩍은 "정신적(spiritual)" 특성은 별개로 하더라도, 현대 일본의 콘텍스트 속에서 이 프로젝트는 그곳의 경제 시스템에 대한 위협으로 보였다. 그의 말에서 이러한 대면(confrontation)은 영웅적 만남의 규모를 띠는데, 실제 이것은 그 시스템을 전복하려는 시도의 결과를 보여주는 것이다.

> 우리가 보건대, 일본의 (건설) 회사들은 다음과 같은 사실을 처음으로 인식했다. 즉, 시스템 A를 충족시키려는 우리의 의도가 일본의 미래에 대해 심각한 결과를 야기할지도 모른다는 사실 말이다. 우리가 그 순수한 형태로 하던 일은 … 일본 전체의 건설 산업에 위협을 가했다. … 따라서 그들은 그것이 반드시 실패하리라 여겼다.[37]

그 프로젝트는 실제로 상당한 적대감과 혼동 속에서 진행되었는데, 건물들 자체는 알렉산더의 작업이 보통은 성취하기 힘든 수준의 숙련된 솜씨를 보여주었다. 이와는 대조적으로 그의 소규모 프로젝트는 종종 거주자 스스로의 시공에 의존한다. 멕시코의 작은 마을을 위해 지어진 공동체 주거 프로젝트가 그 예이다. 이 프로젝트에 관해서는 《주택

36_Christopher Alexander, "Battle: The History of a Crucial Clash Between World-System A and World-System B", in *The Japan Architect*, Tokyo, August 1985. p. 35.
37_*Ibid.*, p. 19.

의 생산(The Production of Houses)》(1985)이라는 책에 서술되었는데, 이것은 앞의 디자인 가이드에 대응하는 실제적인 "공사 매뉴얼"에 다름 아니다. 이 모든 작업에 내재된 의도는 "생산의 수단"을 넘겨주는 것이었다. 이를 통해 노동자는 마르크스가 서술했던 소외로부터 벗어날 수 있을지도 모른다. 그러나 아직까지는 어떠한 대규모의 "혁명"도 발생하지 않았다. 서양 세계의 부유한 대중으로부터 집단적 응답이 부재하기 때문이다.

이런 종류의 프로젝트는 독일의 프라이 오토(Frei Otto, 1925-2015)나 벨기에의[역주: 원저는 오스트리아로 잘못 표기함] 루시앙 크롤(Lucien Kroll, 1927-)의 작업에서처럼 유럽에서도 여러 규모로 실행되었다. 두 사람은 사용자들의 직접적인 참여를 독려해왔고, 종종 혼란스럽고 지나치게 복잡한 형태의 건축을 낳기도 했다. 이런 건물에서 개개인이 디자인에 참여한 바는 그 건물의 시각적 표현에 꽤 명확히 나타나며, 건축가가 생산을 통제하는 역할에서 물러섰음을 상징한다. 크롤은 자기 작업과 거기에 내포된 원대한 의제에 관해 아래와 같이 적는다. 그러나 그 의제 역시도 그가 건축가로서의 통제력을 포기했듯 상당히 완화된 것이다.

> 현재로서 실현될 것 같지 않은 정치 유형을 창조하기 위해 우리는 미리 다른 방법을 시도하고 있다. 그 방법은 우리가 마음에 품은 정치적 상황을 어느 날 가져올 것이다. 이것은 단순히 프로토타입을 제시하는 문제이며 … 그것의 가능성이나 결점을 주시하는 문제이다. 우리는 우리가 대안적 건축만으로 혁명을 가져올 수 있다고 상상한 적이 결코 없다. 혁명적 효과를 위해서는 대안적 건축이 기존의 제약들에 침투해야 할 것이다.[38]

이런 방법론은 1980년대 영국에서 "공동체 건축(community architecture)"이라는 기치 아래 열렬한 추종자들을 얻었고, 찰스 왕자(Prince of Wales)의 후원도 있었다. 가장 유명하고 성공적인 예가 뉴캐슬의 바이커 월(Byker Wall) 주거단지이다. 여기에서 기존 공동체의 각 가구는 개별적 필요에 맞게 건축된 주택으로 이주할 수 있었다. 건축가는 팀10 그룹의 일원이었던 랄프 어스킨(Ralph Erskine; 1914-2005)인데, 그는 이후의 작업에서도 여전히

38_Lucien Kroll, "Architecture and Bureaucracy", in Byron Mikellides (ed.), *Architecture for People: Explorations in a New Humane Environment*, London: Studio Vista, 1980. pp. 162-3.

이 방법을 추구하며 자신의 또 다른 관심사인 생태학을 연계시켰다. 런던 그리니치에 있는 밀레니엄 빌리지(Millenium Village) 프로젝트는 아마도 주택 공급의 방식을 변화시키려는 어스킨의 마지막 시도가 되었다고 하겠다.

이밖에 좀 더 넓은 범위의 건축이론 가운데에서도 다양한 "혁명적" 의제들이 지난 10년간[역주: 20세기의 마지막 10년간] 대두되었다. 특히 환경운동은 "녹색건축(green architecture)"의 슬로건하에 생태학을 새로이 강조하며 자본주의의 전통적 우선권에 다시금 도전했다. 이와 비슷하게 의식의 변화 역시도 다른 수준에서 추구되었다. 새롭게 떠오른 페미니스트 이론과 "성별 공간(gendered space)" 개념의 영향 때문이다. 또한 여기에는 이전의 정치적 프로젝트의 의제들과 함께하는 더 근본적인 공통점도 있다. 그것은 이제야 목소리를 내기 시작한, 억압된 힘들의 귀환이라는 관점에서 그러하다.

건축 디자인은 변화를 통해, 특히 사회적 콘텍스트에 맞서는 형태를 강조함으로써 얼마나 많은 성취를 거둘 수 있을까? 이 질문은 많은 철학자들의 사유가 이미 제기했던 여러 분야와의 상호관계에 대해 되묻는 것이다. 메리 매클라우드(Mary McLeod)가 이 주제에 관한 논쟁적 에세이에서 지적했듯, 그 많은 힘들이 우연히 일치한다면 그것이야말로 모종의 효과를 얻기 위해 조작된 것임에 틀림없다.

> 역사주의적 경향과 후기구조주의적 경향은 모두 근대주의 운동이 가진 도구적 이성, 편협한 목적론, 그리고 테크놀로지에 대한 과도한 믿음이 실패했음을 정확히 지적했다. 그러나 이 두 가지 입장도 또 다른 방향에서 잘못되었는데, 이들이 모든 사회적 영역을 포기함에 있어서 그렇다. 즉, 형태가 비판적이거나 긍정적인 도구이되, 사회적이고 경제적인 과정으로부터 독립되어 있다고 가정한 점이 잘못이다. 현대건축은 너무 외피의 이미지와 유희에 관한 것이 되어왔고, 그 내용은 너무 덧없고, 너무 쉽게 변하거나 소비할 수 있는 것이 되어왔다. 이 사실은 부분적으로는 프로그램, 생산, 재정 마련 등의 물적 차원을 경시한 데에서 기인한 결과이다. 그러한 차원은 더 직접적으로 권력에 대한 문제를 상기시킨다. 그리고 포스트모더니즘(postmodernism)과 해체주의(deconstructivism)는 성별, 인종, 생태학, 빈곤에 관한 이슈를 가로막음으로써 더 활기차고 지속적인 이질성(heterogeneity)의 발전마저도 저버렸다.[39]

이 견해는 르코르뷔지에가 1923년에 건축을 혁명의 대안으로 제시하며 함의했던 딜레마에 우리가 여전히 빠져있음을 암시한다.[40] 진정한 "혁명"은 공간적 실천의 수준에서 일어난다는 것은 최근의 마르크스주의 철학자들이 설정한 저항의 방식에서 명백하다. 다양한 전술을 비공식적으로 사용함으로써 지배적 패러다임을 전복하는 전략은 (드 세르토가 언급한 "발견된" 사물들의 즉흥적 사용, 기술이전, 공간의 "불법침입"과 같은 것을 예로 들 수 있는데), 계몽된 소비자가 상품화 과정에서 비켜설 수 있게 하는 폭넓은 가능성을 제공한다. 강제적 광고와 언론조작의 전략이 정치예술가, 해설가, 비평가들에게 더 많이 노출되면 노출될수록, 사람들은 그만큼 더 많은 정보를 얻어 각자의 경제적, 문화적 조건에 관한 사안을 선택할 수 있게 될 것이다. 자본주의의 조건하에 생산된 예술과 건축을 비평하는 방법으로서 특정한 작업의 상황적 배경은 마르크스주의자들에게 무척 중요하다. 그러나 푸코와 데리다가 문화적 "텍스트"의 개념에서 암시했듯, 모든 대상에는 실천의 방식 및 비평의 방식으로서의 이중적 잠재성이 있다. 이 같은 이론과 실천을 더 넓고 비판적인 학문 분과로 융합하는 것에 대해서는 "해석학"이라는 일반적 제목 하에 이 책의 결론에서 논의할 것이다.

더 읽어야 할 문헌

배경

Walter Benjamin, *Illuminations: Essays and Reflections*, translated by Harry Zohn, New York: Schocken Books, 1968.

Michel de Certeau, *The Practice of Everyday Life*, translated by Steven Rendall, Berkeley, CA: University of California Press, 1984.

Guy Debord, *Society of the Spectacle*, Detroit: Black and Red, 1983.

Terry Eagleton, "Conclusion: Political Criticism", in *Literary Theory: An Introduction*, Minneapolis:

39_Mary McLeod, "Architecture and Politics in the Reagan Era: From Postmodernism to Deconstructivism", *Assemblage* 8, February 1989. Reprinted in K. Michael Hays (ed.), *op.cit.*, pp. 696-7.

40_Le Corbusier, *Towards a New Architecture*, translated by Frederick Etchells, London: Architectural Press, 1946. pp. 268-9.

University of Minnesota Press, 1983. pp. 194-217.
David Hawkes, *Ideology*, London: Routledge, 1996.
Richard Kearney, "Georg Lukács", "Walter Benjamin", "Herbert Marcuse" and "Michel Foucault", in *Modern Movements in European Philosophy*, Manchester: Manchester University Press, 1986.
David McLellan, *Karl Marx*, New York: Penguin Books, 1975.
Karl Marx and Friedrich Engels, *The Marx-Engels Reader*, Robert C. Tucker (ed.), New York: Norton, 1978.

전경

Christopher Alexander, *The Production of Houses*, Oxford University Press, New York, 1985.
William McDonough, "Design Ecology, Ethics and the Making of Things" and "Hannover Principles", in Kate Nesbitt (ed.), *Theorising a New Agenda for Architecture: An Anthology of Architectural Theory 1965-95*, New York: Princeton Architectural Press, 1996. pp. 400-10.
Mary McLeod, "Architecture and Politics in the Reagan Era: From Postmodernism to Deconstructivism", *Assemblage*, 8, February 1989. Reprinted in K. Michael Hays (ed.), *Architecture Theory Since 1968*, Cambridge, CA: MIT Press, 1998. pp. 696-7.
Manfredo Tafuri, *Architecture and Utopia: Design and Capitalist Development*, translated by Barbara Luigia La Penta, Cambridge, MA: MIT Press, 1976.
John F. C. Turner, *Housing By People*, London: Marion Boyars, 1976.

읽기

Michel Foucault, "Space, Knowledge and Power", interview with Paul Rainbow. Reprinted in Neil Leach (ed.), *Rethinking Architecture*, London: Routledge, 1997. pp. 367-79.
Fredric Jameson, "Architecture and the Critique of Ideology", in Joan Ockman (ed.), *Architecture, Criticism, Ideology*, New York: Princeton Architectural Press, 1985. Reprinted in K. Michael Hays (ed.), *Architecture Theory Since 1968*, Cambridge, MA: MIT Press, 1998. pp. 442-61.

결론 – "비판적" 해석학을 향하여

Conclusion: Towards a "Critical" Hermeneutics

결론의 제목에 "해석학"이라는 단어를 사용하는 것은 나머지 모두를 대체할 만한 또 다른 학문을 제시하기 위해서가 아니다. 오늘날의 견지에서 이 용어는 그 역사를 연상시키는 까닭에 문제의 소지가 있는데, 나는 이것을 해석의 일반적 실천을 의미하는 폭넓은 관점에서 사용하겠다. 이 책은 1장과 2장에서 두 부류의 상반된 생각, 즉 건축의 의미에 대한 문제를 바라보는 두 가지 대립적인 견해를 제시했다. 첫째는, 건축이 편리하고 보호받는 공간을 제공하는 것 이외에 다른 어떤 의미도 가지지 않는다는 가정이다. 둘째는, 건축을 순수한 예술 행위로 보고, 다른 어떤 관심사보다 메시지의 전달을 우선시하는 관점이다.

물론 두 입장은 실제로 존재하지 않는다. 나는 이 아이디어를 오히려 해석의 틀로, 그리고 다양한 **경향**을 고찰하는 렌즈로 사용해 왔다. 두 입장은 그저 극단적 경향일 뿐이며, 건축은 언제나 그렇게 간단하지 않다. 이러한 사실은 다양한 해석 모델에 관한 다음 장들에서 명확해졌다. 의도적이든 아니든 건물이 언제나 메시지를 전달한다는 점은, 인간의 모든 노력들과 더불어 건축을 **재현적** 혹은 **표상적**으로 만든다. 연극 감독인 피터 브루크(Peter Brook, 1925-)는 극예술의 기원에 관해 다음과 같이 적는다.

> 어떠한 빈 공간이든 나는 그것을 꾸밈없는 무대(a bare stage)라 부를 수 있다. 한 사람이

빈 공간을 걸어가면, 다른 누군가는 그를 쳐다본다. 이것이 연극 행위를 위해 필요한 모든 것이다.[1]

일상의 하루 동안에도 유사한 "연극 행위(acts of theatre)"가 헤아릴 수 없이 많이 발생하고, 건축은 늘 존재하는 배경으로 그 드라마의 일부를 담당한다.

이처럼 다양한 비구두적(non-verbal) 소통의 언어를 어떻게 이해해야 하는가가 이 책 제2부의 주제였다. 우리가 상이한 방식의 담론들 속에서도 서로를 이해한다는 사실은 다양한 근본적 원리를 공유하고 있다는 것에 대한 증거이다. 현상학의 논점은 "상호주관성(intersubjectivity)"의 개념에, 그리고 개인의 지각적 영역을 넘어서는 신체 경험의 확장에 집중되었다. 구조주의는 이런 경험의 사회적 콘텍스트를 제공하기 위해 개인을 이미 존재하는 코드와 관례의 네트워크 내에 위치시켰던 것으로 보인다. 그러나 구조주의적 분석이 역사적 변화를 다루는 데에 실패했기에, 이것을 더 각별히 검토하기 위해 정치 비평의 다양한 유형을 제시했다. 우리는 이 결론에서 역사적 전통에 대한, 그리고 건축을 이해하는 데에 있어서의 해석학적 실천의 역할에 대한 전반적인 문제를 더 고찰할 것이다. 이것은 이 모든 전략들이 단일한 학문 분과로 병합될 수 있음을 뜻하기 위함이 아니라, 단지 해석을 향한 서로 다른 방법들의 상대적 이점들을 보이기 위함이다.

내가 "비판적 해석학(critical hermeneutics)"이라는 제목에서 제시하는 비판의 요소는 "해석학"이라는 용어를 관례적으로 이해할 때 뚜렷이 드러나는 문제를 강조한다. 그 비판의 요소는 보수적 경향의 해석학에 대한 일종의 경계를 암시하고, 역사적 전통에 대한 의심가능성을 회복하게 하는 것이다. 프랑스 철학자 장 프랑수아 리오타르가 《포스트모던 해설(Le Postmoderne expliqué)》에서 권고하듯, "받아들인 모든 것은 비록 단 하루가 지났어도 의심되어야 한다."[2]

1_Peter Brook, *The Empty Space*, New York: Atheneum, 1968. p. 9.

2_Jean-Francois Lyotard, *The Postmodern Explained: Correspondence, 1982-1985*, translated by Don Barry et al., Minneapolis: University of Minnesota Press, 1993. p. 12.

해석학의 전통
The Hermeneutic Tradition

"해석학(hermeneutics)"이라는 단어의 사전적 정의는 그것이 "해석, 특히 경전이나 문학 텍스트의 해석"과 관련된다고 서술한다. 경전(scripture)에 대한 언급은 즉시 그 용어의 종교적 근원을 강조하는데, "신의 말씀"을 해석하는 성경이나 고대 그리스의 관습 모두에서 그렇다. 이 단어는 델피의 신탁에서 사제를 칭한 그리스어로부터, 그리고 발에 날개가 달린 사자신(使者神, messenger-god) 헤르메스(Hermes)로부터도 파생되었다. 그리스의 헤르메스는 사람과 신 사이에서 소통하는 중재자인 기독교의 천사와 동격이다. 우리는 이미 이러한 중재자를 신화의 구조주의적 분석에서 신비적 사건의 원인을 설명하는 장치로서 만났었다. 해석학에서 헤르메스 신은 텍스트가 "메시지"로 이해될 수 있다는 생각을 상기시키는 편리한 은유라 하겠다. 텍스트가 단지 중립적인 정보의 전달자가 아니라 해석을 요한다는 사실은 종교의 역사 가운데 중대했던, "창립 문서(founding document)"에의 충성에 근거한 해석 논쟁에서도 추론할 수 있다. 지난 수백 년 동안 기독교회가 분열된 것은 "신의 말씀"의 의미에 대한 논쟁의 폭을 보여주는 하나의 예일 뿐이다. 유대교의 구약적 전통으로부터 초기 기독교가 갈라져 나온 것도 그렇고, 더 극적인 바는 7세기에 이슬람교와 기독교가 분열된 것이다. 이 역시 가장 권위적인 해석이라는 명목으로 텍스트를 다시 쓰는 것이 얼마나 강력할 수 있는지를 보여준다.

해석학이 신학적 행위에서 학문적 행위로 변모된 때는 인문학에서 과학적 생각이 확장되던 18세기였다. 프랑스 현대 철학자 폴 리쾨르(Paul Ricoeur, 1913-2005)가 〈해석학의 임무(The Task of Hermeneutics)〉라는 에세이에서 서술하듯, 그러한 변화는 지엽적 해석학이 포괄적 해석학으로 전환한 것이라 할 수 있다.

> 해석학은 (성경의) 주석과 (고전의) 문헌학을 쿤스트레레(Kunstlehre), 즉 '테크놀로지'의 수준으로 끌어올리려는 시도와 함께 탄생했다. 이것은 단절된 작업들을 그저 수집하는 데에만 국한되지 않는다.[3]

3_Paul Ricoeur, "The Task of Hermeneutics", in *Hermeneutics and the Human Sciences*, translated by John B. Thompson,

프리드리히 슐라이어마허(Friedrich Schleiermacher, 1768-1834)는 이러한 혁신에 가장 크게 이바지한 인물로서, 해석학을 오해의 제거를 위한 수단으로 여긴 신학 교수였다. 텍스트에 대한 이해가 저자에 대한 이해에 의존한다는 그의 관점은 예술을 천재 개인의 산물로 본 칸트적 개념의 결과로 여길 수 있다. 이처럼 개인을 모든 의미의 근원으로 보는 낭만적 생각은, 우리가 이제 알고 있듯, 20세기 구조주의 철학에 의해 도전받는다. 그러나 고전주의 전통의 굴레에 대항했던 19세기 초의 혁신 뒤에는, 믿을 만한 해석의 원칙을 찾도록 추동한 새로운 자극이 있었다. 슐라이어마허는 부분과 전체의 관계에 근거해 텍스트를 해석하기 위하여 "해석학적 순환(hermeneutic circle)"이라는 개념을 발전시켰다. 이것은 전체적 의미의 윤곽을 세우기 위해 디테일로부터 작업하거나, 혹은 더 신빙성을 갖도록 양방향으로부터 동시에 변증법적 연구를 수행하는 과정을 수반한다. 이 과정에는 저자의 의도에 대한 고찰이 포함되는데, 실제로 기록된 텍스트의 내용과 다시 비교하기 위함이다. 그러한 순환의 공간적 형상은 또 다른 인자, 즉 이해를 공유하는 공동체에 의해 형성된 전통이라는 아이디어를 제시한다. 이것은 이후의 해석학적 양상에서도 역시 중요한데, 거기에서는 귀속성(belonging)의 개념이 영향력 있는 주제가 된다.

이러한 주관적 방법론은 해석학의 그 다음 혁신자인 독일의 빌헬름 딜타이(Wilhelm Dilthey, 1833-1911)에게 이어졌다. 1882년부터 베를린에서 교수로 활동하던 딜타이는 과학의 확산에 발맞춘 실증주의 철학을 반대했고, 대신 근본적으로 다른 형태의 지식에 의지하는 "인문과학(human sciences)"을 정의하려 노력했다. 그는 "순수" 이성이 아닌 **역사** 이성의 "가능성의 조건들"을 탐구했다는 점에서, 칸트가 과학을 위해 했던 것을 인문학을 위해 행하려 시도한 셈이다. 이것은 설명(explanation)과 이해(understanding)를 구분한 데에 바탕을 두는데, 여기에서 전자는 과학의 영역이고 후자는 인문학의 영역이다. 딜타이에게 이해는 저작의 역사적 상황에 기초했다. 비록 슐라이어마허처럼 저자의 정신세계를 강조했지만 말이다. 해석학적 탐구가 한 번 더 극적인 전환을 보인 것은 20세기 초 마르틴 하이데거의 책 《존재와 시간》을 통해서였다. 이제 논점은 서로 다른 방식의 지식에 대한 인식론적 질문으로부터 존재론, 즉 인간 **존재**의 근본적 성질에 관한 것으로 바뀌게

Cambridge: Cambridge University Press, 1981. p. 45.

된다. 하이데거의 연구에서 이해는 존재의 기본 방식이 되었는데, 그는 이러한 존재가 위치하는 세계를 기술하고자 시도했다. (그러나 3장에서 우리가 하이데거의 연구의 일반적 방향에 대해 논의했듯, 그의 강조점은 매일의 "생활 세계"로부터 특권적 언어로 점점 전이해가게 된다.) 도구에 대한 논의는 콘텍스트에 따라 대상을 이해하는 것의 좋은 예인데, 이 경우 해석학적 순환은 연관된 행위들의 네트워크로 구성된다. 따라서 하나의 대상은 다른 도구들과의 관계 속에서 의미를 가지는 것이며, 하이데거의 관점에서 이것은 그 대상이 해석될 수 있는 세계를 열어준다. 이러한 상황적 관계의 구조에는 예비적 차원도 있는데, 이것은 필연적으로 어떤 특정한 대상이나 지각의 행위보다 선행한다. 하이데거는 《존재와 시간》에서 선존재(pre-existence)의 속성에 대해 기술했다.

> 무언가가 무언가로 해석될 때마다 그 해석은 필수적으로 앞선 소유, 앞선 시각, 앞선 개념에 근거할 것이다. 해석은 결코 우리에게 제시된 무언가의 선행조건 없이는 이해될 수 없다.[4]

하이데거의 후기 저작이 언어를 "존재의 집"으로서 강조했던 점은 그의 학생이자 독일인 동료였던 한스 게오르크 가다머(Hans-Georg Gadamer, 1900-2002)의 연구로도 이어진다. 가다머는 주요 업적인 《진리와 방법(Wahrheit und Methode)》을 1960년 독일어로 출판하여, 자기 아이디어를 발전시켰을 뿐만 아니라 해석학의 역사도 깊이 있게 보여주었다. 또한 설명과 이해를 구분했던 딜타이의 개념을 채택하여, 과학이 설명을 사용함으로써 대상과 관찰자 사이의 소외에 의존한다고 주장했다. 과학이 추구하는 지식의 객관성에 대한 이상은 해석자를 실험으로부터 명확하게 구분하는 것을 전제로 한다. 해석자가 실험의 실제 조건 바깥으로 비켜서서 관찰의 중립성과 반복성을 얻고자 노력하기 때문이다. 가다머는 관찰자와 관찰대상이 소격(疏隔, estrangement)되는 상태를 귀속성의 경험과 정반대가 되는 것으로 보았는데, 그에게 귀속성의 경험은 해석학적 이해를 위해 필수적인 것이다.

4_Martin Heidegger, *Being and Time*, translated by John Macquarrie and Edward Robinson, New York: Harper & Row, 1962. pp. 191-2.

가다머의 해석 개념이 이처럼 귀속감을 강조했던 까닭에, 그의 생각은 보수주의라는 혐의를 받게 된다. 그는 해석학이 "정신들 사이의 개인적이거나 역사적인 거리를 좁히는 것"으로 구성된다고 주장했는데,[5] 이 짤막한 규정이야말로 귀속감에 근거한 가다머의 보수성을 명백히 보여준다고 하겠다. 또한 그가 저자의 정신을 강조한 점은 천재나 개인을 독창적 의미에 대한 주권적 창조자로 여겼던 슐라이어마허의 신칸트주의 개념을 연상시킨다. 이 개념은 가다머가 이해를 "지평융합(fusion of horizons)"의 과정에 의존하는 것으로 기술함으로써 좀 더 강화되었다. 여기에서 한 사람의 지평은 창조나 해석의 행위가 발생하는 특별한 콘텍스트이다. 이것은 하이데거의 아이디어가 제시했던, 연장을 규정하는 도구의 네트워크와 유사하다. 이와 같은 과거로의 지향성은 가다머의 나중 에세이를 통해 강조된다. 예술이 회상(recollection)을 상징적으로 표시하는 것이라고 설명할 때였다.

> '상징(symbol)'이라는 말은 무엇을 뜻하는가? 원래 이것은 기억을 표시하기 위해 그리스에서 사용한 기술적 용어였다. 주인은 손님에게 어떤 물건을 둘로 쪼개어 이른바 테세라 호스피탈리스(*tessera hospitalis*)로 선사했다. 그는 자신이 반쪽을 보관하고 다른 반쪽을 손님에게 준 것이다. 삼십 년이나 오십 년 후 손님의 후손이 그 집을 방문하면, 두 조각은 서로를 식별하는 행위로 다시 맞추어져 전체를 이루게 된다.[6]

예술의 경험을 회상으로 간주한 가다머의 개념은 "과거의 현존(presence of the past)"이라는 생각을 내포한다. 이런 생각은 언어를 "존재의 집"으로 여긴 하이데거의 개념을 그가 지지한 데에도 나타났다. 그는 언어가 문화적 전통을 전달하는 특권적 수단이라는 아이디어를 발전시켰고, 특히 글(writing)을 역사적 진리의 궁극적 전달매체로 보고 거기에 집중했다.

5_Hans-Georg Gadamer, "Aesthetics and Hermeneutics", in *Philosophical Hermeneutics*, translated by David E. Linge, Berkeley, CA: University of California Press, 1976. p. 95.

6_Hans-Georg Gadamer, "The Relevance of the Beautiful", in *The Relevance of the Beautiful and other Essays*, Robert Bernasconi (ed.), Cambridge: Cambridge University Press, 1986. p. 31.

> 어떤 것도 글처럼 순수하게 정신의 흔적이 될 수 없으며, 또한 어떤 것도 그것처럼 분별 있는 정신에 의존적이지 않다. 그것을 해독하고 해석할 때, 무언가 낯설고 죽었던 것이 총체적 현재성(contemporaneity)과 익숙함(familiarity)으로 변모하는 기적이 일어난다. 이것은 과거로부터 우리에게 전해 내려오는 그 어떤 것과도 같지 않다. … 건물, 도구, 무덤의 내용은 그것들을 휩쓸어온 시간의 풍파에 시달려 왔다. 그러나 기록된 전통은, 일단 해독되고 읽히면, 매우 순수한 정신으로 마치 현재의 일인 양 우리에게 이야기한다.[7]

폴 리쾨르의 비판에 따르면 이처럼 해석자와 텍스트 저자 사이의 역사적 거리를 좁히는 것은 가다머 이론의 약점이다. 이로써 우리가 과거를 온전히 "회복"할 수 있다고 믿는 함정에 빠지기 때문이다. 이를 피하기 위해 그는 우리와 사물 사이의 "소외"의 감각을 보유할 필요가 있다고 지적한다.

리쾨르는 앞서 언급한 에세이에서 "역사적 의식에 필수적인 근접과 거리 사이의 긴장"을 강조하게 된다.[8] 그리고 이 긴장의 개념을 발전시키기 위해 그 역시 하이데거로 되돌아갔다. 예술작품이 세계를 "열어주거나" 혹은 "드러낸다"는 개념으로 말이다. 리쾨르에게 하이데거가 말한 세계는 텍스트 앞의 세계이지 그 뒤의 저자의 세계가 아니다. 그는 딜타이의 생각에서 이러한 이해가 시작됨을 보았다.

그는 역사주의가 일종의 절대지식과의 성공적인 일치를 상기시키지 않으면서도 스스로를 극복할 수 있는 방향을 가리켰다. 그러나 이를 발견하기 위해서는 해석학의 운명과 (또 다른 정신적 삶으로의 전이에 관한) 순전히 심리학적인 개념 사이의 연계를 포기하는 것이 필요하다. 텍스트는 더 이상 저자를 향해서가 아니라 자체의 내재적(immanent) 감각을 향해, 그리고 그것이 열어주고 드러내는 세계를 향해 펼쳐져야 한다.[9]

7_Hans-Georg Gadamer, *Truth and Method*, translated by Joel Weinsheimer and Donald G. Marshall, London: Sheed & Ward, 1989. p. 163.

8_Paul Ricoeur, "The Task of Hermeneutics", *op. cit.*, p. 61.

9_*Ibid.*, p. 53.

해석들의 "충돌"

The "Conflict" of Interpretations

리쾨르가 해석학의 철학적 배경을 처음 만났던 역사적 콘텍스트를 살피는 것은 그의 이후 연구의 전체적인 방향을 이해하는 데에 중요하다. 그가 후설이나 하이데거와 같은 철학자들의 저작과 독일의 역사적 학풍의 전통을 발견한 것은 바로 제2차 세계대전 중 나치에 의해 투옥되었을 때였다. 그는 독일의 정치가 독일 전통의 부득이한 결과가 아니라는 사실을 깨달음으로써, 역사가 지속적으로 재해석될 수 있어야 한다고 결론내렸다. 그는 이 사실로부터 언어의 "다중적 의미(multiple meanings)"라는 일반 원리를 발전시켰는데, 이것은 《해석들의 충돌(Le Conflit des interprétations)》에 있어서의 주요 쟁점이자 해석학의 기본 원리였다. 그는 또한 후설의 현상학 연구의 관념론적 경향에 비판적이었다. 후설이 지각하는 의식에 즉각적으로 명백한 "참된" 실재를 해석하려 했음은 이미 살펴본 바이다. 대신 리쾨르는 진행 중인 해석학의 "임무" 가운데 피할 수 없는 성질이 있음을 주장했다. 그것은 즉각적으로 명백한 모든 의미를 의심하는 것이다. 그는 다양한 철학자들의 작업에 나타나는 이러한 노력을 지지했다. 철학자들은 각자 자신만의 독특한 방법으로 "의심의 해석학(hermeneutics of suspicion)"을 발전시킨 셈이다. 그는 이 범주에 우리가 이미 언급한 이들을 포함시켰다. 이성의 "계보"를 비판한 니체, 자본주의 이데올로기를 노출시킨 마르크스, 의식적 정신의 일상과 상충되는 무의식의 영향을 밝힌 프로이트가 그들이다.

리쾨르의 충돌 개념에 나타나는 의미의 불안정성은 이탈리아 철학자 잔니 바티모(Gianni Vattimo, 1936-)가 근래에 연구한 주제였다. 가다머의 학생이었던 그는 포스트모더니즘 사상의 특성인 복수성(plurality)을 자기 방식으로 발전시켰다. 하이데거와 이후의 데리다가 서구 철학에 대한 비판을 전개시킨 까닭은, 절대 지식의 궁극적 근간이 되는 기초를 찾는다는 것이 오류였다고 생각했기 때문이다. 그들과 마찬가지로 바티모 역시 철학에 있어서의 포스트모더니즘의 현재 상태를 "탈기초주의(post-foundationalism)", 혹은 더 기억하기 쉽게, "약한 생각(weak thought)"의 시기로 특징지었다. 이런 상황으로 인해 그때까지 주변적이었던 담론들도 중요성을 부여받게 된다. 이 점은 일반적으로 철학 내에서 고려되지 않았던 영역을 데리다가 논의한 데에서 명백하다. 데리다는《회화의 진실(La Vérité en peinture)》에서 예술작품과 "액자(frame)" 사이의 관계에 초점을 맞추는데, 여기에서 액자는 예술 자체를 규정하는 필수 요소로 판명된다. 이처럼 바티모도 명백히 주변적인 것의 중심성을 연구 주제로 채택했다. 건축의 장식에 대한 논의에서도 그렇고, 허무주의(nihilism) 개념을 발전시킴에 있어서도 그렇다. 특히 바티모가 니체로부터 허무주의라는 용어를 빌려온 것은 경험하는 주체의 "탈중심(de-centering)"을 나타내기 위함이었다. 앞서 이미 언급했듯, 그러한 주체는 현대 철학을 규정하는 특징이다.

리쾨르에게와 마찬가지로 바티모에게도, 개별 주체가 "의미의 창조자"라는 위치에서 소외된 것이다. 이 점은 해석학적 경험이 사실상 가장 근본적인 "존재방식"이라는 생각을 새로이 환기시킨다. 어찌 보면 우리의 존재 자체가 끊임없는 해석의 프로젝트를 요구한다고 하겠는데, 어떠한 소통의 행위에든 항상 얼마간의 불확실성이 있기 때문이다. 그러한 불확실성은 현상학이 몸과 세계 사이에서 묘사하는 "간섭(interference)"에 기인할 수도 있고, 구조주의 언어학에 의해 정의되는 기표/기의 관계의 임의성에 기인할 수도 있으며, 우리와 사회관계 사이의 이데올로기라는 비가시적 필터에 기인할 수도 있다. 우리가 이 책에서 논의했던 각 모델은 이러한 상황에서의 방법론을 제시한다. 하이데거가 현재의 "소외된" 세계에 철학을 위해 남겨둔 유산에 대해, 바티모는 아래와 같이 기술했다.

> 해석학은 인문과학의 특권에 근거한 존재의 진정성을 이성화된 사회의 소외에 대립시키려는 이론이 아니다. 이것은 오히려 우리 세계의 기술과학적 이성화의 결과로 산출된 존재의 변형(에 대한 생각)의 의미를 파악하려 노력하는 이론이다.[10]

결론적으로 해석의 비판적 전략으로서 "해체적(deconstructive)" 해석학에 관해 여기에서 몇 마디 언급하는 것이 필요할 것 같다. 해석학에서 과거에 대해 강조했던 바는 아마도 더 미래 지향적인 실천 내에서 변형될 수 있으리라 생각된다. 과거에 대한 데리다의 긍정적 태도가, 그리고 "지배적이었던" 역사들이 그동안 억압해온 이슈를 들춰내려는

10_Gianni Vattimo, *Beyond Interpretation: The Meaning of Hermeneutics for Philosophy*, translated by David Webb, London: Polity Press, 1997. p. 110.

그의 열망이 그 가능성을 보여주었다. 전통을 향한 이러한 역동적인 접근 방식은 정신분석학의 프로이트적 테크닉과도 비교될 수 있다. 그러한 정신분석학의 수법이 과거 경험의 트라우마적 사건을 바탕으로 작업하기 때문이다. 데리다가 옹호하는 비판적 실천은 사상의 역사에서 원형적 형상(archetypal figures)을 택해 그것을 바꾸어 진술하며, 동시에 그것의 기원에 내재하는 기본적 모호성을 분명히 하는 것이다. 이러한 데리다의 작업은 하이데거가 제안했던 "열어 보이기(opening up)"에 대한 서곡이 될 수도 있다.

> 해설을 갑절로 하는 이 순간은 의심할 여지없이 비판적 독서 가운데 자리해야 한다. 모든 고전적 요건을 인식하고 존중하는 것은 쉽지 않을 뿐만 아니라, 모든 전통적 비평의 도구를 필요로 한다. 이런 인식과 존중 없이는 비판적 생산이 어느 방향으로든 발전할 위험이 있고, 스스로에게 거의 모든 것을 허용하게 된다. 그러나 이 필수불가결한 가드레일은 항상 독서를 보호해왔을(*protected*) 뿐, 결코 열어주지는(*opened*) 못했었다.[11]

건축 내에서 전통을 택하고 그것과 씨름하는 것은 이 책의 각 주제에서 중요한 요소였다. "문화적 텍스트"로서의 건물은 그와 같은 비판적 평가와 재해석의 지속적 과정을 요청한다. 하이데거가 일깨우듯 건축이 다시 "의심할 만한 가치가 있게" 되었다면,[12] 이러한 과정은 해석학의 프로젝트를 통해 충분히 성취될 수 있으리라 기대한다.

11_Jacques Derrida, *Of Grammatology*, translated by Gayatri Chakravorty Spivak, Baltimore, MD: Johns Hopkins University Press, 1976. p. 158.

12_Martin Heidegger, "Building, Dwelling, Thinking", in *Poetry, Language, Thought*, translated by Albert Hofstadter, New York: Harper & Row, 1971, p. 160. Reprinted in Neil Leach (ed.), Rethinking Architecture, London: Routledge, 1997.

더 읽어야 할 문헌

배경

Terry Eagleton, "Phenomenology, Hermeneutics, Reception Theory", in *Literary Theory: An Introduction*, Minneapolis: University of Minnesota Press, 1983. pp. 54-90.

Hans-Georg Gadamer, "Aesthetics and Hermeneutics", in *Philosophical Hermeneutics*, translated by David E. Linge, Berkeley, CA: University of California Press, 1976. pp. 95-104.

Paul Hamilton, *Historicism*, London: Routledge, 1996.

Fredric Jameson, "On Interpretation", in *The Political Unconscious: Narrative as a Socially Symbolic Act*, London: Routledge, 1989. pp. 17-102.

Jean-François Lyotard, *The Postmodern Condition: A Report on Knowledge*, translated by Geoff Bennington and Brian Massumi, Minneapolis: University of Minnesota Press, 1984.

Paul Ricoeur, "The Task of Hermeneutics", in *Hermeneutics and the Human Sciences*, translated by John B. Thompson, Cambridge: Cambridge University Press, 1981. pp. 43-62.

Gianni Vattimo, *Beyond Interpretation: The Meaning of Hermeneutics for Philosophy*, translated by David Webb, London: Polity Press, 1997.

전경

Alan Colquhoun, "From Bricolage to Myth, or How to Put Humpty-Dumpty Together Again", in *Essays in Architectural Criticism: Modern Architecture and Historical Change*, Cambridge, MA: MIT Press, 1981. Reprinted in, K. Michael Hays (ed.), *Architecture Theory Since 1968*, Cambridge, MA: MIT Press, 1998. pp. 336-46.

Peter Eisenman, "The End of the Classical: The End of the Beginning, the End of the End", in *Perspecta*, 21, 1984. Reprinted in Kate Nesbitt (ed.), *Theorising a New Agenda for Architecture: An Anthology of Architectural Theory 1965-95*, New York: Princeton Architectural Press, 1996. pp. 212-27.

Vittorio Gregotti, *Inside Architecture*, translated by Wong and Zaccheo, Cambridge, MA: MIT Press, 1996.

Robert Mugerauer, *Interpreting Environments: Tradition, Deconstruction, Hermeneutics*, Austin, TX: University of Texas Press, 1995.

Joseph Rykwert, "Meaning and Building", in *Zodiac* 6, 1957. Reprinted in *The Necessity of Artifice*, London: Academy Editions, 1982. pp. 9-16.

Dalibor Vesely, "Architecture and the Conflict of Representation" in *AA Files*, No. 8, January 1985. pp. 21-38.

참고문헌

Adorno, Theodor, "Functionalism Today", in Neil Leach, editor, *Rethinking Architecture*, Routledge, London, 1997, pp 6-19.

Adorno, Theodor and Horkheimer, Max, *Dialectic of Enlightenment*, John Cumming, translator, Verso, London, 1979.

Alexander, Christopher, *et al.*, *A Pattern Language: Towns, Buildings, Construction*, Oxford University Press, New York, 1977.

—— *The Production of Houses*, Oxford University Press, New York, 1985.

Aristotle, "The Poetics", in *The Complete Works of Aristotle*, Jonathan Barnes, editor, Princeton University Press, Princeton, 1984.

Bachelard, Gaston, *The Psychoanalysis of Fire*, Alan C. M. Ross, translator, Beacon Press, Boston, 1964.

—— *The Poetics of space*, Maria Jolas, translator, Beacon Press, Boston, 1969.

Bacon, Francis, *Essays*, J. M. Dent, London, 1994.

—— *Novum Organum*, Open Court, Chicago, 1994.

Banham, Reyner, *Theory and Design in the First Machine Age*, Architectural Press, London, 1960.

—— *The New Brutalism: Ethic or Aesthetic?*, Architectural Press, London, 1966.

Barthes, Roland, *Elements of Semiology*, Annette Lavers and Colin Smith, translators, Hill and Wang, New York, 1968.

—— *Mythologies*, Annette Lavers, translator, Harper Collins, London, 1973.

—— *Image-Music-Text*, Stephen Health, translator, Noonday Press, New York, 1988.

—— "Semiology and the Urban", in Neil Leach, editor, *Rethinking Architecture*, Routledge, London, 1997, pp 166-172.

Basalla, George, *The Evolution of Technology*, Cambridge University Press, Cambridge, 1988.

Baudrillard, Jean, *The Gulf War Did Not Take Place*, Paul Patton, translator, Power Institute, University of Sydney, 1955.

Beardsley, Monroe, *Aesthetics: Form Classical Greece to the Present, A Short History*, Macmillan, New York, 1966.

Benjamin, Andrew, "Eisenman and the Housing of Tradition", in *Architectural Design*, 1-2/1989, reprinted in Neil Leach, editor, *Rethinking Architecture*, Routledge, London, 1997, pp 286-301.

Benjamin, Walter, "The Work of Art in the Age of Mechanical Reproduction", in *Illuminations: Essays and Reflections*, Harry Zohn, translator, Schocken Books, New York, 1968.

Bergson, Henri, *Matter and Memory*, N. M. Paul and W. S. Palmer, translators, Zone Books, New York, 1988.

van Berkel, Ben, "A Day in the Life: Mobius House by UN Studio/van Berkel & Bos", *Building Design*, Issue 1385, 1999, p 15.

Blonsky, Marshall, editor, *On Signs*, Johns Hopkins University Press, Baltimore, MD, 1985.

Broadbent, Geoffrey, "A Plain Man's Guide to the Theory of Signs in Architecture", in *Architectural Design*, No. 47, 7-8/1978, pp 474-82, reprinted in Kate Nesbitt, editor, *Theorising a New Agenda for Architecture: An Anthology of Architectural Theory 1965-95*, Princeton Architectural Press, New York, 1996, pp 124-140.

Brook, Peter, *The Empty Space*, Atheneum, New York, 1968.

Buchanan, Peter, "Nostalgic Utopia", *Architects Journal*, 4 September/1985, pp 60-69.

Buckminster Fuller, R., *Nine Chains to the Moon*, Southern Illinois University Press, Carbondale, 1938.

Buck-Morss, Susan, *The Dialectics of Seeing: Walter Benjamin and the Arcades Project*, MIT Press, Cambridge, MA, 1989.

Caputo, John D., *Deconstruction in Nutshell: A Conversation with Jacques Derrida*, Fordham University Press, New York, 1997.

Cassirer, Ernst, *An Essay on Man: An Introduction to a Philosophy of Human Culture*, Yale University Press, New Haven, 1944.

—— *The Philosophy of the Enlightenment*, Princeton University Press, Princeton, 1951.

—— *The Philosophy of Symbolic Forms*, 3 volumes, Ralph Manheim, translator, Yale University Press, New Haven, 1955-7.

de Certeau, Michel, *The Practice of Everyday Life*, Steven Rendall, translator, University of California Press, Berkeley, CA, 1984.

Colquhoun, Alan, *Essays in Architectural Criticism: Modern Architecture and Historical Change*, MIT Press, Cambridge, MA, 1981.

Conrads, Ulrich, editor, *Programmes and Manifestoes on 20th Century Architecture*, Lund Humphries, London, 1970.

Cook, Peter, editor, *Archigram*, Studio Vista, London, 1972.

Copernicus, Nikolaus, *On the Revolutions of Heavenly Spheres*, Charles G. Wallis, translator, Prometheus, Essex, 1996.

Debord, Guy, *Society of the Spectacle*, Black and Red, Detroit, 1983.

Derrida, Jacques, *Of Grammatology*, Gayatri C. Spivak, translator, Johns Hopkins University Press, Baltimore, 1976.

—— *Positions*, Alan Bass, translator, University of Chicago Press, Chicago, 1981.

Derrida, Jacques, "Point de Folie - maintenant de l'architecture", Kate Linker, translator, in *AA Files*, No. 12/Summer 1986, reprinted in Neil Leach, editor, *Rethinking Architecture*, Routledge, London, 1997, pp 324-347.

——*The Truth in Painting*, Geoff Bennington and Ian McLeod, translators, University of Chicago Press, Chicago, 1987.

Derrida, Jacques and Eisenman, Peter, *Chora L Works*, Jeffrey Kipnis and Thomas Leeser, editors, Monacelli Press, New York, 1986.

Descartes, René, *Discourse on Method and The Meditations*, F. E. Sutcliffe, translator, Penguin Books, London, 1968.

—— "The World" and "Treatise on Man", in *The Philosophical Writings of Descartes*, Volume 1, John Cottingham *et al.*, translators, Cambridge University Press, Cambridge, 1985.

Dewey, John, *Art as Experience*, Perigee Books, New York, 1980.

Dreyfus, Hubert L., *Being-in-the-World: A Commentary on Heidegger's Being and Time*, Division Ⅰ, MIT, Press, Cambridge, MA, 1991.

Eagleton, Terry, *Literary Theory: An Introduction*, University of Minnesota Press, Minneapolis, 1983.

Eisenman, Peter, "Post-Functionalism" in *Oppositions*, 6/Fall 1976, reprinted in K. Michael Hays, editor, *Architecture Theory Since 1968*, MIT Press, Cambridge, MA, 1998, pp 236-9.

—— "The End of the Classical: The End of the Beginning, the End of the End", in *Perspecta*, 21, 1984, reprinted in Kate Nesbitt, editor, *Theorising a New Agenda for Architecture: An Anthology of Architectural Theory 1965-95*, Princeton Architectural Press, New York, 1996, pp 212-27.

—— *Houses of Cards*, Oxford University Press, New York, 1987.

Eisenman, Peter, *et al.*, *Five Architects: Eisenman, Graves, Gwathmey, Hejduk, Meier*, Oxford University Press, New York, 1975.

Michel Foucault, *The History of Sexuality, Volume I: An Introduction*, Robert Hurley, translator, Vintage Books, New York, 1990.

—— *The Order of Things: An Archaeology of the Human Sciences*, Vintage Books, New York, 1994.

—— *Discipline and Punish: The Birth of the Prison*, Alan Sheridan, translator, Vintage Books, New York, 1995.

—— "Space, Knowledge and Power", interview with Paul Rabinow, reprinted in, Neil Leach, editor, *Rethinking Architecture*, Routledge, London, 1997, pp 367-79.

Frampton, Kenneth, "Prospects for a Critical Regionalism", in *Perspecta*, 20/1983, reprinted in Kate Nesbitt, editor, *Theorising a New Agenda for Architecture: An Anthology of Architectural Theory 1965-95*, Princeton Architectural Press, New York, 1996, pp 470-82.

—— "Intimations of Tactility: Excerpts from a Fragmentary Polemic", in Scott Marble *et al.*, editors, *Architecture and Body*, Rizzoli, New York, 1988, unpaginated.

—— "Rappel a l'Ordre: The Case for the Tectonic" in *Architectural Design*, 3-4/1990, reprinted in Kate Nesbitt, editor, *Theorising a New Agenda for Architecture: An Anthology of Architectural*

Theory 1965-95, Princeton Architectural Press, New York, 1996, pp 518-28.

Frampton, Kenneth, *Modern Architecture : a Critical History*, Thames and Hudson, London, 1992.

Frascari, Marco, *Monsters of Architecture: Anthropomorphism in Architectural Theory*, Rowman and Littlefield, Savage, MD, 1991.

—— "The Tell-the-Tale Detail", *VIA*, No. 7, 1984. Reprinted in Kate Nesbitt, editor, *Theorising a New Agenda for Architecture: An Anthology of Architectural Theory 1965-95*, Princeton Architectural Press, New York, 1996.

Gadamer, Hans-Georg, *Philosophical Hermeneutics*, David E. Linge, translator, University of California Press, Berkeley, CA, 1976.

—— *The Relevance of the Beautiful and Other Essays*, Robert Bernasconi, editor, Cambridge University Press, Cambridge, 1986.

—— *Truth and Method*, Joel Weinsheimer and Donald G. Marshall, translators, Sheed & Ward, London, 1989.

Gandelsonas, Mario, "Linguistics in Architecture", in *Casabella*, No. 374, 2/1973, reprinted in K. Michael Hays, editor, *Architecture Theory Since 1968*, MIT Press, Cambridge, MA, 1998, pp 114-22.

Gelernter, Mark, *Sources of Architectural Form: A Critical History of Western Design Theory*, Manchester University Press, Manchester, 1995.

Gramsci, Antonio, *Selections from the Prison Notebooks*, Hoare and Nowell Smith, translators, Lawrence and Wishart, London, 1971.

Graves, Michael, "A Case for Figurative Architecture", in Wheeler, Arnell and Bickford, editors, *Michael Graves: Buildings and Projects 1966-81*, Rizzoli, New York, 1982, pp 11-13. Reprinted in Kate Nesbitt, editor, *Theorising a New Agenda for Architecture: An Anthology of Architectural Theory 1965-95*, Princeton Architectural Press, New York, 1966, pp 86-90.

Gregotti, Vittorio, *Inside Architecture*, Wong and Zaccheo, translators, MIT Press, Cambridge, MA, 1996.

Hamilton, Paul, *Historicism*, Routledge, London, 1996.

Hawkes, David, *Ideology*, Routledge, Lonson, 1996.

Hays, K. Michael, "From Structure to Site to Text: Eisenman's Trajectory", in *Thinking the Present: Recent American Architecture*, Hays and Burns, editors, Princeton Architectural Press, New York, 1990, pp 61-71.

—— editor, *Architecutre Theory Since 1968*, MIT Press, Cambridge, MA, 1998.

Hegel, Georg Wilhelm Friedrich, *The Philosophy of History*, J. Sibree, translator, Dover, New York, 1956.

—— *Phenomenology of Spirit*, A. V. Miller, translator, Oxford University Press, Oxford, 1977.

—— *Introductory Lectures on Aesthetics*, Bernard Bosanquet, translator, Penguin Books, London, 1993.

Heidegger, Martin, *Being and Time*, John Macquarrie and Edward Robinson, translators, Harper & Row, New York, 1962.

—— "Building, Dwelling, Thinking" in *Poetry, Language, Thought*, Albert Hofstadter, translator, Harper and Row, New York, 1971, reprinted in Neil Leach, editor, *Rethinking Architecture*, Routledge, London, 1997, pp 100-109.

—— "The Origin of the Work of Art", in *Poetry, Language, Thought*, Albert Hofstadter, translator, Harper and Row, New York, 1971.

—— "... Poetically Man Dwells ...", in *Poetry, Language, Thought*, Albert Hofstadter, translator, Harper & Row, New York, 1971, reprinted in Neil Leach, editor, *Rethinking Architecture*, Routledge, London, 1997.

Hertzberger, Herman, "Building Order" in *VIA*, No. 7, Philadelphia, 1984.

—— *Lessons for Students in Architecture*, Ina Rike, translator, Uitgeverij 010, Rotterdam, 1991.

Hertzberger, Herman, *et al.*, *Aldo van Eyck*, Stichting Wonen, Amsterdam, 1982.

Hofstadter, Albert and Kuhns, Richard, editors, *Philosophies of Art and Beauty: Selected Readings in Aesthetics From Plato to Heidegger*, University of Chicago Press, Chicago, 1964.

Holl, Steven, *Intertwining*, Princeton Architectural Press, New York, 1996.

Husserl, Edmund, *The Crisis of European Sciences and Transcendental Phenomenology*, David Carr, translator, Northwestern University Press, Evanston, Illinois, 1970.

Jameson, Fredric, "Architecture and the Critique of Ideology", in Joan Ockman, editor, *Architecture, Criticism, Ideology*, Princeton Architectural Press, New York, 1985, reprinted in, K. Michael Hays, editor, *Architecture Theory Since 1968*, MIT Press, Cambridge, MA, 1998, pp 442-61.

—— *The Political Unconscious: Narrative as a Socially Symbolic Act*, Routledge, London, 1989.

—— *Postmodernism, or, The Cultural Logic of Late-Capitalism*, Verso, London, 1991.

—— "Is Space Political", in Cynthia Davidson, editor, *Anyplace*, MIT Press, Cambridge, MA, reprinted in Neil Leach, editor, *Rethinking Architecture*, Routledge, London, 1997, p 259.

Jencks, Charles, *The Language of Post-Modern Architecture*, Academy Editions, London, 1978.

Jencks, Charles, and Baird, George, editors, *Meaning in Architecture*, George Braziller, New York, 1969.

Jencks, Charles and Kropf, Karl, editors, *Theories and Manifestoes of Contemporary Architecture*, Academy Editions, London, 1997.

Kant, Immanuel, *Critique of Judgement*, J. H. Bernard, translator, Hafner Press, New York, 1951.

Kearney, Richard, *Modern Movements in European Philosophy*, Manchester University Press, Manchester, 1986.

Kenny, Anthony, *Descartes: A Study of his Philosophy*, Thoemmes Press, Bristol, 1997.

Kockelmans, Joseph K., *Phenomenology: The Philosophy of Edmund Husserl and its Interpretation*, Anchor Books New York, 1967.

Kroll, Lucien, "Architecture and Bureaucracy", in Byron Mikellides, editor, *Architecture for People: Explorations in a New Humane Environment*, Studio Vista, London, 1980, pp 162-3.

Kruft, Hanno-Walter, *A History of Architectural Theory: From Vitruvius to the Present*, Princeton Architectural Press, New York, 1994.

Kuhn, Thomas, *The Structure of Scientific Revolutions*, University of Chicago Press, Chicago, 1970.

Leach, Neil, editor, *Rethinking Architecture: A Reader in Cultural Theory*, Routledge, London, 1997.

Lechte, John, *Fifty Key Contemporary Thinkers: From Structuralism to Postmodernity*, Routledge, London, 1994.

Le Corbusier, *Towards a New Architecture*, Fredrick Etchells, translator, Architectural Press, London, 1946.

Lefebvre, Henri, *The Production of Space*, D. Nicholson-Smith, translator, Blackwell, Oxford, 1991.

Levi-Strauss, Claude, *Structural Anthropology*, Basic Books, New York, 1963.

—— *The Elementary Structures of Kinship*, Rodney Needham and James H. Bell, translators, Beacon Press, Boston, 1971.

—— *Tristers Tropiques*, John and Doreen Weightman, translators, Penguin Books, New York, 1992.

Loos, Adolf, *Spoken Into the Void: Collected Essays 1897-1900*, Jane O. Newman and John H. Smith, translators, MIT Press, Cambridge, MA, 1982.

Lukács, Georg, *History and Class Consciousness: Studies in Marxist Dialectics*, Rodney Livingstone, translator, Merlin Press, London, 1971.

Lynch, Kevin, *The Image of the City*, MIT Press, Cambridge, MA, 1960.

Lyotard, Jean-François, *The Postmodern Condition: A Report on Knowledge*, Geoff Bennington and Brian Massumi, translators, University of Minnesota Press, Minneapolis, 1984.

—— *The Postmodern Explained: Correspondence, 1982-1985*, Don Barry *et al.*, translators, University of Minnesota Press, Minneapolis, 1993.

Marcuse, Herbert, *The Aesthetic Dimension: Toward a Critique of Marxist Aesthetics*, Beacon Press, Boston, 1978.

—— *Eros and Civilisation: A Philosophical Inquiry into Freud*, Routledge, London, 1987.

—— *One-Dimensional Man: Studies in the Ideology of Advanced Industrial Society*, Beacon Press, Boston, 1991.

Marx, Karl and Engels, Frederick, *The Marx-Engels Reader*, Robert C. Tucker, editor, Norton, New York, 1978.

Karl Marx and Frederick Engels, *The Communist Manifesto*, Eric Hobsbawm, editor, Verso, London, 1998.

McDonough, William, "Design Ecology, Ethics and the Making of Things" and "Hannover Principles", in Kate Nesbitt, editor, *Theorising a New Agenda for Architecture: An Anthology of Architectural Theory 1965-95*, Priceton Architectural Press, New York, 1996, pp 400-10.

McLellan, David, *Karl Marx*, Penguin Books, New York, 1975.

McLeod, Mary, "Architecture and Politics in the Reagan Era: From Postmodernism to Deconstructivism", *Assemblage*, 8, February 1989, reprinted in, K. Michael Hays, editor, *Architecture Theory Since*

1968, MIT Press, Cambridge, MA, 1998, pp 696-7.

Merleau-Ponty, Maurice, *Phenomenology of Perception*, Colin Smith, translator, Routledge, London, 1962.

—— "Eye and Mind", in *The Primacy of Perception*, James M. Edie, editor, Northwestern University Press, Evanston, IL, 1964.

—— "The Intertwining-The Chiasm", in *The Visible and the Invisible*, Alphonso Lingis, translator, Northwestern University Press, Evanston, IL, 1968.

Mugerauer, Robert, *Interpreting Environments: Tradition, Deconstruction, Hermeneutics*, University of Texas Press, Austin, TX, 1995.

—— "Derrida and Beyond", in Kate Nesbitt, editor, *Theorising a New Agenda for Architecture: An Anthology of Architectural Theory 1965-95*, Princeton Architectural Press, New York, 1996.

Mumford, Lewis, *Technics and Civilisation*, Harcourt, Brace, Jovanovich, New York, 1963.

Nesbitt, Kate, editor, *Theorising a New Agenda for Architecture: An Anthology of Architectural Theory 1965-95*, Princeton Architectural Press, New York, 1996

Nietzsche, Friedrich, *The Birth of Tragedy*, Shaun Whiteside, translator, Penguin Books, London, 1993.

—— *On the Genealogy of Morality*, Keith Ansell-Pearson, editor, Cambridge University Press, Cambridge, 1994.

Norberg-Schulz, Christian, *Meaning in Western Architecture*, studio Vista, London, 1975.

—— *Genius Loci: Towards a Phenomenology of Architecture*, Rizzoli, New York, 1980.

—— *Architecture: Meaning and Place, Selected Essays*, Rizzoli, New York, 1988.

—— "The Phenomenon of Place", in Kate Nesbitt, editor, *Theorising a New Agenda for Architecture: An Anthology of Architectural Theory 1965-95*, Princeton Architectural Press, New York, 1996, pp 414-28.

Norris, Christopher, *Deconstruction: Theory and Practice*, Routledge, London, 1991.

Ockman, Joan, editor, *Architecture Culture 1943-1968: A Documentary Anthology*, Rizzoli, New York, 1993.

Pawley, Martin, "Technology Transfer", in *Architectural Review*, 9/1987, pp 31-9.

—— *Buckminster Fuller*, Trefoil Publication, London, 1990.

Perez-Gomez, Alberto, *Architecture and the Crisis of Modern Science*, MIT Press, Cambridge, MA, 1983.

—— "The Renovation of the Body", in *AA Files*, No. 13/Autumn 1986, pp 26-9.

Perrault, Claude, *Ordonnance for the Five Kinds of Columns After the Method of the Ancients*, Indra Kagis McEwan, translator, Getty center Publications, Santa Monica, 1993.

Plato, *The Republic*, I. A. Richards, translator, Cambridge University Press, Cambridge, 1966.

—— *The Collected Dialogues*, Edith Hamilton and Huntington Cairns, editors, Bollingen, Princeton, 1989.

Plotinus, *Enneads*, Stephen MacKenna, translator, Penguin Books, London, 1991.

Postman, Neil, *Technopoly: The Surrender of Culture to Technology*, Vintage Books, New York, 1993.

Rajchman, John, *Constructions*, MIT Press, Cambridge, MA, 1998.

Ricoeur, Paul, *Hermeneutics and the Human Sciences*, John B. Thompson, translator, Cambridge University Press, Cambridge, 1981.

Rogers, Richard, *Architecture: A Modern View*, Thames and Hudson, London, 1990.

Rossi, Aldo, *The Architecture of the City*, Diane Ghirardo and Joan Ockman, translators, Oppositions Books, MIT Press, Cambridge, MA, 1982.

Rowe, Colin, and Koetter, Fred, *Collage City*, MIT Press, 1978.

Rykwert, Joseph, "Meaning and Building", in *Zodiac 6*, 1957, reprinted in *The Necessity of Artifice*, Academy Editions, London, 1982, pp 9-16.

—— *The Dancing Column: On Order in Architecture*, MIT Press, Cambridge, MA, 1996.

de Saussure, Ferdinand, *Course in General Linguistics*, Wade Baskin, translator, McGraw-Hill, New York, 1966.

Singer, Peter, *Hegel*, Oxford University Press, Oxford, 1983.

Smithson, Alison, editor, *Team 10 Primer*, MIT Press, Cambridge, MA, 1968.

Smithson, Alison and Peter, *Without Rhetoric: An Architectural Aesthetic 1955-72*, Latimer New Dimensions, London, 1973.

Snow, C. P., *The Two Cultures and the Scientific Revolution*, Cambridge University Press, Cambridge, 1961.

de Sola-Morales, Ignasi, *Differences: Topographies of Contemporary Architecture*, Graham Thompson, translator, MIT Press, Cambridge, MA, 1997.

Steiner, George, *Martin Heidegger*, University of Chicago Press, Chicago, 1991.

Tafuri, Manfredo, "Toward a Critique of Architectural Ideology", *Contropiano* 1, January-April 1969, reprinted in K. Michael Hays, editor, *Architecture Theory Since 1968*, MIT Press, Cambridge, MA, 1998.

—— *Architecture and Utopia: Design and Capitalist Development*, Barbara Luigia La Penta, translator, MIT Press, Cambridge, MA, 1976.

Tschumi, Bernard, *Architecture and Disjunction*, MIT Press, Cambridge, MA, 1994.

Turner, John F. C., *Housing By People*, Marion Boyars, London, 1976.

Utzon, Jorn, "Platforms and Plateaus", in *Zodiac*, No. 10, Milan, 1962.

Vattimo, Gianni, *Beyond Interpretation: The Meaning of Hermeneutics for Philosophy*, David Webb, translator, Polity Press, London, 1997.

Venturi, Robert, *Complexity and Contradiction in Architecture*, Architectural Press, London, 1977.

Venturi, Robert *et al.*, *Learning From Las Vegas*, MIT Press, Cambridge, MA, 1997.

Vesalius, Andreas, *The Illustrations from the Works of Andreas Vesalius of Brussels*, Dover Publications, New York, 1973.

Vesely, Dalibor, "Architecture and the Conflict of Representation", in *AA Files*, No. 8, January 1985, pp

21-38.

Vico, Giambattista, *The new Science of Giambattista Vico*, Thomas G. Bergin and Max H. Fisch, translators, Cornell University Press, Ithaca, 1984.

Viollet-le-Duc, E. E., *Lectures on Architecture*, 2 volumes, Benjamin Bucknall, translator, Dover, New York, 1987.

—— *The Foundations of Architecture*, Barry Bergdoll & Kenneth D. Whitehead, translators, George Braziller, New York, 1990.

Vitruvius, *On Architecture*, Frank Granger, translator, Harvard University Press, Cambridge, MA, 1983.

Weber, Max, *The Protestant Ethic and the Spirit of Capitalism*, Talcott Parsons, translator, Routledge, London, 1992.

Wigley, Mark, *The Architecture of Deconstruction: Derrida's Haunt*, MIT Press, Cambridge, MA, 1993.

Wittkower, Rudolf, *Architectural Principles in the Age of Humanism*, Academy Editions, London, 1998.

Wotton, Henry, *The Elements of Architecture*, Charlottesville, VA, 1968.

Wright, Frank Lloyd, *Writings and Buildings*, Edgar Kaufmann and Ben Raeburn, editors, New American Library, New York, 1974.

Zumthor, Peter, *Thinking Architecture*, Maureen Oberli-Turner, translator, Lars Muller Publishers, Baden, 1998.

옮긴이의 말
Translator's Postscript

현대건축의 진보적 담론을 추적하다보면 1990년대가 무척 도드라져 보인다. 이 시기에 각종의 건축 이론서들이 쏟아져 나오는 가운데, 그간의 이론을 포집하고 선별한 다수의 '선집(選集, anthology)'이 출판되었기 때문이다. 조안 오크만의 《건축문화 1943-1968: 문서 선집(Architecture Culture 1943-1968: A Documentary Anthology)》(1993), 케이트 네즈빗의 《건축의 새로운 어젠다: 건축이론 선집 1965-1995(Theorizing a New Agenda for Architecture: An Anthology of Architectural Theory 1965-1995)》(1996), 닐 리치의 《건축의 재조명: 문화이론 독본(Rethinking Architecture: a reader in cultural theory)》(1997), 마이클 헤이즈의 《1968년 이후의 건축이론(Architecture Theory since 1968)》(1998) 등이 그 예이다. '선집'의 장점은 여럿이다. 우선은 해당 주제에 관해 일반의 독자들이 모두 다 읽기 어려운 수많은 글 중 핵심적인 것만을 뽑아서(긴 글의 경우 일부만을 발췌해서) 한 권에 담는다는 점이며, 또한 여기에 편집자의 해설이 덧붙여진다는 점이다. 각각의 글이나 해설에 흥미를 느끼는 독자는 원저를 찾아 더 깊은 궁리를 할 수 있다. 그리고 경우에 따라서는 구하기 힘든 자료를 재출판해 독자들의 눈앞에 가져다준다는 점에서도 무척 유용하다. 앞에 언급한 건축이론 선집들도 마찬가지이다.

그런데 문제는 이 선집들도 여러 권이고 제각각 두꺼운 볼륨을 자랑하는 까닭에, 건축이론의 입문자들이 그 속에서도 길을 잃기 십상이라는 사실이다. 그렇다면 이 선집들에 포함된 다수의 논고를 갈무리하기 위해, 그리고 결국은 이들이 펼쳐 보이는 현대건축의 이론이라는 망망한 바닷길을 항해하기 위해, 일종의 매뉴얼이나 나침반이 필요하지 않을까? 조나단 헤일의 《건축을 사유하다: 건축이론 입문(Building Ideas: An Introduction to Architectural Theory)》은 바로 그러한 역할을 한다. 이 책은 저자가 1996년 여름 미국 필라델피아의 드렉슬대학교에 개설한 세미나 코스에서 유래하여 2000년 출판되었는데, 당대의 건축이론에 대한 관심을 포괄하며 전술한 선집들과 거기 출판된 논고들을 하나의 내러티브로 묶어내고 있다. 따라서 각 장이 제시하는 참고문헌의 다수는 위 선집들에서 따온 것들이다. 하지만 그렇다 하여 이 책을 위 선집들을 위한 조타수 정도로만 여기면 큰 오산이다. 이 책은 비슷한 시기 먼저 출판된 문헌들을 충분히 활용하는 한편, 명쾌한 구성과 논리 전개로 그만의 이론서로서의 가치를 확보하고 있다. 특히 이는 건축이론 입문서이자 학생들을 위한 교과서로서 아주 적합한데, 그 대상은 건축학도를 넘어 문화이론, 문학이론, 예술, 철학 등을 공부하는 학생들과 학제 간 연구자들에게로 확장될 수 있다. 실제로 원저는 영국 노팅엄대학교의 '건축 및 비판이론 석사 융합과정(MA in Architecture and Critical Theory)'의 교과서로 활용되었고, 이미 주 교재로 쓰이던 닐 리치의 《건축의 재조명: 문화이론 독본》과 한 짝을 이루었다. (1992년 시작되어 20년간 지속된 이 융합과정은 첫 10년간 리치 교수가 디렉터를 맡았는데, 2000년 헤일의 노팅엄대학교 임용과 《건축을 사유하다: 건축이론 입문》의 출판으로 더 탄력을 받았다고 하겠다.)

그러면 이제 책의 내용을 보자. 책은 서론과 결론을 제외하면 전체 다섯 장으로 구성된다. 첫 두 장이 속하는 제1부는 "건축의 의미"가 어디에 근거하는지에 관해 질문을 던진다. 즉, 1장은 건축이 단지 "공학(engineering)"일 뿐이라는 관점을, 2장은 건축을 "순수 예술(fine art)"로 보는 관점을 취한다. 물론 두 가지 모두 극단적 관점으로서 저자는 건축이 그 둘 사이의 어딘가를 점한다고 이야기한다. 저자의 논지는 건축에 있어서 구조적 안정성과 공간의 실용성을 넘어서는 창조적 개인의 예술적 표현을 부각시키는데, 여기에서 의미가 발생한다는 것이다. 그러한 의미를 어떻게 해석할 수 있는지가 제2부의 주제로서, 세 가지 "해석의 모델"이 제시된다. 3장의 "현상학", 4장의 "구조주의와 기호학", 그리고 5장의 "마르크스주의"가 그것이다. 상호주관성(intersubjectivity)에 근거해 몸의 경험을 강조하는 현상학은 건축이 무엇을 의미할 수 있는지에 대한 핵심적인 내용을 말해준다. 하지만 개별 주체의 경험이 상호 공유될 수 있는가에는 의문이 제기되곤 한다. 반면 언어학에서 발전된 구조주의는 훨씬 객관적인 해석 모델이라 하겠다. 그렇지만 이미 존재하는 코드의 네트워크에 개인이 놓인다는 견해는 개별 주체의 자유를 제한할 가능성을 내포한다. 이런 난제를 탈피하려는 입장이 탈구조주의 혹은 후기구조주의의 움직임을 낳았다. 한편, 관점을 크게 확대해, 사회 속의 보이지 않는 힘과 이데올로기를 간파하고 그 모순을 해결해 사회를 변화시키려는 입장이 마르크스주의이다. 건축은 과연 사회구조와 어떻게 관계할 수 있을까? 설령 건축으로 당장에 유토피아를 건설할 수는 없을지라도, 건축의 비판적 담론과 풀뿌리 실천이 사회 변화에 일정 부분 기여할 수 있을 거라는 희망이 마르크스주의적 해석 모델의 시사점이다. 이러한 '비판성(criticality)'은 1990년대 건축이론의 융성과 함께 흥했던 주제로, 5장뿐 아니라 이 책 전체의 기저를 흐르는 관점이라 하겠다. 서론의 "이론적 실무(theoretical practice)"가 말하는 현실에 대한 "비판적이면서도 건설적인" 입장, 그리고 세 가지 해석 모델들을 모두 통합해 제안한 결론의 "비판적 해석학(critical hermeneutics)"은 그 같은 비판성을 견지하고 있다.

책의 전체적 구성 및 핵심 내용에 더해 이 책이 담는 몇 가지 특성은 주목할 만하다. 첫째는, 원저 제목인 "빌딩 아이디어스(Building Ideas)"가 담는 중의적 의미에 관한 것이다. 저자가 굳이 이를 언급하지는 않았지만, 건축과 철학을 적극 교합시키고 있는 이 책은 '건축에 관한 철학(이데아, 사유, 이론)'을 말하는 동시에 '철학(이데아, 사유, 이론)의 건축'을 말하는 것이기도 하다. 다시 말해, '건축을 철학하기 / 철학을 건축하기', '구축을 사유하기 / 사유를 구축하기', '짓기를 생각하기 / 생각을 짓기'라는 개념이 중첩되어 제목에 담겨 있는 셈이다. 우리말 제목이 이를 표현하지 못함은 아쉬움인데, 본문 내용을 통해 그러한 함의가 전달될 수 있기를 바란다. 둘째는, 저자가 구축한 철학적 흐름에 관한 것이다. 제2부의 세 장이 각각의 해석학적 모델이 근거하고 있는 20세기의 현대철학을 주로 개괄하고 있다면, 제1부의 두 장은 과학철학과 역사철학(1장), 그리고 예술철학 혹은 미학(2장)의 핵심 흐름을 그 기원으로부터 요약하고 있다고 할 수 있다. 그러한 서술이 매우 압축적이긴 하지만, 이 같은 사실을 독자들이 염두에 둔다면 책의 독해가 훨씬 용이

해질 것이다. 셋째는, 1장이 엿보인 건축사 서술의 방법론과 관계한다. 여기에는 공학의 관점에서 서술한 근대·현대건축의 역사가 제시되고 있는데, 흥미롭게도 그 순서는 최근의 하이테크 건축물로부터 시간을 거슬러 모더니즘의 기원으로 향한다. 시간적으로 근접한 곳에서 출발해 그 켜를 하나씩 걷어내는 고고학적 발굴 방법이다. 이러한 접근법은 '지금 여기(now here)'에서 시작함으로써, 독자로 하여금 역사 고찰의 필요성을 근거리에서 체감할 수 있도록 돕고 있다. 이 책이 현대건축의 해석학적 '이론'을 주로 다루고 있지만 근대건축의 '역사'에 관한 학습에도 큰 도움을 주리라 생각한다.

다시 이 책의 테마인 건축이론으로 돌아와 보자. 그리고 서론이 전제한, 그래서 책 전체를 아우르는 "이론적 실무"라는 개념을 떠올리자. 이 개념은 건축의 이론이 실무 혹은 실천과 긴밀히 관계함으로써, 저자가 주장하듯, "사유(thinking)"와 "행위(doing)" 사이에 놓였던 경계가 매우 모호해짐을 내포하고 있다. 그와 같은 현대건축 전반의 이론과 실천의 관계를 더 포괄적으로 이해하기 위해서는 추가적 논의가 필요해 보이는데, 뒤에 첨부한 옮긴이의 이전 글인 〈현대건축, 이론과 실천의 얽힘에 관하여〉(《건축평단》, 2016년 여름호)가 도움이 될 것이다.

우리말 번역본《건축을 사유하다: 건축이론 입문》이 나오기까지 꽤 오랜 시간이 소요되었다. 옮긴이는 이 책을 2008년 고려대학교에 임용되면서부터 곧바로 학부와 대학원 수업을 위한 교재로 사용했다. 그리고 2010년 번역을 시작해 이듬해 고려대학교출판문화원에 초고를 넘길 수 있었다. 하지만 이후 여러 차례에 걸친 퇴고와 교정 작업이 있었고, 오랜 기간 작업이 휴지기에 들어가기도 했다. 두껍지 않은 개론서이지만 번역본의 초고 완성으로부터 출판에 이르기까지 장장 6년가량이 걸린 셈이다. 이 같은 장기간의 작업은 오히려 부분부분 불안정했던 역자의 '생각(ideas)'이 좀 더 튼튼히 '구축(building)'되는 소중한 기회로 작용했다고 하겠다.

원저와 번역본에 있는 몇 가지 차이를 밝힐 필요가 있다. 우선, 번역본은 독자들의 이해를 돕기 위해 원저가 표기하지 않았던 건축가나 철학자들의 생존연대를 삽입했다. 그리고 이 책이 거론하는 각종의 저서명이 원저에는 (프랑스어 저서든 독일어 저서든 여타 언어의 저서든) 모두 영어 제목을 기준으로 표기된 반면, 이 번역본은 현장감을 높이기 위해 최대한 원서 제목을 병기하는 것을 원칙으로 했다. 또한, 원저에 추가 설명이 필요하거나 번역의 원칙을 독자에게 알릴 필요가 있다고 판단될 경우 제한된 범위에서 본문 내에 [역주]를 삽입했다. 원저가 출판될 당시 아직 공사 중이던 건축물의 완공연대를 넣은 것도 여기에 속하며, 드물지만 원저의 오류에 대한 교정 내용도 [역주]에 포함시켰다. 따라서 이 모든 사항을 고려할 때 우리말 번역본은, 번역이 원저의 의미를 일부 상실함으로써 가질 수밖에 없는 약점을 상쇄하고도 충분한 남음이 있다고 생각한다. 한편, 원저든 번역본이든 어쩔 수 없는 이 책의 '현재적' 한계도 지적하는 것이 좋겠다. 원저 출판 후 벌써 17년의 시간이 흐른 까닭에, 그간 건축계에 일었던 최신의 경향을 이 책이 반영할 수 없다는 점이 그렇다. 일례로, 질 들뢰즈의 이론은 2000년대 들어 꽤 유행했었던 것에 비하면 매우 부수적으로만 다루진 듯하다. 원천적인 한계이다. 그리고 계속해서 발전하고 있는 디지털 테크놀로지에 대해서도 마찬가지이다. 더 근본적으로라면, 새천년에 접어들며 건축의 이론화에 반발하는 흐름이 부각되었는데, (뒤에 첨부한 글이 약술할) 이 같은 '반(反) 이론'이라는 '이론'도 이 책의 범위 밖이다. 그럼에도 불구하고 이러한 시차적 한계를 어느 정도 염두에 두고 읽는다면, 이 책만큼 유용하고 탁월한 건축이론 입문서를 찾기는 쉽지 않으리라 생각한다. 단, 학생들을 위한 노파심에서 덧붙이자면, 이 책의 유용함은 본문 텍스트뿐만 아니라 그 못지않게 각 장에 제시된 참고문헌에 있다. 다시 말해, 본문을 가이드 삼아 각자가 그 참고문헌들을 찾아 읽어야 이 책을 십분 활용했다고 말할 수 있다는 것이다.

마지막으로, 우리말 번역본《건축을 사유하다: 건축이론 입문》의 출판에 도움을 주신 분들께 감사를 표하고자 한다. 옮긴이는 영국 유학시절 원저자인 노팅엄대학교 조나단 헤일 교수와 몇몇 기회를 통해 교류한 바가 있는데, 그는 책의 한국어 번역을 흔쾌히 허락하고 다양한 방식으로 옮긴이를 격려해 주었다. 조나단 헤일 교수께 먼저 깊이 감사드린다. 고려대학교출판문화원은 이 책의 가치를 인지하고 장기간의 출판 작업을 완수해 주었다. 꼼꼼한 교정과 편집 등 실무 작업을 담당한 유재혁 선생님을 비롯한 모든 선생님들께 고마움을 전하고 싶다. 원저와 번역본 교정지로 공부하며 종종 역자에게 영감을 준 고려대학교 건축학과의 학생들 가운데 번역본의 출간을 손꼽아 기다리는 이들이 있다. 그리고 동료 연구자 중에도 책의 출간을 촉구해준 이들이 있다. 모두에게 감사의 마음을 전한다. 그래도 역시 가장 큰 고마움은 늘 바쁜 남편과 아빠를 응원해 주는 가족들에게

돌려야 할 것 같다. 특히 제각각 '생각'을 '지어 가고' 있는 아들과 딸에게, 아빠는 "사유" 만이 아닌 "행위"로 보답해야 할 차례이다.

2017년 11월

옮긴이 김현섭

부록

현대건축, 이론과 실천의 얽힘에 관하여*

On the Intertwining of Theory and Practice in Contemporary Architecture

김현섭

건축에서 '이론(theory)'이라는 말과 함께 수반되는 개념들을 먼저 생각해보자. 이는 두 가지 범주로 살펴볼 수 있다. 첫째는 이론의 반대편에 놓인 '실천(practice)', 혹은 '실무'라는 개념이다. (우리 건축계에서는 현장에서의 건축행위에 '실천'이라는 말보다 더 직접적인 '실무'라는 말을 통용하므로 본고는 둘을 등가로 여긴다.) 고대 그리스의 철학자들은 일찌감치 이론과 실천이라는 말, 즉 "테오리아(θεωρία; theoria)"와 "프락시스(πρᾶξις; praxis)"를 대비하여 사용했다. 기원전 6세기의 피타고라스가 올림포스 경기의 구경꾼을 운동선수와는 다른 (더 높은) 부류로 구분한 것은 그 단초다. 여기서 관람자는 상황을 분석하는 사상가를 의미하는데, "구경한다"는 말은 헬라어의 "테오리아"가 갖는 뜻 가운데 하나였다.[1] 구경을 위해서는 경기가 있어야 했고, 경기는 구경을 전제로 했다. 이론과 실천의 관계

---

*_이 논고는 옮긴이가 《건축평단》(2016년 여름호)에 출판했던 글을, 《건축을 사유하다: 건축이론 입문》의 편집체제에 맞게 최소한의 형식만을 수정한 것이다.

1_새뮤얼 이녹 스텀프 & 제임스 피저, 《소크라테스에서 포스트모더니즘까지》, 이광래 역 (파주: 열린책들, 2012), p. 30.

도 닮아 있다. 어떤 행위나 현상을 추상하면 이론이 발견되며, 또 가시적이든 비가시적이든 나름의 룰이나 관점, 즉 이론에 따라 우리는 실천한다. 건축에서도 다르지 않다. 둘째, 이론-실천의 대립 항과는 반대로 건축에서 이론은 대개 '역사(history)' 및 '비평(criticism)'을 매우 가까운 거리에 두고 동반한다. 다시 말해, 보통 "역사-이론-비평"을 한 부류로 묶어 큰 범주의 이론으로 여기며 건축 실무와 대치시키는 것이다.[2] 케이트 네즈빗(1996)은 이 세 가지 영역이 크게 겹쳐짐을 인정한 위에, 공통점을 넘어선 이들 사이의 차이점을 명확히 한 바 있다. 전통적인 역사가 어떤 현상의 사실관계에 "서술적(descriptive)"이라면, 이론은 "규정적이거나, 금지적이거나, 확언적이거나, 비판적인(prescriptive, proscriptive, affirmative, or critical)" 한편, 비평은 평자의 기준에 근거한 "판단과 해석의 한정된 활동"이다.[3] 그런데 실천과 대비되는 이론이라는 큰 범주 내에서도 다시 실천의 영역을 추출할 수 있다. 비평은 위 정의에서 이미 "활동(activity)"이라는 적극적 실천임이 자명해졌다. 그리고 역사 역시 '역사서술(historiography)'이라는 "행위(doing)"와 함께함을 생각할 때, 마찬가지로 실천의 영역에 속한다고 할 수 있다. (이는 역사와 실무의 결탁을 경계하고 비판했던 타푸리의 견해와 결코 배치되지 않는 다른 각도의 구도임을 인지할 필요가 있다.)

논의 전개의 편의상, 큰 이론 범주 속의 실천 항이라 할 수 있는 역사와 비평을 중개념의 역사로 다시 지칭하자. 이러한 얼개하에 이 글은 현대건축의 실무와 역사라는 실천 영역 가운데 점점 더 지대해지고 있는 이론의 역할을 간략히 개괄해 보고자 한다. 당연한 것처럼 여겨질 법한 역사의 부분에 대해 먼저 논하도록 하겠다.

2_건축에서 역사-이론-비평이 함께 본격적으로 논의된 것은 1964년 미국 건축가협회와 건축학교연합이 함께했던 건축교육 세미나에서였다. Marcus Whiffen (ed.), *The History, Theory and Criticism of Architecture: Papers from the 1964 AIA-ACSA Teachers Seminar* (Cambridge MA: MIT Press, 1965). 이 세미나는 얼마 후 MIT에 이른바 "HTC(History, Theory and Criticism)" 프로그램이 시작되는 계기가 되었는데, 유사한 과정이 미국 동부의 여러 대학으로 퍼져 나갔다. 그 배경에 관해서는 필자의 졸문 〈생산적 불일치: 건축평단에서 CASE를 돌아봄, 혹은 vice versa〉(《건축평단》, 2015년 여름호)를 참조하시오.

3_Kate Nesbitt (ed.), *Theorizing a New Agenda for Architecture: An Anthology of Architectural Theory 1965-1995* (New York: Princeton Architectural Press, 1996), pp. 16-17.

이론화된 역사

Theorised History

건축사에 대한 역사가 길지 않음을 감안하더라도, 최근에 들어서야 건축역사에 이론이 도입됐다고 이야기하는 것은 그다지 적확하진 않아 보인다. (데이비드 와트킨(1980)이 건축사 서술이 발흥하기 시작한 18세기 이래부터 20세기 전반까지의 양상을 보여줬듯[4] 각각의 저자들은 나름의 입장을 가지고 있었고, 19세기 중반부터는 예술사학의 방법론에 기댄 건축역사서가 출현한다.) 그럼에도 불구하고 역사의 방법론이 의심되기 시작한 것은 아직 반세기가 채 되지 않았고, 본격적 연구대상이 된 것도 이제 겨우 한 세대가 지났을 뿐이다. 이런 상황의 시발점이 된 것은 만프레도 타푸리(1935~94)의 《건축의 이론과 역사(Teoria e storia dell'architettura》(1968)[영역본 Theories and History of Architecture, 1980]라 하겠는데, 주지하듯 그는 이 책에서 지그프리트 기디온이나 브루노 제비를 위시한 대부분의 건축사가들의 "작동적 비평(critica operativa; operative criticism)"을 비판했다. 여기서 "작동적"이라 함은 목적을 가지고 역사를 미리 계획하는 도구적 견해를 뜻한다. 역사의 신화를 벗겨낸 그의 입장은 이후의 저술로도 이어지며 건축 이데올로기 비평의 중요한 시금석이 됐고, 현재까지도 강력한 영향력을 미치고 있다. 데미트리 포르피리오스가 편집한 《건축사학 방법론(On the Methodology of Architectural History)》(1981)은 헤겔의 예술사론으로부터 타푸리의 입장에 이르기까지, 16명의 근현대 예술사가와 건축사가의 방법론에 관한 전문가들의 논고를 한 권으로 묶어 냈다는 데에 의의가 크다.[5] 이제 건축사 자체가 아니라 그 역사의 이론이 시험대에 오른 것이다. 파나요티스 투르니키오티스(1999)나 앤서니 비들러(2008)가 근대건축의 역사서술론을 진지하게 고찰할 수 있게 된 것도[6] 이러한 배경이 있기에 가능했다.

그럼에도 불구하고 여전히 건축역사에 이론이 필요 없다는 주장이 제기되곤 한다. 건

4_David Watkin, *The Rise of Architectural History* (London: Architectural Press, 1980).

5_Demetri Porphyrios (ed.), *On the Methodology of Architectural History* (London: Architectural Design, 1981).

6_Panayotis Tournikiotis, *The Historiography of Modern Architecture* (Cambridge MA: MIT Press, 1999); Anthony Vidler, *Histories of the Immediate Present: Inventing Architectural Modernism* (Cambridge MA: MIT Press, 2008).

축역사와 "비판이론"이 교차된 "비판적 역사"를 강조한 이안 보든과 제인 렌델(2000)은 그 극단의 의견을 들춰내고 있다. (이들은 여기서 "비판이론"이라는 개념에 프랑크푸르트학파의 이론을 뛰어넘어 페미니즘, 마르크스주의, 정신분석학 등 모든 "자기성찰의 해방적 이론"을 포함시키고 있으며, 역사학, 문화학, 지리학, 사회학 등의 다양한 이론적 학문분과 역시 포괄하려 한다. 한편, "비판적 역사"라는 용어에서 프랑크푸르트학파에 영향을 받은 케네스 프램튼을 의식하지만, 그 역시 텍스트가 "스스로 말하게 한다"는 개념을 노출했음을 지적한다.) 1993년의 한 건축사학 컨퍼런스에서 케임브리지대학의 드보라 하워드가 "좋은 역사는 방법론을 필요치 않는다"는 "고답적(antiquarian)" 입장을 견지했던 것이나 가빈 스탬프가 건축이론 가운데 차용되는 탈구조주의를 "부적절한 마스터베이션"으로 치부한 것이 그 예다.[7] 인접 학문에 비해 다소 고립된 듯 보이는 일반 역사학의 분야에서도 "역사가들의 이론 혐오증"은 거세게 반박되곤 했다.[8] 그러나 학문의 경계가 무너지고, 기성의 권위가 힘을 쓰지 못하며, 도구화돼 버린 역사의 속성이 노출된 작금의 포스트모던한 상황을 고려해 볼 때, 건축역사의 범주에 성을 쌓고 이론의 침투를 막고자 하는 일은 이미 철 지난 역부족의 싸움이 된 것 같다. 헤겔의 말처럼 인지하지 못할지라도 모든 사람들이 철학을 품고 있다면[9] 역사가의 고상한 작업이야 말해서 무엇하랴. 키스 젠킨스(1991)는 "모든 역사는 이론적"이라고 단언한다.[10] 그렇다고 역사가들이 모두 최신의 이론으로 무장되어야 한다는 뜻이 아니다. 문제는 역사가가 자신의 이론적 입장을 파악하고 이것이 사회와 '역사'에 어떠한 영향을 미칠지를 인식하는 일일 것이다. 다시 보든과 렌델의 논점으로 돌아가 보자. 그들이 주장하는 "비판적이고 이론화된 건축역사(a critical, theorised architectural history)"는 타푸리의 "변증법적 역사"가 지닌 "지적 에너지의 강렬함과 역사적 지식의 잠정적 속성"을 공유하면서도,[11] 그의 비관적 견해 대신 넘쳐 흐르는 인간의

7_Iain Borden and Jane Rendell, "From chamber to transformer: epistemological challenges and tendencies in the intersection of architectural histories and critical theories", in Borden and Rendell (ed.), *InterSections: Architectural Histories and Critical Theories* (London: Routledge, 2000), pp. 3-23.

8_키스 젠킨스, 《누구를 위한 역사인가》, 최용찬 역 (서울: 혜안, 1999), p. 155.

9_G. W. F. Hegel, *Hegel's Aesthetics: A Critical Exposition*, trans. J. S. Kedney (Chicago: S. C. Griggs and Company, 1885), pp. 163-164.

10_키스 젠킨스, 위의 책, p. 188.

창조력이 지닌 변혁의 가능성에 여전히 희망을 두는 것이다. 따라서 이러한 역사는 비평의 한 형태이기도 하다.

이론적 실무

Theoretical Practice

이론화된 역사의 양상을 먼저 살폈지만 역사가 이론적이라는 말보다 실무가 이론적이라는 말이 더 강한 논점을 제시하는 것 같다. 서두에서 이미 언급했듯, 역사-이론 사이의 거리보다 실무-이론 사이의 거리가 훨씬 멀게 느껴지기 때문이다. 실무와 관련한 이론이라면 일차적으로 계획학적 각론이나 법규, 구조, 시공 등 실질적 수준의 것을 생각할 수 있다. 이는 '실무적 이론(practical theory)'이라 칭할 만하다. 그러나 본고가 관심을 두는 것은 물론 이런 측면이 아니며, 초점은 후술할 "이론적 실무(theoretical practice)"에 있다. 여기서 말하는 이론이란 보든과 렌델이 기댔던 폭넓은 의미에서의 비판이론임과 동시에, 현대의 "문학이론(literary theory)"이나 "문화이론(cultural theory)"과도 궤를 같이한다.[12] 텍스트를 해석하는 방법론이 문학이론이라는 점, 그리고 문화의 모든 현상을 텍스트로 여기는 현재적 관점을 생각해보자. 그렇다면 건축이라는 텍스트, 혹은 문화 현상을 해석하고 비평함에 있어 문학이론이나 문화이론이 도입됨은 자연스런 귀결이며, 학제 간 넘나듦의 전형적 단면이다.

이러한 상황은 건물뿐만 아니라 건물을 둘러싼 다른 많은 행위들이 모두 텍스트로서

11_프레드릭 제임슨은 타푸리의 《건축과 유토피아(Progetto e Utopia)》(1973)를 "변증법적 역사(dialectic history)"의 드문 예로 규정했으며 그의 지적이고 밀도 높은 글쓰기를 아도르노나 바르트의 것과 비교하기도 했다. 타푸리에 대한 보든과 렌델의 견해는 제임슨을 참조한 것이다. Fredric Jameson, "Architecture and the Critique of Ideology", in Joan Ockman (ed.), *Architecture Criticism Ideology* (Princeton: Princeton Architectural Press, 1985), pp. 51-87[57].

12_이 같은 입장에 비해 라파엘 모네오가 현대 건축가들에 대해 말하는 "이론적 열망(theoretical anxiety)"은 훨씬 솔직하고 실제적이다. "Theoretical anxiety is a more accurate term than theory." Rafael Moneo, *Theoretical Anxiety and Design Strategy* (Cambridge MA: MIT Press, 2004), p. 2.

건축담론에 직접 개입하게 된 근래의 경향과 관계 깊다. 그러고 보니, 조나단 헤일(2000)이 지적하듯, 건축 아이디어의 생성 및 전달은 건물에 대한 직접적인 경험보다도 오히려 다른 간접적 미디어(프로젝트 개요, 평론, 역사서술, 시방서, 도면, 책, 강연, 사진, 방송, 대화 등)에 더 의존하고 있는 것이 사실이다. 그는 장 보드리야르가 걸프전과 관련해 "뉴스 이벤트", 즉 미디어의 역할이 리얼리티보다 더 중요해졌음을 강조했던 것(The Gulf War Did Not Take Place, 2007)도 비근한 예로 여긴다.[13] 근대 건축가들의 글을 모아 묶은 울리히 콘라드의 《20세기 건축의 프로그램과 선언문(Programme und Manifeste zur Architektur des 20. Jahrhunderts)》(1964)[영역본 Programs and manifestoes on 20th-century architecture, 1970]은 건축의 이해를 위해 건물 못지않게 건축가의 글이 중요함을 보인 선구적 문헌이라 하겠으며, 피터 아이젠만 주도의 뉴욕 "건축도시연구소(IAUS, Institute for Architecture and Urban Studies)"가 출판한 저널 《오포지션즈(Oppositions)》(1973~84)는 당대 첨예한 이론을 생산하고 그 텍스트를 전파하는 데에 중요한 역할을 했다. 1990년대에 이와 같은 텍스트의 중요성이 가중되며 다수의 건축이론 선집(選集, anthology)이 출판된 것은 징후적이다.[14] 그 출발점인 조안 오크만의 《건축문화 1943-1968: 문서 선집(Architecture Culture 1943-1968: A Documentary Anthology)》(1993)은 모더니즘이 포스트모던으로 전이해 가는 68혁명 이전 사반세기 동안의 다양한 글들을 연대순으로 수록했다. 이 책의 짤막한 서문에서 베르나르 추미는 "이론에 근간한 실무"라는 뜻으로 "이론적 실무"와 "이론적 프로젝트(theoretical project)"라는 용어를 사용했고, 그 같은 작업은 굳이 실현되지 않고 이론적으로만 남더라도 가치 있는 비판적 프로젝트라 주장했다. 추미에게 있어서 현대의 건축가가 비평가의 역할을 하지 않는 것은 불가능하다. 네즈빗 역시 《건축의 새로운 어젠다: 건축이론 선집

13_이런 배경하에, 마르코 프라스카리가 서술하듯, 건물과 드로잉의 재현 관계가 도치되기도 한다. Jonathan Hale, *Building Ideas: An Introduction to Architectural Theory* (Chichester: Wiley, 2000), pp. 1-6.

14_1990년대의 것만을 예로 든다면 다음과 같다. Joan Ockman (ed.), *Architecture Culture 1943-1968: A Documentary Anthology* (New York: Rizzoli, 1993); Kate Nesbitt (ed.), *Theorizing a New Agenda for Architecture: An Anthology of Architectural Theory 1965-1995* (New York: Princeton Architectural Press, 1996); Charles Jencks and Karl Kropf (ed.), *Theories and Manifestoes of Contemporary Architecture* (Chichester: Wiley, 1997); Neil Leach (ed.), *Rethinking Architecture: A reader in cultural theory* (London: Routledge, 1997); K. Michael Hays (ed.), *Architecture Theory since 1968* (Cambridge MA: MIT Press, 1998); K. Michael Hays (ed.), *Oppositions Reader* (New York: Princeton Architectural Press, 1998).

1965-1995(Theorizing a New Agenda for Architecture: An Anthology of Architectural Theory 1965-1995)》(1996)의 서론에서 지어지지 않은 "페이퍼 아키텍처"의 비판적 능력과 연관시켜 "이론적 프로젝트"의 역할에 대해 논한다. 그리고 헤일은 "이론적 실무"라는 용어를 《건축을 사유하다: 건축이론 입문(Building Ideas: An Introduction to Architectural Theory)》(2000)의 서론 부제로 삼으며 적극 내세웠다.[15] 그가 분명히 했듯, 이론적 실무의 역할은 단지 건물 자체를 더 예쁘거나 편리하게 만드는 데에 있는 것이 아니라 건축을 담는 사회에 영향을 미침으로써 비판적 건축이 가능한 환경을 조성하는 데에 있는 것이다. 다시 말해 이론적 실무의 비판이 노리는 직접적인 대상은 건물이기보다 그 사회와 문화다. 이미 오래된 예이고 결과에 대한 평가가 그다지 호의적이진 않지만, 아이젠만의 주택시리즈가 보여줬던 "탈기능주의"와 "탈인본주의"의 불편함과 난해함은 기존 문화의 보수성에 균열을 내고 그 틈새의 긍정성을 희망하는 비평 행위인 셈이다.

이러한 이론적 실무에 대한 해석학적 방법론은 대체로 전술한 문학/문화이론의 프레임을 의지한다. 특히 닐 리치의 《건축의 재조명: 문화이론 독본(Rethinking Architecture: a reader in cultural theory)》(1997)이 그러한데, 이는 여러 분야의 인문학 텍스트를 모더니즘, 현상학, 구조주의, 포스트모더니즘, 후기구조주의로 범주화했다. 헤일 역시 상호주관성(intersubjectivity)에 근거해 몸의 경험을 강조한 현상학, 이미 존재하는 코드의 네트워크에 개인이 놓인다는 구조주의, 사회 속의 보이지 않는 힘을 간파하고 이를 변화시키려는 마르크스주의로 관점을 정리하고 있다.[16] 이 같은 여러 프레임에도 불구하고 이들이 대개 비평을 통한 사회 변혁을 암묵적으로 의도한다는 점에서 볼 때 상당히 마르크스주의적이다. (프랑크푸르트학파를 포함한 네오마르크스주의의 이론가들이 현 세대에 미친 영향을 생각하면 너무도 당연한 사실일 테다.) 마르크스의 작업은 출발점 자체가 (그간 철학자들이 천착했던) 세계의 해석이 아닌 세계의 변화를 위한 '실천'에 있었기 때문이다. 그러나 실천을 통한 변화를 꿈꾸기 위해서는 전술했던 타푸리를 다시 한 번 넘어서야 할 것 같다. 유

15_이 책은 학생용 건축이론 입문서로서 지금까지의 건축이론 선집과 여타 문헌들을 각 장별 참고문헌 목록에 제시해 준다는 장점이 있다.

16_사실 이 두 연구자와 두 저서는 한동안 영국 노팅엄대학의 '건축 및 비판이론 석사 융합과정(MA in Architecture and Critical Theory)'에 중추적이었다.

토피아 없는 "순수 건축(pure architecture)"의 자율성에 일말의 여지를 남겼다 할지라도 사회질서의 혁명적 변화 없이 건축의 질적 변화를 기대할 수 없다는 그의 견해는 전술했듯 비관적이다. 하지만 근본적으로 건축에서든 사회에서든, 변화에 대한 희망은 가능과 불가능의 여부를 떠나 모든 이들의 존재론적 열망이다. 그러한 실존적 지향을 차단할 근거는 어디에도 없다고 하겠다. 게다가 그의 논점의 바탕은 이론을 통한 실천, 혹은 이론적 실무가 기대하는 사회의 변화에 오히려 문을 열어둔 것으로 볼 수 있다. 그리고 현실적 대안이라면, 지금으로서는 좀 진부하지만, 프레드릭 제임슨이 제기한 바 있는 "소진지 이론(enclave theory)"이 거론될 법하며[17] 궁극적으로는 일상의 참여와 맞물리는 풀뿌리 건축 실천으로 귀결된다. 이러한 가능성의 까닭에 현실 속에서도 이상을 꿈꾸는 건축가들은 아직도 이론을 통한 혁명적 실천이라는 희망의 끈을 놓을 수 없으리라.

이론–실천의 얽힘

Theory-Practice Intertwined

지금까지 현대건축에서 역사와 실무의 영역이 이론과 교차하는 단면을 나누어 살펴봤지만, 결국 두 카테고리 역시 여러 축에서 얽히고 교차함을 알 수 있다. 더욱이 역사 또한 큰 이론의 범주 내에서의 실천 항임을 생각한다면 "이론화된 역사"도 "이론적 실무", 혹은 "이론적 실천"의 영역으로 포섭됨을 쉬이 인지하게 된다. 그리고 본질적으로 이 글의 첫머리에서 전제한 이론-실천의 구분과 역사-이론-비평의 구분이 어느 순간부터는 무의미해지며, 모두가 사회를 향한 비평의 역할을 담당하게 되는 것이다.

하지만 이와 같은 이론과 실천의 얽힘에 대한 주장은 두 가지 도전을 만날 수 있다. 하나는 2000년대 접어들며 대두된 "탈비판성(Post-Criticality)" 경향이다. 1960년대부터 부상했고 1990년대 징후적이었던 건축의 이론화가(또한 이론 자체 못지않은 이론의 제도화

17_Jameson, *op. cit.* 타푸리의 비관론의 대안으로 제임슨이 제안한 이 이론은 "소진지"라 할 수 있는 공산주의 코뮌이 주변으로 영향력을 확대하여 전체를 변혁하는 모델을 지칭한다. 그러나 근대 아방가르드의 실패한 유토피아 프로젝트도 이와 다를 바 없다는 혐의를 받는다.

가) 반작용을 만나게 된 것이라 하겠다. 그 배경에는 비판적 이론과 실무 사이의 괴리, (디지털) 테크놀로지의 급속한 발달 및 변화, 집단적 생산 시스템의 부각 등 다양한 요인이 있으며, 결국 모두는 자본주의 체제하의 실용주의 노선과 관계 깊다. 그러나 이러한 반(反) 이론의 입장 역시도 하나의 이론일 수밖에 없으며, 탈비판성에 대한 비판 역시 만만치 않다. 비판성을 견지하면서도 건축의 실험과 혁신이 가능할 뿐만 아니라, 건축이 자본과 정치의 도구로 전락하는 것에 대한 끝없는 비판이 여전히 요구되기 때문이다. 마이클 헤이즈는 이론에 대한 반박 자체가 이론의 우세함의 산물이라 말한다.[18] 또 하나의 도전은 이론의 자율성에 대한 강조, 즉 이론이 실무와 무관하다는 입장이다. 이 입장은 역설적이게도 탈비판 진영에서 뿐만 아니라 이론적/비판적 실무와 관계된 진영에서도 또렷이 발견된다. 타푸리나 아이젠만의 경우가 그렇다. 그러나 이론의 자율성에 대한 주장은 이론과 실천이 얽혀 있다는 주장과 동전의 양면처럼 공존한다고 할 수 있다. 탈비판을 비판한 헤이즈가 이론과 실천이 독립된 실체라 말한 것은[19] 오히려 이론적 실천의 필요를 반어적으로 표현한 바가 아닐까? 요컨대 이론과 실천의 얽힘에 대한 도전은 모두 둘의 밀착된 관계를 더 도드라지게 해 준다.

이처럼 현대건축의 이론과 실천에 대해서는 풍부한 논의가 가능하다. 허나 논의의 범위가 한국 건축의 현실로 좁혀지면 여태의 이야기는 무력해지기 십상이다. "작동적 비평"이라 비판할 만한 역사와 이론과 비평의 토양조차도 너무 얇기 때문이고, "이론적 실무"를 논하기에는 우리의 실천장이 아직 한참 척박하기 때문이다. 그러나 이를 요원한 이야기로 돌리기에는 바깥 동네의 변화가 한가롭지 않아 보인다. 그리고 보다 적극적인 눈으로 바라볼 때 우리의 이론과 실천에도 캐어낼 보화가 적지 않다. 고로 우리에겐 지난

18_건축의 탈비판성과 관련된 이들로는 "이론의 종말 이후"의 "디자인 인텔리전스"를 내세운 마이클 스픽스나 "핫"한 "비판적" 건축 대신 "쿨"한 "투사적(projective)" 건축을 주장한 로버트 소몰과 사라 와이팅 등이 있는데, 이들은 다시 조지 베어드나 레이놀드 마틴 등에게 반박된다. 이러한 논쟁의 흐름을 개괄하는 데에는 크리스타 사이크스(A. Krista Sykes)가 편집한《새로운 어젠다의 구축: 건축이론 1993-2009(Constructing a New Agenda: Architectural Theory 1993-2009)》(2010)가 유용하다. 이 선집은 1990년대의 네즈빗(1996)과 헤이즈(1998)의 책을 이어받아 새로운 변화의 국면을 보여 준 점에서도 흥미롭다.

19_A. Krista Sykes, *Constructing a New Agenda: Architectural Theory 1993-2009* (New York: Princeton Architectural Press, 2010), pp. 18-19.

(至難)하지만 기꺼운 과제가 주어진 것이 아닌가 싶다. 사실 우리의 현실에 대한 비판은 건축가들보다 역사와 이론의 연구자들을 더 겨누고 있다고 말하는 것이 정확하다. 건축가들은 어찌됐건 건물을 지어오지 않았나. 이런 까닭에 필자는 "비평가들의 두꺼운 해석과 역사가들의 깊은 글쓰기"를 촉구하곤 했다. 우리네 건축평단이 짊어져야 할 임무일 게다. 고유명사로서의 "건축평단"이든, 일반명사로서의 건축평단이든 말이다.

찾아보기

건축을 사유하다

건축이론 입문

초판 발행 2017년 12월 22일
초판 2쇄 2023년 8월 30일

지은이 조나단 헤일
옮긴이 김현섭
펴낸곳 고려대학교출판문화원
www.kupress.com
kupress@korea.ac.kr
(02841) 서울특별시 성북구 안암로 145
Tel 02-3290-4230, 4232
Fax 02-923-6311
찍은곳 (주)동화인쇄

ISBN 978-89-7641-946-0 93610

값 20,000원